U0541470

心灵与认知文库·原典系列
丛书主编 高新民

知识与信息流

〔美〕弗雷德·I. 德雷斯克 著
王世鹏 高新民 译

商务印书馆
The Commercial Press

Fred I. Drestke
KNOWLEDGE AND THE FLOW OF INFORMATION
Copyright © 1981 by Bradford Books,Publishers

根据美国麻省理工学院出版社1981年版译出

心灵与认知文库·原典系列

编委会

主　　编：高新民

外籍编委：Jaegwon Kim（金在权）

　　　　　Timothy O'Connor（T. 奥康纳）

中方编委：冯　俊　李恒威　郦全民　刘明海

　　　　　刘占峰　宋　荣　田　平　王世鹏

　　　　　杨足仪　殷　筱　张卫国

"心灵与认知文库·原典系列"总序

　　心灵现象是人类共有的精神现象，也是东西方哲学一个长盛不衰的讨论主题。自20世纪70年代以来，在多种因素的共同推动下，英美哲学界发生了一场心灵转向，心灵哲学几近成为西方哲学特别是英美哲学中的"第一哲学"。这一转向不仅推进和深化了对心灵哲学传统问题的研究，而且也极大地拓展了心灵哲学的研究领域，挖掘出一些此前未曾触及的新问题。

　　反观东方哲学特别是中国哲学，一方面，与西方心灵哲学的求真传统不同，中国传统哲学在体贴心灵之体的同时，重在探寻心灵对于"修身、齐家、治国、平天下"的无穷妙用，并一度形成了以"性""理"为研究对象，以提高生存质量和人生境界为价值追求，以超凡成圣为最高目标，融心学、圣学、道德学于一体的价值性心灵哲学。这种中国气派的心灵哲学曾在世界哲学之林中独树一帜、光彩夺目，但近代以来却与中国科学技术一样命运多舛，中国哲学在心灵哲学研究中的传统优势与领先地位逐渐丧失，并与西方的差距越拉越大。另一方面，近年来国内对心灵哲学的译介和研究持续升温,其进步也颇值得称道。不过,中国当代的心灵哲学研究毕竟处于起步阶段,大量工作有待于我们当代学人去完成。

冯友兰先生曾说,学术创新要分两步走:先"照着讲",后"接着讲"。"照着讲"是"接着讲"的前提和基础,是获取新的灵感和洞见的源泉。有鉴于此,我们联合国内外心灵哲学研究专家,编辑出版"心灵与认知文库·原典系列"丛书,翻译国外心灵哲学经典原著,为有志于投身心灵哲学研究的学人提供原典文献,为国内心灵哲学的传播、研究和发展贡献绵薄之力。丛书意在与西方心灵哲学大家的思想碰撞、对话和交流中,把"照着讲"的功夫做足做好,为今后"接着讲"、构建全球视野下的广义心灵哲学做好铺垫和积累,为最终恢复中国原有的心灵哲学话语权打下坚实基础。

学问千古事,得失寸心知。愿这套丛书能够经受住时间的检验!

高新民　刘占峰

2013年1月29日

目录

致谢 1
前言 3

第一部分　信息

第1章　通信理论 11

所产生的信息的量 12
所传输的信息的量 23
因果性与信息 39

第2章　通信与信息 57

信息的通常概念 58
信息的专有量度 65
信息流的通信限制 73

第3章　信息的语义理论 87

第二部分　知识与知觉

第4章　知识 115

通常的判断 124
盖蒂尔问题 129
抽奖悖论 133
通信 137

第5章　通信信道 143

绝对概念 143
信道条件 148
相关的诸可能性与怀疑论 163

第6章　感觉和知觉 179

模拟编码和数字编码 179
感觉过程对认知过程 187
知觉的对象 202

目 录

第三部分 意义和信念

第7章 编码和内容 223

第8章 信念的结构 247

第9章 概念和意义 279

简单概念和复杂概念 280
概念的信息原点 289
天赋概念 301

注 释 307
索 引 365
译后记 373

致　　谢

本书的第一稿（我都不确定它还是现在这本书）完成于1975年至1976年。我对国家人文基金大力帮助启动这个项目表示衷心感谢。我还要感谢威斯康星州立大学研究生院的支持。

重返讲台之后，我就把我这个研究成果强加给了一群有耐心的研究生。我要感谢这个研究班成员的怀疑态度和忍耐力。我还特别感激加里·哈特菲尔德（Gary Hatfield）、戴维·林（David Ring）、弗雷德·亚当斯（Fred Adams）、史蒂夫·金布罗（Steve Kimbrough）和朱迪·卡伦（Judy Callan）表达出他们的不满。

我的几位非常好心的同事阅读了一些章节并且表达了异议，这也造成了初稿和定稿之间一些耽搁。我还要多多感谢贝伦特·恩科（Berent Enc）、埃利奥特·索伯（Elliott Sober）和丹尼斯·斯坦普（Dennis Stampe）。

我只是心理学和计算机科学领域的一名幼稚的研究者，但是，我想要感谢威斯康星州立大学心理学系的威廉·爱泼斯坦（William Epstein）和计算机科学系的伦纳德·尤（Leonard

Uhr），他们着力弥补了我的疏漏。我希望不会有人因为我对经验事实的创造性解读而责备他们。

除了上述的以外，过去几十年间当我为此素材而奋斗时，还有一些人的所言所著对我产生了持续影响。有些时候我不再记得他们到底说了什么，而只记得他们在根本上改变了我思考问题的方式。他们可能会否认自己的帮助，但我却十分感激下述人员的有益影响：杰里·福多（Jerry Fodor）、丹尼尔·丹尼特（Daniel Dennett）、肯尼思·塞尔（Kenneth Sayre）、雷蒙德·马丁（Raymond Martin）、杰拉尔德·道培尔特（Gerald Doppelt）、肯特·马基纳（Kent Machina）和查尔斯·马克斯（Charles Marks）。

最后，我在哲学系阅读了部分手稿，我要感谢来自哲学系的那些机敏而执着的批评。在我离开之前修改都一直在进行。

前　　言

　　太初有信息。"信息"这个词后来才出现。这个转换是由诸有机体的发展所实现的，这些有机体为了生存和种族的延续，具备了有选择地利用信息的能力。

　　人们总是把信息看作进化场景中的后来者，认为它要依赖于智能生物的解释作用，并因此依赖于智能生物的预先存在。根据这个观点，只有当某物被某个认知自主体赋予一个意思、翻译成一个符号时，它才会变成信息。美在观赏者的眼睛中，而信息在接受者的头脑中。说信息在那里，独立于某个解释者对它的现实的或者潜在的使用，而且先于历史上所有智能生命的出现，这是错误的形而上学。信息是人造物，是描述本质上无意义的诸事件对某个自主体的意义的一种手段。我们把意义赋予刺激，而离开了这种赋予，刺激在信息上就是不毛之地。

　　这是思考信息的一种方式。这种思考方式是基于对信息和意义的一种混淆。一旦清楚地领会了这个区别，人们就可以随意地把信息（但不是意义）看作是客观的东西。信息的产生、传输和接收都不需要以任何方式预设解释过程。因此，人们理解意义何以能够逐步形成，真正的认知系统（即有办法解释信号、持有信念和获得知识的那些认知系统）何以能够由低阶的、纯物理的信息处理机制发展出来，就有了一个框架。那么，与智能生物联系在一起的这些高阶技能，就能够被看作是表现了处理和编码信息的愈发有效的方式。意义和表现出意义的心理态度，都是人造产物。而原材料则是信息。

viii 笼统地讲，这就是现在这本著作的主题。这听起来野心勃勃。太野心勃勃了——这样的主题，只有哲学家才会认真地作打算，不管他对这些东西实际上多么无知。因此，我这样说来形容这个主题：我已经描述的东西，是我正在追求的目标，而这个目标我可能还并没有成功地达到。读者们不得不自己来判断我离成功还有多远。

人们习惯于听认知心理学家和计算机科学家，而非哲学家，来谈论信息。科学地说，大概在过去三十年间，对于人、涡虫或者计算机的认知成就，要根据复杂的信息处理过程来理解。另一方面，哲学家们似乎仍然倾向于用下面一些完全不同的分析手段来思考知识、知觉、记忆和智能：证据、理由、辩明、信念、确定和推论。结果就有了严重的交流问题。哲学家们阐发关于知识的种种理论，而这些理论，从认知科学的观点看，似乎与知觉、学习和认知的那些最有效的模型无关。而且，哲学家们（有些哲学家明显例外）倾向于忽视、贬低或者搁置科学家的计算机程序、流程图、反馈回路，这就像是经验的谷壳对上了哲学家观念的麦粒。若没有的一个共同的词汇用来讨论

4

前　　言

这些问题，这种隔离就是不可避免的。我认为，其结果是两者都陷入困境。

这就是我要选择信息这个概念作为中心思想并围绕它来组织这个哲学研究的原因之一。如果要在哲学和这些认知科学中的大量相关材料之间建立联系，那么就必须搭建一些桥梁。要是知识、信念、知觉的哲学治疗和涉及我们心智生活的这些相同维度的科学学科之间，有一些术语上的桥梁就好了。

当然，谈论信息是很时髦的。杂志广告提醒我们：我们生活在一个信息的时代。因此，我对下面这个指控很敏感：我只是采用了一个时髦的术语形式，在这个形式中填充的是不那么时髦的哲学素材。在某种意义上，我对这个指控服罪。出于哲学的目的，我采用了过去几十年间在认知科学中已经盛行的一种讨论方式。虽然，这并不是我试图要做的全部工作。为了阐明认识论和心灵哲学中某些隐晦的领域，我还试图为这个讨论方式加上一个在哲学上体面的注脚。

谈论信息比说出你正在谈论的信息是什么，要容易得多。很多书籍，包括教科书，在标题里都有信息这个词，但却并不把这个词放在它们的索引里自找麻烦。信息已经变成了一个多用途的词，一个暗示有能力完成各种各样的描述性任务的词。这个词在电信和计算机技术中的使用为它带来了苛刻的、僵硬的技术风格，然而它仍具有足够的弹性、可塑性和不定性为认知研究和语义研究服务。在思考信息时，我们倾向于想到客观的和可量化的某种东西，例如涌动在铜线上的电子脉冲，同时还会想到更抽象的东西，想到这些脉冲所携带的新闻或者消息，即并不那么客观的、可量化的东西。在很多场合，这是一个非常有用的歧义。例如，一个人可以说信息正被收集、加工并传递到那些更高级的认知中心，在那里信息被用于控制一个有机体对其周围环境的反应。人们被给予的是这样一幅图景：细胞之间相互交流，就有点像你我之间相互交流一样。一个有机体的认知活动听起来就像是由喋喋不休的神经元所承担的社区工程。用于描述这些过程的语词具有一种便利的模糊性，这种模糊性为这些图景提供了滋养。

对哲学的目的而言，这些还不够。哲学并不比其科学表亲们更精确、严格或苛刻。恰恰相反。在很多方面，哲学运作的理论限制更少。这本书就是一个恰当的例子。然而，界定着哲学研究的那些问题，只对概念的问题敏感。弄清一个人意指什么，这是必不可少的第一步。语词是哲学家的工具，如果工具不锋利，就只会糟蹋材料。

因此，在第一部分，我通过考察信息这个观念来开始这个研究。我从评判通信理论的一些基本思想开始起步。这是一种有效的起步方式，不是因为通信理论（以其标准的解释和应用）告诉了我们信息是什么。通信理论并没有告诉我们信息是什么。它甚至根本不会去试图告诉我们信息是什么。确切地说，我从这里起步是因为，这个理论潜在的结构，如果被适当修改的话，就能够用来阐明一种真正的信息语义理论，即能够被用于认知研究和语义研究的一种信息理论。如果依照通信理论，我们把信息看作是一种客观的东西，看作是根据不同的事件和结构之间具有的合法则的关系网络来界定的东西，那么，我们就能够

前　言

（或许我会证明），对一个信号的信息内容逐步展开一个看起来合理的而且在理论上有效力的分析。

第二部分试图把这个信息观念应用于知识理论中的一些问题。知识被等同于由信息引起的信念。随后是对怀疑论的讨论。把我们凭借一个信道接收到的信息和我们接收到这个信息所凭借的信道区别开来，有不同的标准。对关于标准的争论的一瞥，为怀疑论的挑战带来了些许新颖的变数。最后，在第6章，我试图把感觉过程这一方面和认知过程那一方面区别开来，把看到一只鸭子和辨认出它是一只鸭子区别开来，这根据的是关于这只鸭子的信息被编码的不同方式。感觉过程在本质上是模拟的，认知过程则是数字的。

本书的最后一部分即第三部分，专门用来分析信念、概念和意义（就它被理解为我们心理状态的属性而言）。坦率地讲，我对这三章最为担心。这里面有很多相关的材料我都不懂，例如发展心理学中的一些成果，所以，我已经准备好看到这里的一部分分析被判定为事实不充分。鉴于研究A、B和C，这不是或者不可能是事物实际上发生的方式。然而，即使这些细节是错的，我也要坚持说这个一般框架一定是对的。如果物理系统有能力形成概念，并因此有能力持有信念，既有真信念又有假信念，如果这些系统有能力表征和错误表征它们周围环境的状况，那么，有资格作为信念和表征的这些内在结构，就一定会以类似于我所描述的方式发展出来。对于意义，即当我们归因知识和信念时我们将之归因于内在状态的这种内容，我不知道别的演化方式。但是，我承认这可能是因为我理解得不够好。

这整个工程可以被视为自然主义的一次实践，或者如果你喜欢的话，也可以视为唯物主义形而上学的一次实践。你能够只用物理的酵母和面粉烤出一块心灵的蛋糕吗？这里的论点是你能。有了第一部分所描述的这种信息——这是最深思熟虑的唯物主义者们应该愿意给出的东西——我们就有了理解我们的认知态度的本质和功能所必不可少的所有配料，所有这些对于理解纯粹物理的系统何以能够处在有内容（意义）的诸状态，都是必不可少的，这个内容（意义）是知识和信念特有的。当然，这并不表明，人不过是复杂的物理系统，心灵实际上是物质的，但是它确实表明，为了理解我们心理生活中与我们的认知能力有关的那个方面，没有必要把人看作别的东西。

弗雷德·I.德雷斯克

威斯康星州立大学

1979年

第一部分
信息

第1章 通信理论

信息的数学理论即通信理论[1]，为有多少信息与一给定事态联系在一起提供了一种量度（measure），并进而为这种信息有多少被传输到、因而可用于其他诸处提供了一种量度。这个理论是纯数量的。它处理的是信息的量，而非——除非是间接地或者暗示地——这些量中包含的信息。

从这个理论本身的名称中似乎就可以看清楚很多东西。它自称是一种关于信息的理论，而且它的数学表达方式表明，它关注的是信息这个东西的数量方面。然而，这是有争议的。有些权威人士不相信通信理论告诉了我们有关信息的任何东西。这并不是要说这个理论没用，而不过是说，它的有用性不在于关于信息或者信息的量，它告诉了我们什么，而在于关于一个相关但却完全不同的数量，它告诉了我们什么。据此观点，这种理论完全是起错了名字。

这种指责是有益的。就算这个理论不是起错了名字，那它也肯定是被误用了，而且似乎是在其名称的助长下而被误用了的。既然本文旨在阐明一种以信息为基础的知识理论，那么就必须弄清楚：关于信息，这个理论告诉了我们（如果有的话）什么。为此目的，我将在本章对该理论的一些基本观点作出初步说明。随后几章，我们将着手以下问题：这个理论告诉我们的东西能否被并入一种真正的关于信息的理论，就像认知和语义研究中所理解的信息那样。对这个问题的肯定回答，又将为一种真正的信息语义理论的发展，以及该理论在认识论主题和心灵哲学中某些问题上的应用打下基础。

所产生的信息的量

有八名员工，而且其中一名员工必须要完成一项令人厌烦的任务。他们的雇主把选出这个不走运的家伙这项棘手的工作留给了这个小组自己来处理，只要求决定作出之后告知其结果。这个小组设计出一些被认为是公平的程序（抽签、掷硬币），最终赫尔曼被选中了。"赫尔曼"这个名字被写在一张便签上，送给了老板。

信息理论把与一事件的发生（或者一事态的实现）联系在一起的或者由之所产生的信息量，等同于该事件或者事态所体现出的不确定性的缩减、可能性的消除。起初这个任务有八名候选者。随后这八种可能性缩减为一种。赫尔曼成为被提名的人。在"不确定性"的某种直观的意义上，谁将去做这项工作，这已经不再有任何不确定性了。选择已经做出了。当全部可能性这样被缩减时，与此结果相关的信息量，就是由在得到此结

第1章 通信理论

果的过程中有多少种可能性被消除所决定的。

要量度与赫尔曼被选中，或者赫尔曼成为被提名的人这一事实相关的信息量，我们可以通过很多不同的方法进行。我们可以说包含在该结果中的信息量是8，因为不确定性——可能性的总数——已经用因数8消减了。我们还可以说，既然7种可能性已经被消除了，那么这个信息量就是7。虽然这些都是对赫尔曼被选中所产生的信息量的可能量度，但是仍然还有理由选择一种不同的方法来为这个数量赋值。设想这个小组一致同意通过掷硬币来做出选择。为此，他们把自己分成两个四人小组，而且通过掷硬币来确定需要进一步做出选择的那个小组。一旦这个通过第一次投掷完成了，他们就把不幸运的那个四人小组再分成两个更小的组，每组两人。再掷一次硬币决定最终选择要在这两个小组中的哪一个里做出。这个硬币的第三掷解决了剩下的两名竞争者之间的问题，而赫尔曼就是那个不幸的幸存者。如果我们把掷硬币的次数看作在将竞争者从八个减少到一个过程中做出决策或选择的总数，那么我们就会得到3这个数。这是在将八种可选择项（alternatives）减少为一时必须做出的二元决策（binary decision）的总数；二元决策即是在两种竞争的（而且同样可能的）可选择对象之间做出选择。根据信息理论，这是将八种可能性减少为一种的过程中所包含的信息量的正确的（或者至少是方便的[2]）量度。因为二元决策能够用二进位数字（0或者1）来表示，所以我们能够用三个二进位数字组成的序列来表示赫尔曼被选中了。硬币的每次投掷（让1＝正面，0＝反面）对应一个二进位数字（0或者1），要完全地说明八种可能性减少为一种的过程，需要三个二进位数字（比特）。与赫尔曼被选中这一事实联系在一起的信息量是3比特。

另一种考虑八种可能性缩减为一种的过程中所包含信息量的方法，就是将这八名员工看作是被划归不同的自然组，每组四个人。例如，假定这些员工四人为男性，四人为女性。四人（两男两女）是高个子，另外四人是矮个子；最后，四人（高个子男女各一人，矮个子男女各一人）是新员工，另外四人是老员工。如果我们为每一个组都进行赋值，让1代表男性组，0代表女性组，1代表高个子组，0代表矮个子组，1代表新员工，0代表老员工，那么三个二进位数字组成的序列就足以唯一地指定这八名员工中的一名。让这个序列中的第一个数字代表员工的性别，第二个数字代表身高，第三个数字代表雇用时间的长短，那么赫尔曼就能够被101这个序列所指定，因为赫尔曼是男性（1），矮个子（0），和新员工（1）。使用了这个编码，给老板的便签就可以书写符号101而非赫尔曼这个名字。但被传递的将会是同样的信息。

这个小组所采用的决策程序，即投掷硬币并通过每次投掷使幸存者减半的方法，只是这样一种方法，即人为地划分该小组，以便用三次二元决策能够将可能性减少为一种。根据量度信息的这个方法，写着"赫尔曼"的那张便条包含着3比特的信息。如果原本有四名员工而非八名的话，那么同样的这张便条就会仅仅携带2比特的信息，因为将竞争者从四名减少到一名只用两次投掷即可。而如果有十六名员工的话，那么这张便条就会携带4比特的信息。每次我们将员工的总数加倍，我们就增加

第1章 通信理论

了一比特的信息,因为每次将人数(或者可能性)加倍都需要一次额外的硬币投掷来实现同样的缩减。

要注意我们在讨论的是信息的量,这是至关重要的。有三比特的信息与赫尔曼被选中联系在一起,但是如果其他七名员工中任何一名被选中,也会产生三比特的信息。例如,如果玛格丽特(Margaret)被选中,那么数量上的结果将会是相同的:三比特。只要八种可能性被减少为一种,那么,不管那种可能性是什么,与该结果联系在一起的信息量都是相同的。而且,信息的数学理论只涉及这些情况的数量方面,只涉及信息的量,所以,从该理论的观点来看,无论玛格丽特还是赫尔曼成为被提名者,结果都是一样的。在这两种情况下,挑选程序的结果,以及送给老板的便条都将包含完全相同的信息量。赫尔曼被选中这一信息和玛格丽特被选中这一信息之间的这种我们能在直观上认识到的差异,通信理论却没有办法区分。这种差异是在事态(或者消息)的信息内容上的一种差异,是数量理论所忽视的一种差异。在随后一章中,我们会回到这个重要的内容上来。

计算n种可能性(全都同样可能)减少到一种所产生的信息的数量,有一个一般公式。如果s(信源)是某种机制或者过程,这种机制或者过程的结果是n种同样可能的可能性减少为1种,而且我们用I(s)表示与s联系在一起,或者由s所产生的信息的数量,那么

(1.1) $I(s) = \log n$

这里log是以2为底的对数。以2为底n的对数就是2借以变

15

成n的乘幂数。那么，例如，log 4=2是因为2^2=4；log 8=3是因为2^3=8；log 16=4是因为2^4=16。当然，不是2的整数倍的数也有对数，但是在这些情况下就不得不用特殊表（或者便携式计算器）来查找函数值了。例如，如果有10名员工，那么与赫尔曼被选中联系在一起的信息的数量就大约会是3.3比特，因为log 10 =3.3。

最后这一点需要特别讲一下，因为它要让我们在以下这两种非常不同的东西之间作出区分：（1）由一个给定事态所产生的信息的数量（比特），和（2）被用来表征、编码或者描述该事态的二进位数字的总数，即二进位符号（诸如0和1）的总数。在我们的事例中，这些数是相同的。赫尔曼被选中产生3比特的信息，而且我们用了3个二进位数字（101）来描述这个选择的结果。对此进行表达的一种方法，是说我们用3个二进位数字编码了3比特的信息。但是，如果原本有十名员工，而这个消息要用二进位符号（而非赫尔曼这个名字）来编码，那又会怎样呢？从上述公式中我们能够明白，现在由赫尔曼被选中产生的信息量是3.3比特。这个信息如何能够被二进制符号编码呢？我们不可能使用一个符号的几分之一，不可能使用符号1或者0的3/10来携带这条额外的信息。我们肯定要用（至少）四个符号来表征或者描述量度为3.3比特的一个事态。至少需要四个二进位数字来编码小于4比特的信息。这略微有些低效，但是如果我们坚持要用二进码来传递带小数的信息量时，这是最佳的选择。信息理论家们会说，信息的这种编码是有些冗余的（redundant），因为我们用有能力携带4比特信息的编码（四个二

第1章 通信理论

进位数字组成的序列）去携带仅仅3.3比特的信息。我们将会明白，冗余有冗余的用处，但是既然符号的传输要花费金钱，通信中就应努力将这个量最小化。

如果我们的八名员工选择用编码与他们的雇主交流——用二进位数字而非他们的名字，那么他们原本可能会选择一个更低效的编码。至于原来，他们恰好是以最高效率进行操作的，因为，他们的消息，即101，携带了三比特的信息。但是如果当初他们以不同的方式对自己进行划分，让第一个数字代表眼睛的颜色（他们中两个有蓝眼睛，六个有褐色眼睛），第二个数字代表头发的颜色（他们中三个是金发，五个是黑发），如此等等，那么可以想象，他们将会需要四个或者更多个符号来传达赫尔曼被选中这一信息。他们的消息可能会是10010，翻译过来意指一个有褐色眼睛、黑色头发、身高超过六英尺、已婚而且戴着眼镜的女人。这是指定赫尔曼的一种方式，但却是一种低效率的方式。就信息而言，这个消息有一定程度的冗余；五个二进位数字被用来携带了仅仅三比特的信息。如果没有其他员工的名字是以字母"Her"开头的话，那么，在指定谁被选中时，六个字母"Herman"（赫尔曼）也是冗余的。三个字母，或者甚至有可能一个字母，就已经足够了。

记住这一点很重要：与一个事态联系在一起的信息的数量，只与该事态所造成的可能性总数的缩减程度有关。就像在我们最初的事例中那样，如果可能性已经从8种减少到1种，那么与这一结果联系在一起的信息量I（s）就是3比特。我们可以选择用种种方法来描述可能性的这种缩减——某些高效，某些低效。

有了恰当的编码，我们能够用三个二进位符号，即101，来描述已发生的事情（赫尔曼被选中）。但是，其他的编码可能需要四个、二十个或者一千个符号来传递同样的这3比特信息。

我把I（s）这个量看作是在信源s处所产生的平均信息量。在技术性文献中，这个量又被称作信源的熵（entropy），在方便的时候，我偶尔会用到这个术语。然而，要注意的是，任何情况都可以被视为信息的一个信源。如果在r处有一个过程构成可选择项的减少，那么不管该过程的结果是否依赖于在s处发生的东西，I（r）都是对r这个信源的熵的量度。如果发生在s处和r处的这些事件是相互依赖的，那么I（s）和I（r）之间就也会有一种相互依赖。然而，I（s）和I（r）仍然是截然不同的（虽然是相互依赖的）量。

仅当在s处的这n种可选择项中的每一种都同样可能时，公式（1.1）为我们提供的计算信息量的方法才有效。如果这些可选择项不是同样可能的，那我们就不能用（1.1）来计算s的熵。例如，假定我们在投掷的是一枚非常偏重于正面朝上的硬币；在该硬币的任何一次投掷中，正面向上的机率都是0.9。这枚硬币投掷一次的结果，并不像投掷一枚普通硬币那样表征1比特的信息。对一枚普通硬币而言，正面向上的可能性与反面向上的可能性相等（=0.5）。因此，利用公式（1.1），我们发现这枚硬币投掷一次的结果会表征1比特的信息：$\log 2 = 1$。然而，对一枚有偏重的硬币而言，信息量要更少些。我们能够直观地明白为什么会是这样。我们能够预见关于这枚有偏重的硬币的消息（news）。虽然偶尔会犯错，但是在大多数情况下（百分之九十

第1章 通信理论

的情况下）预测正面向上是正确的。这有点像在雨季听天气预报（任何一天下雨的概率=0.9）和在一般季节听天气预报（这时，比如说下雨的概率=0.5）。在这两种情况下，天气预报（无论天气是"下雨"还是"晴"）都传达了一些信息，但是在雨季期间的这些天气预报，平均而言信息更少。反正每个人都预期会下雨，而且在大多数情况下无需官方预报的帮助，他们也是正确的。在雨季，官方预报所减少的"不确定性"更小（平均而言），因而包含更少的信息。

如果我们有一系列的概率$s_1, s_2, \ldots s_n$，它们并不都是同样可能的，而且我们把s_i发生的概率写作$p(s_i)$，那么s_i的发生所产生的信息量就是

（1.2） $$I(s_i) = \log 1/p(s_i)$$
$$= -\log p(s_i) \text{（因为} \log 1/x = -\log x\text{）}$$

这有时被称为发生的这个特定事件（s_i）的盈余（surprisal）。[3] 在我们的硬币的事例中（正面向上的概率=0.9），与出现正面向上联系在一起的信息量是0.15比特（log1/0.9=0.15），而出现反面向上所产生的信息则是3.33比特（log1/0.1= 3.33）。

如果像我们最初的事例中那样，每种可选择可能性的概率都相同，那么，每种结果的盈余也会是相同的。因为赫尔曼被选中的概率是0.125，所以与他被选中联系在一起的信息量=log 1/0.125 = log 8 = 3。所以，当这些概率相同时，公式（1.2）给出了和（1.1）相同的答案。[4]

然而，通信理论并不直接关注与一个特定事件或者信号的发生联系在一起的信息量。通信理论跟信源有关，而跟特定的

19

消息无关。"如果不同的消息包含不同的信息量，那么，讨论我们能够从信源获得的每个消息的平均信息量，即信源可以选择的所有不同消息的平均量，就是合乎情理的。"[5]例如，当我们投掷有偏重的硬币时，有时正面朝上（仅产生0.15比特的信息），有时反面朝上（产生3.32比特的信息）。鉴于这枚硬币有偏重，正面朝上会更经常出现。因此，如果我们对这枚硬币的投掷作为信息的信源感兴趣，那么，我们也就会对这枚硬币的多次投掷应该会产生的平均信息量感兴趣。我们能够预料，在十分之一的时候会得到3.32比特，在十分之九的时候会得到0.15比特。那么，平均而言，我们所得到的，会大于0.15比特，但远远小于3.32比特。用来计算与一个给定信源（有能力产生不同的个别状态，每个状态都有它自己的盈余）联系在一起的平均信息量$I(s)$的公式是

$$（1.3）\qquad I(s)=\sum p(s_i)\cdot I(s_i)$$

也就是说，我们把那个信源中所有特殊的个别可能性的盈余值看作是$I(s_i)$，并且按照它们发生的概率$p(s_i)$对它们进行加权。所得的总和就是那个信源所产生的平均信息量，即s的熵。在我们的投掷硬币的事例中，正面向上的盈余=0.15，而且正面向上发生的概率是0.9。反面向上的盈余=3.32，而且反面向上发生的概率是0.1。因此，根据（1.3），我们对硬币投掷产生的平均信息量进行计算

$$I(s)=p(s_1)\cdot I(s_1)+p(s_2)\cdot I(s_2)$$
$$=0.9（0.15）+0.1（3.32）$$
$$=0.467\text{比特}$$

第1章 通信理论

在信息理论的大多数运用中,公式(1.3)都是很重要的。正如巴尔-希勒尔(Bar-Hillel)指出,通信工程师们不需要特定事态的盈余值;用于计算盈余值的公式(1.2),仅仅被他们视作计算信源所产生的平均信息量的"垫脚石"。[6]这种对平均的专注很容易理解。工程师想要得到的是一个刻画出信源的全部统计学特性的概念。他并不关注个别消息。通信系统必须面对的困难是:要处理信源所能够产生的任何消息。"如果设计一个能够完美处理一切东西的系统,是不可能或者不切实际的,那么这个系统就应当被设计成能够很好地处理那些它最有可能被要求去完成的工作……这种考虑直接使我们必须要刻画出给定类型的信源将会产生的整组消息的统计学特性。"[7]熵或者平均信息的概念就是这样做的,就像在通信理论中使用这个概念一样。

读者回想一下,在投掷一枚正常硬币的时候(此时正面向上的概率=反面向上的概率=0.5),正面和反面向上的盈余值都是1。因为它们各自发生的概率是相同的,所以与投掷一枚正常硬币的过程联系在一起的平均信息量是

$$I(s) = 0.5(1) + 0.5(1)$$
$$= 1\text{比特}$$

这告诉我们,平均而言,与投掷一枚正常的硬币相比,投掷一枚有偏重的硬币所产生的信息更少。之所以有这个结果是因为,对有偏重的硬币来说,产生最少信息的那类事件(正面向上)非常频繁地发生,而平均值也就相应地减少了。

尽管如此,一般而言,如果这些可能性是同样可能的,就

会获得最大的平均信息，如果这些可能性不是同样可能的，就会获得最大的盈余值。虽然与有偏重的硬币相比，使用正常的硬币，我们能够平均得到更多的信息，但是有偏重硬币的那些单次投掷却有潜力为平均值贡献3.3比特的信息（当硬币反面朝上时），这个信息量远远超过正常硬币的那些单次投掷所能够贡献的信息量（1比特）。

随着p（s_i）趋近于1，与s_i的发生联系在一起的信息量趋近于0。在极端情况下，当一个状态或者事态的概率为1时[p（s_i）= 1]，就没有信息和s_i的发生联系在一起或者由之产生。这不过是用另外一种方法表明：没有备选可选择项（全部可选择项的概率=0）的诸事件的发生，产生不了信息。如果我们认为（按照相对论），没有信号能够超越光速传播，那么，信号传播低于（或者等于）光速，就产生不了信息。而且如果（就像某些哲学家们认为的那样）诸个体在本质上具有某些属性，那么，这些个体对这些属性的拥有，就产生不了信息。如果水必然是H_2O，那么就没有信息与水之作为H_2O联系在一起。而且，虽然某一对象之作为立方体可能会产生信息（这个对象原本有可能会是其他形状），但是并没有额外的信息与该立方体之具有六个面联系在一起（因为一个立方体不可能没有六个面）。

这些极端情况并不只是无用的理论兴趣。它们的存在对于信息理论的认识论运用具有相当的重要性。在后面的章节中我们会重新回到这些内容。

第1章 通信理论

所传输的信息的量

到此为止，我们已经讨论了与一个给定事态联系在一起的信息量和由一信源所产生的平均信息量。我们的事例中所讨论的信源，就是赫尔曼被选中的那个过程。平均而言，这个信源会产生3比特的信息。此外，这个过程的每个特定结果（例如，赫尔曼被选中）都有一个3比特的盈余值。这是它们向平均值贡献的信息大小。I（s）是与员工们所聚集的房间里发生的那个过程，即s，联系在一起的平均信息量。I（s_7）是与该过程的一个特定结果（第七个）联系在一起的信息量：在那个特定的时间、特定的地点，与赫尔曼被选中联系在一起的信息量。

现在，考虑一下赫尔曼被选中的一会儿之后，在老板办公室发生的那些事件，并且要完全抛开先前在s处所发生的那些事件来考察它们。让r代表老板办公室的一般情况，r_i代表r的各种可能的例示（instantiations）。老板收到一张便条，上面写着"赫尔曼"这个名字（或者符号"101"）。暂时忽略各种复杂情况，这个老板当初原本可能会收到八条不同的消息。便条上原本可能会是八个不同名字中的任何一个（或者由0和1们构成的八组不同的三元组中的任何一组）。一旦写着"赫尔曼"这个名字的便条送过来（称这个可能性为r_7），"不确定性"就消失了。这些可能性已经被缩减为一种了。假定八条不同的消息是同样可能的，那么，我们就能够用公式（1.1）来计算与老板收到这样一张便条联系在一起的平均信息量：I（r）=3比特。与实际上被接收到的那个特定消息（带有"赫尔曼"这个名字）

13

联系在一起的信息量也是3比特。也就是说，I（r_7）=3。实际上所接收到的那个消息（r_7）的盈余值和老板原本可能会收到的其他任何一个消息的盈余值是相同的。因此，对i的任何值来说，I（r）=I（r_i）。

如果说，这样描述与老板办公室里发生的那些事件联系在一起的信息，看来就像是在琐碎地重述业已描述过的东西，那么读者就应当牢记：我们在讨论的是两种完全不同的情况。s_7 指的是在员工们聚集的那个房间里存在的一个事态。一方面，s_7 指的是赫尔曼被选中；另一方面，r_7指的是"赫尔曼"这个名字出现在送给老板的便签上。I（s_7）和I（r_7）都等于3比特，但是它们相等这一事实并非是无关紧要的，因为$s_7 \neq r_7$。与此类似，虽然I（s）=I（r），但既然信源（s）和接收点（r）是物理上截然不同的情况，那么它们数字上的相等就是一个条件性的（contingent）事实。

当然，I（r）=I（s）这一事实并非是偶然的。由于员工们决定让送给老板的便签准确指示出他们选择过程中所发生的东西，所以，r处可能性的缩减与s处可能性的缩减就是联系在一起的。情况也可以变一下。设想员工们都顾及雪莉（Shirley）糟糕的健康状况。他们一致同意，如果按照他们的选择过程，雪莉碰巧被选中，那么就把赫尔曼的名字写在便条上送给老板。在这种情况下，既然八名员工中的任何一个，包括雪莉，都可能会被他们投掷硬币的决策程序所选中，而且是同样可能被选中，那么I（s）就仍应是3比特。但是，鉴于他们要保护雪莉，所以实际上只有7个名字可能会出现在给老板的便签上。因而（老板

第1章 通信理论

并不知道），在r处可能性的缩减实际上只是从7到1的一个缩减。因为赫尔曼的名字出现在便条上的可能性是其他人的两倍，所以，便条上出现"赫尔曼"这个名字，会有一个小于3比特的盈余值。在这种情况下，$I(r_7)=\log 1/p(r_7)=\log 1/0.25=2$比特。其他人的名字出现在这张便条上的盈余值仍然是3比特。因此，与出现在这张便条上名字上联系在一起的平均信息，一定要根据（1.3）来进行计算。

$$I(r)=\sum p(r_i)\cdot I(r_i)$$
$$=0.125（3）+0.125（3）+0.125（3）+0.125（3）$$
$$+0.125（3）+0.125（3）+0.25（2）$$
$$=2.75 比特$$

孤立来看，任何情况都可以被看作是信息的产生者。一旦某些东西发生，我们就能够把已经发生的看作是原本可能会发生的向实际上已经发生的东西的缩减，并且我们能够获得与此结果联系在一起的信息量的相应量度。我们现在处理老板办公室中发生的那些事件用的正是这种方法。写着"赫尔曼"这个名字的一张纸片送到了老板那里。在我们的最初的事例中，这张纸上原本可能是八个不同的名字中的任何一个。因此$I(r)=3$比特的信息。但是，我们也可以不把老板办公室中的那些事件，即由r标示的情况，看作信息的产生者，而把它们看作是信息的接收者，特别是看作关于s的信息的接收者。我们在讨论的是这同一个情况r，但问的却是关于r的一个不同的问题。$I(r)$中有多少是关于s的信息？在s处产生的信息$I(s)$当中有多少到达了r处？

我们现在追问的是情况r的信息值，而不是在追问I（r）。我们在追问I（r）中有多少是接收自s或者关于s的信息。我用符号I_s（r）指代这个新的量。圆括号中的r表明我们在追问与r联系在一起的信息量，而写在下方的s则意指我们在追问有关I（r）中接收自s的那部分信息。

澄清这种区别要用一些事例。在我们最初的事例中，I（r_7）是3比特；这说的是与"赫尔曼"这个名字出现在便签上联系在一起的信息有多少。但是，在某种意义上，这3比特的信息源自于员工们聚集的房间里。赫尔曼被这些员工们选中，就决定了谁的名字要出现在这张便签上，正是在这种意义上，这3比特的信息源自于员工们聚集的房间里。s处诸可能性的这个缩减，即使得I（s_7）=3比特的这个缩减，同时将r处的可能性从8种缩减到1种，由此使得I（r_7）=3比特。在这种条件下，^{8}与"赫尔曼"这个名字在便签上出现（r_7）联系在一起的这3比特信息，就只会是与赫尔曼被选中（s_7）联系在一起的可能性的缩减，而不会是任何别的可能性的缩减。那么，在此意义上，I（r_7）就只是旧有的信息，即关于在s处发生的东西的信息。所以，I_s（r）=I（s）=3比特。

把事例略微改动一下。员工们把"赫尔曼"这个名字写在便签上，并把它交给一个新来的、粗心的信使。在去老板办公室的路上，这个信使弄丢了便签。他知道这个消息包含着其中一个员工的名字，但却不记得是哪个人的名字了。他没有回去取一张新的便签，而是把"赫尔曼"这个名字写在一张纸条上送了过去。最终结果跟第一个事例中一样。任务被分派给了赫尔曼，而且没有人知道这个信使粗心大意、不负责任。但

第1章 通信理论

是，就从s传输到r的信息而言，这两种情况之间却有着重大的区别。在第二种情况下，I（s）仍然是3比特。因为（我们可以设想）信使随意地选择了"赫尔曼"这个名字，所以I（r）也是3比特。他可以把八个不同名字中的任何一个（而且是同样可能地进行选择）写在纸条上。但是，I_s（r）=0。没有信息从s传输到r。r处可能性的缩减，即使得I（r）=3比特的那种缩减，与发生在s处并使得I（s）=3比特的那种缩减完全无关。对此进行表达的另一种方法是说：在r处没有关于s的信息。I_s（r）是对情况r处关于情况s的信息的一个量度。因为r处有3比特可用的（available）信息，但这3比特的信息都不是来自于s的，所以I（r）=3比特，但Is（r）=0。从技术上讲，r处的可用信息就是噪音（噪音是对r处的信息或者可能性缩减的一种量度，但是这个信息或者可能性的缩减与s处发生的东西毫无关系）。[9]

I_s（r）是对s和r之间依存（dependency）的量的一种量度。在r处有一个可能性的缩减，而I_s（r）就是要量度这个缩减有多少要由发生在s处的那些事件来负责，r处的缩减（r处的信息）有多少是旧有信息（在s处产生的信息）。

我们在讨论的这三种量之间的关系能够用图1.1来表示。[10]

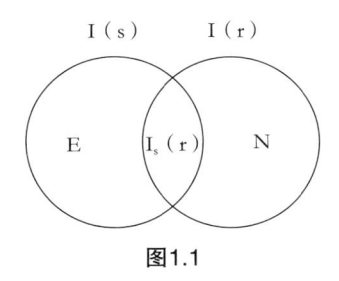

图1.1

17　　$I_s(r)$是包含在$I(r)$圆中的那部分$I(s)$圆。在我们最初的事例中，全部$I(s)$都包括在$I(r)$中；给老板的消息包含了s处产生的关于选择过程的结果的全部信息。此外，对该事例来说，这个消息不包含额外的相关信息。因此，$I(s)=I(r)=I_s(r)=3$比特，这个情况可以用图1.2来表示。

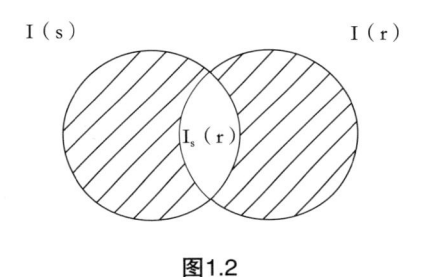

图1.2

斜线标出的阴影部分没有信息。$I(s)$圆中的所有信息都包含在$I(r)$圆中。这时s和r之间存在着完美的通信。在我们改动了的事例中，信使把送给老板的纸条弄丢了，然后又重新编造了一个，这种情况可以用图1.3来表示。

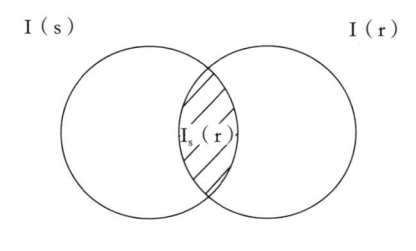

图1.3

第1章 通信理论

在这里，s和r之间没有信息流。没有任何在s处产生的信息I（s），包含在与r联系在一起的信息I（r）当中。

图1.2和图1.3代表着那些极端案例，即完美通信和零通信。当然还有不同的程度。我们就有这样的一个事例。尽管员工们通过选择程序选中了雪莉，但他们不愿把她的名字写在便条上送给老板，这时I（s）是3比特，但I（r）和I_s（r）却要小于3比特。图1.4给出了相应的图解。

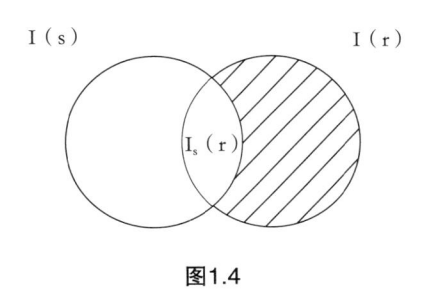

图1.4

在这种情况下，产生在s处的信息有些损失，并没有全部都到达了r处。赫尔曼被员工们的决策程序选中这一信息，并没有被传送；写有"赫尔曼"这个名字的便条只携带着这样的信息：即或者赫尔曼或者雪莉被选中了。[11]既然这个信息损失了，那么就有某些部分的I（s）圆虽然包含着信息（没有被斜线标出阴影），但却不包括在I（r）圆当中。要明白，这些图解代表着有关这些量的平均值的真实情况。

我希望这些图解能让读者对I（s）、I（r）和I_s（r）之间的关系有一个大致的、直观的印象。我还没有说明如何去量度I_s（r）。但是，根据这些图解可以很明显看出，I_s（r）不可能大于I(s)或者I(r)。在r处接收到的来自s处的信息，不可能大于s处产生的信息总量，也不可能大于r处的可用信息总量。然而，除了这些限制之外，我们还未曾提到如何计算$I_s(r)$。通信理论为我们计算这个量提供了一些公式。但是，因为我对这些公式的精确的、数量化的运用没兴趣，而只对它们所阐明的基本原理感兴趣，所以我会通过另外两个公式来介绍这些基本原理，而读者或许会觉得这两个公式更具启发性。[12]从s传输到r的信息，就是r处的可用信息总量I(r)，减去一个被称作噪音的量［图1.1中，I(r)圆中被标作N的那个半月形部分］。

（1.4） $I_s(r) = I(r) -$ 噪音

计算这个量还有另外一种可供选择的方法，而且这种方法通过观察图1.1就应该能看出来，那就是

（1.5） $I_s(r) = I(s) -$ 模糊

在这里，模糊是指被标记为E的那部分I(s)圆，它表示的是，在s处产生但没有被传输到r处的那部分信息。而噪音表示的是，在r处的那部分并非接收自s的可用信息。我们可以考虑把s处产生的信息分成两部分：（1）传输到r的那一部分［$I_s(r)$］，和（2）没有被传输的那一部分（模糊）。与此类似，r处的全部可用信息也可以被分成两部分：（1）一部分代表着接收自s的信息，即$I_s(r)$，和（2）剩余部分（噪音），其信源（如果它有其他信源的话）是s以外的东西。如果我们考虑在员工们聚集的这个房间里所发生的全部活动，而不只是考虑他们选择候选者的那些结果的话，那么，就有大量产生在这个房间里的信息，并没有被传输到老板办公室去（例如，硬币第一次投掷时，赫尔曼站

第1章 通信理论

在哪里）。这个信息代表着模糊。而在s处产生的信息总量I（s），就等于这个模糊再加上传输到r处的信息I_s（r）——因此，有公式（1.5）。与此类似，与送给老板的便签联系在一起的信息，其信源也可以不在员工们的选择程序的结果（或者s处发生的任何其他事件）当中。例如，这个消息被放置在老板的桌子的中间部位；而它原本可以被放置在这张桌子的众多不同位置中的任何一个位置。就信息的技术意义而言（这是符合信息理论的），这就是信息，因为它代表着可能性的缩减。但是，它不是接收自s的信息，而是噪音。老板办公室中的全部可用信息I（r），就是这个噪音与接收自s的信息即I_s（r）两者之和。当然，这只是对公式（1.4）的重述。

即便有无噪音通信，也会很少。在这个意义上，图1.2是一种理想化，而我们最初描述的那个事例亦是如此。当写有"赫尔曼"这个名字的便条送到老板办公室的时候，据说这构成了八种可能性缩减为一种。八个不同的名字中的任何一个名字，原本都可能出现在这张便条上。因此，I（r）等于3比特。很明显，即便有八个不同的名字可以出现在便条上，但是，每个名字都能够以很多不同的方式出现在那里。名字可以是打印的，可以是手写的，可以用不同颜色的墨水，还可以放在纸的中间或者是某一个角落。如果我们把所有这些可能性都考虑在内的话，那么便条上现在写的文字就代表着更多种可能性（远远大于八种）的缩减。I（r）就要远远大于3比特。然而，从关于谁被选中的通信观点来看，在r处的整个的这个额外信息就是噪音。无论I（r）可能有多大，I_s（r）都仍然只是3比特。其他这些参量（parameters）给了我们一个噪音信号，但是消息仍然得到传输了。

噪音的增加（在信息的技术意义上；这个信息是指与信源产生的信息无关的接收端的可用信息）并不必然导致被传输的信息量减少。从图1.1应能明显看出，增加N（噪音），即增加位于I（s）圆以外的那个区域，而不减少I_s（r），就能使I（r）圆变大。在实际的具体情况中，增加噪音（通常的噼—啪—砰型的噪音）不仅会增加N（技术意义上的噪音），而且会遮蔽部分接收到的信号，由此通过增加模糊而降低I_s（r）。在此情况下，I（r）圆向右运动，并由此减少与I（s）圆的交叉区域，就会使N得到增加。N的增加是以I_s（r）的减少为代价的。然而，只要模糊没有增加［假定I（s）保持不变］，那么，不管噪音变得有多大，被传输的信息都保持不变。例如，收音机报道，*

（a）雨天会出现在八月三十号（噼，啪，砰，嘶）

有很大噪音，但是这噪音并没有干扰从电台工作室传输出来的这条消息的任何一部分。在计算I（r）时，我们必须把这些"砰砰声"和"嘶嘶声"（它们代表着r处可能性的缩减）包含在内，但是因为它们没有增加模糊，所以被传输的信息量I_s（r）仍然保持在没有收音机噪音时它会有的那个量。把（a）和（b）对照一下：

---

* 原文此处给出的例子是"Sunday"（星期日）和"-nady"（即英文星期日和星期一这两个词的相同的后半部分）。英文中星期日和星期一这两个词的后半部分发音相同，但汉语中没有这种情况，所以此处在不影响意思的情况下对所举事例做出了改动，分别用"八月三十号"和"八月三十一号"代替。——译者

第1章 通信理论

（b）雨天会出现在八月三十（嚓）号（啪，砰，嘶）在这里有相同的噪音量，但是因为这个噪音增加了模糊，所以被传输的信息量减少了。模糊之所以增加是因为，来自广播电台工作室的部分信号被遮蔽了，留下了一条含糊的（模糊的）消息。鉴于r处发生这些的事件，这个预报可能是：要么雨天出现在八月三十号，要么雨天出现在八月三十一号。事实上预报员当时说了"八月三十号"，这个事实就是损失了的信息，而损失信息的总量是由模糊所来量度的。如果噪音增加了损失信息的量，那它也就降低了被传输信息的量。但是如果模糊没有受到噪音影响，那么$I_s(r)$就会保持不变。[13]

到现在为止，我们都非常依赖的一个事例，在某些人看来是难以接受的。他们之所以觉得这个事例难以接受，或者至少值得存疑，是因为这个事例涉及了语言的使用。这可能会让人觉得，这个信息分析（就已经给出的分析而言）之所以获得了它那些似是而非的道理，是因为它利用了这样一种情况：在这种情况下，有真实信息这样的东西凭借语言符号而得到了传输（例如，"赫尔曼"这个语词）。为了认识到事实上名字以及语言上有意义的符号在这个事例中并没有发挥决定性作用，我们来考察一个类似的情况：有八个淘气的男孩和一块不见了的曲奇。谁拿走了曲奇？通过检查发现，曲奇屑在乔伊（Junior）的嘴唇上。从信息理论的观点来看，这个案例与前面的案例是相同的。八个男孩中的任何一个都可能会拿走曲奇，而且每个人都和其他人同样可能。因此，乔伊吃了曲奇就代表着八种可能性缩减为一种。$I(s)=3$比特。根据通常的想法，我们可以

22

认为：曲奇屑在乔伊的嘴唇上，携带了3比特的关于谁吃了曲奇的信息；也就是说，$I_s(r)$=3比特。当然，r携带的关于s的信息量可能小于3比特，但是这对我们的员工—老板的事例也是适用的。

这个事例中，曲奇屑的位置（在乔伊的嘴唇上）与前面的事例中"赫尔曼"的字样扮演着同样的信息角色。这个名字的意义或者所指不需要任何设定，就像曲奇屑在乔伊的嘴唇上不需要任何设定一样。从通信理论的观点来看，需要被设定的（对于要被传输的信息）只是："赫尔曼"的字样出现在送给老板的便条上，以某种方式依赖于员工们选择过程的结果。如果纸上的这些物理标记（无论它们的约定意义是什么）依赖于赫尔曼的当选，就像乔伊嘴上的曲奇屑依赖于他吃掉了曲奇一样，那么纸上的这些标记就携带着关于选择过程结果的信息，就像曲奇屑携带着关于谁吃掉了曲奇的信息一样。至少，这就是通信理论所告诉我们的。这个理论通过语言手段进行信息传输所用的方式，和通过其他手段进行信息传输所用的方式是完全相同的。这个一般性（generality）是它的优势之一。

公式（1.4）告诉我们，s和r之间传输的信息量，等于r处的可用信息量I（r）减去噪音。公式（1.5）告诉我们，被传输的信息量能够通过从I（s）中减去模糊来计算。既然我们已经有了计算I（r）和I（s）的方法［公式（1.1）、（1.2）和（1.3）］，那么，要确定$I_s(r)$，我们所需要的就只是对噪音和模糊的某种量度。

同样，通常所计算的都是这些量的平均值，因为如我们已经明白的，这是工程运用中主要感兴趣的量。然而，我们却要根据个别事件对平均值的贡献来设计出计算平均噪音和平均模糊的公式，因为前面那个量才是我们后面要重点考虑的。

计算噪音和模糊的公式看似非常复杂，但其基本思想却相当简单。E和N是对发生在信源和接收点的那些事件之间不相关的量的量度。如果这些事件是完全不相关的（就像两副洗好的扑克中牌的排序不相关一样），那么E和N会有最大值。因此，$I_s(r)$会处在最小值。另一方面，如果r处发生的那些事件和s处发生的那些事件并不是不相关的（就像门铃的行为与门上按钮处发生的那些事件并不是不相关的），那么E和N将会相应地降低。如果存在有零不相关（最大相关），那么E和N将会为零，而且被传输的信息量$I_s(r)$是最理想的：$I_s(r)=I(s)$。后面的几个公式就是计算在s和r处发生的那些事件（和可能事件）之间不相关的量的方法。

为了利用我们最初事例中那些熟悉的数字，我们假定在s处有八种可能性，而且第七种（s_7）发生了（赫尔曼被选中）。我们将s_7一定，r_i的条件概率写作P（r_i/s_7）。例如，P（r_7/s_7）就是赫尔曼被选中这一事实一定，赫尔曼的名字出现在便条上的条件概率。如果r_6被用来表示雪莉的名字出现在便条上，那么P（r_6/s_7）就是赫尔曼被选中一定，雪莉的名字出现在便条上的条件概率。我们用下述公式来计算s_7对平均噪音的贡献：[14]

（1.6）　　$N(s_7) = -\sum P(r_i/s_7) \cdot \log P(r_i/s_7)$

按照我们最初事例中的条件，r_i有八种可能性，即有八个不同的名字能够出现在便条上。因此，当我们把（1.6）中的求和法展开，就会得到八个项：

$$N(s_7) = -[P(r_1/s_7) \cdot \log P(r_1/s_7)$$
$$+ \cdots\cdots + P(r_8/s_7) \cdot \log P(r_8/s_7)]$$

此外，我们最初设想的情况会使得便条必然携带被员工们选中者的名字：即s_7一定，r_7的条件概率为1，并且任何其他r_i（如r_1）的条件概率均为0。发生在r处的这些事件与发生在s处的这些事件并非不相关。这个并非不相关反映在（1.6）的各项当中。我们来考察一下$N(s_7)$展开后的第一个项：

$$P(r_1/s_7) \cdot \log P(r_1/s_7)$$

我们已知，赫尔曼被选中这一事实一定，r_1（唐纳德的名字出现在便条上）的概率为0，所以这个项肯定等于0，因为$P(r_1/s_7)=0$。除了第七项之外，展开的算式中其他各项都是如此：

$$P(r_7/s_7) \cdot \log P(r_7/s_7)$$

当赫尔曼被选中这一事实一定时，赫尔曼的名字出现在这张便条上的条件概率为1。因此，第七项又可以简化为：

$$1 \cdot \log 1$$

而且，因为1的对数是0，所以该项也等于0。因此，s_7对平均噪音的贡献是0。如果我们计算s处任何其他事件（例如，s_6，即雪莉被选中）对平均噪音的贡献，所得到的结果也会是0。无论是实际上已经发生的事件（s_7），还是原本有可能会发生的其他事件，都不会对这个平均噪音有任何贡献。因此，平均噪音是0。这样，根据（1.4）我们会发现，被传输信息的量$I_s(r)$为最佳。

要计算平均噪音N，我们只需计算这些个别贡献的总和并

第1章 通信理论

根据它们出现的概率对它们进行加权:

(1.7) N = p(s_1)·N(s_1) + p(s_2)·N(s_2)
+……+ P(s_8)·N(s_8)

既然对这个事例中所有的i来说,N(s_i)=0,所以N=0。

对模糊E的计算可以通过类似的方法进行。我们选择可能发生在r处的那些不同事件,r_1,r_2,……r_8,并计算它们各自对平均模糊的贡献:

(1.8) E(r_7) = — $\sum$P(s_i/r_7)·log P(s_i/r_7)

要计算平均模糊E,我们就要计算个别贡献的总和并根据它们各自出现的概率来对它们进行加权:

(1.9) E = p(r_1)E(r_1) +……+P(r_8)E(r_8)

当然在任何特定场合,这些r_i事件中只有一个会发生(例如,赫尔曼的名字会出现在那张便条上)。而且,会有某种模糊与这个事件联系在一起,(1.8)会决定这个模糊的量。与这个特定事件联系在一起的这个模糊,可能大于也可能小于与整体过程联系在一起的平均模糊(如果一次又一次地重复整个过程,我们就能求得平均值的那种模糊)。例如,回想一下我们修改过的事例中所描述的那种情况,在那种情况下,员工们顾及雪莉的健康状况。如果雪莉或者赫尔曼被选中,"赫尔曼"这个名字就会出现在送给老板的便条上。如果是其他人被选中,那么出现在便条上的则会是他们自己的名字。假定赫尔曼被选中,而且名字"赫尔曼"出现在送给老板的便条上。这样明显会有一些模糊。如果我们根据(1.8)来计算这一特殊事件所贡献的模糊量,我们会发现展开的等式中有两项不等于零:

$$E(r_7) = -[P(s_6/r_7) \cdot \log P(s_6/r_7) + P(s_7/r_7) \cdot \log P(s_7/r_7)]$$

如果我们设定，赫尔曼的名字出现在便条上一定的话，赫尔曼被选中的条件概率为0.5，而且，赫尔曼的名字出现在便条上一定的话，雪莉被选中的条件概率为0.5，那么：

$$E(r_7) = -(0.5 \ln 0.5 + 0.5 \ln 0.5) = 1 \text{比特}$$

因此，如果赫尔曼的名字出现在便条上，那么就会有一个1比特的模糊与这个事件联系在一起。这个模糊源自于如下事实：r处的这个事件并不唯一地指定s处发生的东西。赫尔曼的名字出现在便条上所告诉我们的（或者关于这个案例的情况我们知道的足够多，它就会告知我们的）只是：要么赫尔曼被选中了，要么雪莉被选中了。在r处发生的这个事件，即r_7，将这些可能性从8种缩减到2种。因此，被传输的信息量是2比特，从与赫尔曼被选中联系在一起的信息量中减去模糊，就会得到这个量：即，$I_s(r_7) = I(s_7) - E(r_7) = 3 - 1 = 2$比特。但是，平均模糊却远小于1比特。通过对（1.8）的分析可以看出，当唐纳德的名字出现在便条上时，就没有模糊，而且对于其他六个名字来说同样如此。因此，平均模糊（赫尔曼的名字出现在便条上的概率一定，即0.25）是0.25比特。

$$E = 0 + 0 + 0 + 0 + 0 + 0 + 0.25(1) = 0.25 \text{比特}$$

因此，被传输信息$I_s(r)$的平均量是2.75比特。与特定事件联系在一起的模糊和平均模糊之间的这个区别很重要。因为，当我们谈论能被知道的东西时，我们要关注的不是平均值，而是由诸特定信号（因此与特定信号联系在一起的模糊）所传输的信息量。例如，在这种情况下，当老板收到一张写有"唐纳德"

第1章 通信理论

这个名字的便条时，他是有可能知道唐纳德被选中的，但是当他接收到一张写有"赫尔曼"这个名字的便条时，他却不可能知道赫尔曼被选中了（即便赫尔曼已被选中了）。情况之所以会变成这样是因为，如我们所知，与写有"赫尔曼"这个名字的便条相比，写有"唐纳德"这个名字的便条携带着更多的关于谁被选中的信息。

因果性与信息

按照我们的描述，信息的传输看起来可能像是依靠信源和接收点之间因果相关性的一个过程。我们要获得一条从s到r的消息，靠的就是在s点发起一系列事件，这一系列事件又能在r点产生一系列相应的事件。用抽象的话说，这条消息从s被传输r靠的是一个因果过程，即根据s点发生的东西来决定r点发生的东西的因果过程。

信息流可能——而且在很多熟悉的事例中确实明显地——依赖于潜在的因果过程。然而，s和r点之间的这些信息关系，一定要和这些点之间存在的因果关系系统区别开来。

考虑一下下面这种极度简化的（而且，现在还是熟悉的）情况。在s处有一个变量，它能够在四个不同的值中任取一个值：s_1、s_2、s_3或者s_4。在r处也有一个变量能取四个不同的值。我们假定，在特定场合，图1.5中这个事件系列发生了。

知识与信息流

```
发送点                    接收点
 s₂ ──────────────────→ r₂
```

图1.5

在s_2和r_2之间的这个实线箭头意在指示一种因果关联。变量s取值s_2引起了变量r取值r_2。这就是因果故事。那什么是信息论故事呢？

凭借目前得到的材料，对于从s处传输到r处的信息的量，我们能说的非常有限。假定s这个变量的所有值都是同样可能的，在s处由s_2的发生所产生的信息是2比特。但是这个信息有多少到达了r处呢？由s_2产生的这个信息有多少被r_2携带了呢？这些都是还不能回答的问题。我们不能分辨出有多少信息已经被传输了，因为这个因果故事忽略了一个关键性的因素：即（除s_2以外）s这个变量有任何其他的值能够产生r_2吗？对于确定这个信号的模糊必不可少的那些因素，我们还没有得到。

为了阐明这一点，我们需要对图1.5中所描述的这种情况（即s_2发生并引起r_2）进行补充，方法是增加对这些变量其他可能的值之间的关系的描述。让一条虚线指代实际上并不存在的一种因果联系（因为，虚线所联系起来的那些事件，并没有发生），但是如果适宜的s值出现的话，这种因果联系就将会变成现实。假定这个因果联系的系统正如图1.6中表示出来的那样。在这种假定的情况下，s_2不仅引起了r_2，而且s只有这个值才会导致r_2。参考计算模糊的公式（1.8），我们发现，信号r_2的模糊为零。因此$I_s(r_2)=I(s_2)$；这个信号所携带的关于信源的信息量，等于信源中s_2的发生所产生的信息量。

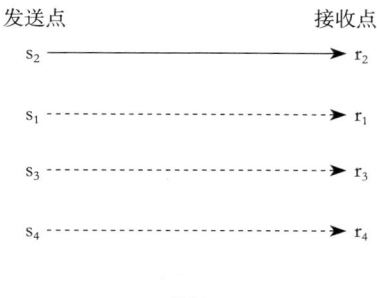

```
发送点                              接收点
s₂ ─────────────────────▶ r₂
s₁ ─ ─ ─ ─ ─ ─ ─ ─ ─ ─ ─▶ r₁
s₃ ─ ─ ─ ─ ─ ─ ─ ─ ─ ─ ─▶ r₃
s₄ ─ ─ ─ ─ ─ ─ ─ ─ ─ ─ ─▶ r₄
```

图1.6

我们把这个可能的事态与图1.7对比一下。实线箭头照旧代表实际情况：s_2发生并导致r_2。虚线的箭头表示并不真实存在的（因为原因没有发生）那些因果联系，但是如果适宜的因果前项存在，这些因果联系就会存在。

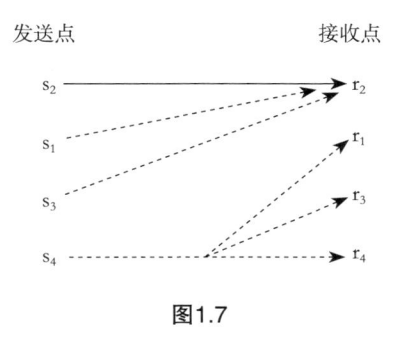

图1.7

来自s_4的虚线箭头分成三支，表示没有一致的（uniform）结果与s_4这个事件的发生联系在一起的。它有时（百分之三十四）

会导致r_1，有时（百分之三十三）会导致r_3，有时（百分之三十三）会导致r_4。如果有人不愿意讨论在相同条件下具有不同结果的同一个事件类型，那么，他可以把源自s_4的分支箭头，看作是代表着s_4和r处的那些事件之间的某种随机的、非因果性的联系。

因为s处的那些事件是同样可能的，所以I（s_2）=2比特。然而，与之前（图1.5）的情况不同，r_2的发生并不代表有2比特的信息来自s处。按照（公式1.8）对于与r_2这个信号联系在一起的模糊的计算，这个模糊现在大约为1.6比特。因此，r_2只携带了0.4比特的关于s的信息。[15]鉴于实际发生的事件以及实际存在的因果关系，这个情况并不能够与之前的（图1.5）情况区别开来。然而，就信息而言，这两种情况却非常不同。那个因果故事（图1.5）并没有告诉我们有多少信息被传输了，因为它未能告诉我们：这个因果序列，是否像图1.6或者图1.7中所描述的那样，嵌在一个可能性的网络当中。

非常有意思的是，如果在最后的这个通信系统当中，要是s_4发生了，那么在r处发生的这个事件（r_1、r_3或者r_4）就会带足2比特的关于信源的信息。因为，与r_1（r_3和r_4也一样）这个信号联系在一起的模糊是零，所以r_1发生这个事件（要是它发生）会携带与s_4的发生联系在一起的全部信息。

从日常的观点来看，这是一个完全可以接受的结果。信号r_2并不会直观地"告诉"我们s点（具体地）发生了什么，但是信号r_1、r_3和r_4却可以。那么，从通常观点来看，r_1会比r_2携带更多的关于s点发生的东西的信息。

第1章 通信理论

尽管s_4和r_1之间的因果联系松散，而s_2和r_2之间的因果联系紧密，但是，r_1却比r_2携带着更多的关于s的信息。平均而言，那些不可预测的信号会比可预测的信号（r_2）发生的频率更低，但是一旦它们发生了，就会携带着满负荷的信息。

这揭示的是：两点之间信息的传输，并不依赖传输者和接收点之间存在决定性的过程。在所有可以想象的例子当中，r_2都是由s_2导致、产生、引起并决定的。在所能想到的一种情况下（图1.6），r_2这个信号携带了2比特关于s的信息；在所能想到的另一种情况下（图1.7），r_2这个信号携带了0.4比特的信息。我们甚至能够描述出它携带更少信息的那些情况。用不着费工夫真的用图把它表示出来，只用想象一下一个人盯着一张特定的扑克牌，比如，方块三。假定他不能看牌的正面。那么他会收到多少关于这张牌（即它是哪张牌）的身份的信息呢？好的，既然他不能看这张牌的正面，而且牌的背面看起来都一样，那么我们通常的判断就会是：他收不到任何关于它是哪张牌的信息。存在着52种可能性，而他正在接收的那个信号丝毫无助于在这些可能性中做出辨别。然而，根据假设，他正在接收的这个感觉信号，把这张方块三作为其因果前项；在因果上对他的感觉经验负责的，正是这张特定的牌。虽然就是这张特定的牌决定着他感觉经验的特征，但是，其他五十一张牌中的任何一张，处在那样的角度和距离，都会导致完全相同的效果。这也就是说从背面看它们全都一样，所意味的东西。虽然在方块三和主体的感觉经验之间有一个因果联系，但是主体的感觉经验并没有携带任何关于其因果前项的身份的信息。如果s_3表示方块三被

（随机）抽中，那么I（s_3）=5.7比特，但是这个信息一点也没有体现在这个事件的感觉效果当中。

当然，事实上虽然这个感觉消息没有携带关于这张牌是哪张牌的信息，但是它确实携带了关于这张牌的某些信息——例如，它是一张扑克牌。但是，即便这也可能不是真的。它完全取决于扑克牌以外的某些东西是否会对他造成完全相同的（感觉）效果。如果我们假定，主体神志混乱，以至于他在面前空无一物时也会出现关于扑克牌的幻觉，那么，这张方块三在他身上产生的感觉状态，就甚至不会携带他面前有一张扑克牌这一信息。这也完全一致于我们所假定的东西：对主体产生效果的正是那张特定的扑克牌，即方块三。尽管是从背面看的，但他毕竟（根据假设）是在看这张方块三。如果他那时不是在看一张扑克牌的话，那么当时可能就会有别的什么东西在发生着。感觉状态不必携带末梢刺激是一张扑克牌这个信息，更不用说去携带末梢刺激是方块三这个信息了，尽管事实上，使他具有这种感觉经验的，就是一张扑克牌，而且具体来说就是那张方块三。

31 　　因此，结果可以体现，也可以不体现关于其原因的信息。正是这个可能性使完美犯罪的念头如此令人着魔。A的行为可以导致B的死亡，但是B的死亡可能并不见证其原因。从信息论的立场来看，完美犯罪就是这样一个违法事件，这个事件的后果不包含关于应在原因上负责的这些自主体（agents）的身份的信息。模糊被最大化了。

　　正如（如果有的话）结果可以不包含关于其原因的信息那

44

第1章 通信理论

样，在无规则的因果关系当中，一个事件可以携带关于它所固着的诸事件的信息。图1.7中描述的情景说明了这一点。r_1（或者r_3、r_4）的发生包含了满满2比特的关于s处情况的信息。然而，这个信息被传输到r所凭借的这个过程，并不是一个因果过程，至少不是一个决定性的因果过程。例如，我们可以假定，在箭头从s_4分成三个分支的地方有一个装置，这个装置随机地产生出r_1、r_3或者r_4。一个电子从s_4发射出去，在到达r之前散射开来（在分支点），并且会无可预测地到达标记为r_1、r_4和r_3的这三个区域中的一个区域。我们知道这是一个非决定性的过程。如果量子论是正确的（而且有理由相信它是正确的），那么，原则上就无法预测这个电子要到达何处。它有时会落在r_1区域，但是根本没有任何东西能决定它落在那里。在同样的条件下，它常常也会落在另外两个区域中的一个里面。然而，当这个电子到达r_1时，它携带着2比特关于这个信源的信息。

有些人不相信世界上有决定性的过程。依此观点，与量子现象联系在一起的非决定性是我们的理论的不完备性的一种反映。正是我们的无知才显得似乎r_1是未被诸前提条件所决定的，但是，当（或者如果）我们对这些东西有了更好的理解（用某些更接近于真理的理论替换掉量子论），就会发现，r_1的发生是被严格决定的——被那些我们现在不知道的东西，或者称之为隐含变量的东西所决定的。[16]

对我们的目的而言，没有必要对这个观点展开争论。重要之处并不在于普遍决定论是否正确。提出该问题目的只在于表明，即便世界上有非决定性的过程，它也并不会成为信息传输的障碍。如前面的事例所阐明的那样，r_2被s_2决定，然而，与未被决定的r_1相比，r_2携带的关于信源的信息更少。

似乎我在混淆决定论和因果性。例如，可以说，虽然s_4没有决定r处要发生什么，但它却引起或者导致了r_1（或者r_3和r_4——实际上，在r处发生的无论什么东西）。因果性并不需要决定论。每个事件都能有一个原因，但不需要每个事件都被决定，不需要每个事件都是（理论上）可预测的。

这个指责是有价值的。在宣称因果性对信息流并非必不可少的时候，我已经假定了：

如果C是E的原因，那么C就是E的某个合法则的充分条件中的核心部分。

这个原则表达了这样一种传统观点：在条件相似的情况下，如果不需要（一个事件，例如）E的发生，（一个事件，例如）C就能够发生，那么C就不可能是E的原因。换句话说，因果性，就是在条件相似的情况下，C类型的诸事件和E类型的诸事件之间规则的、类似法则的（lawlike）连续性的一种表现。[17]因此，在我们假设的事例中，r_1的发生被认为是一个偶然事件，即不被s_4决定的某种东西；在类似s_4的诸事件和类似r_1的诸事件之间没有规则的连续性。有时r_1会接着s_4的出现而出现，但在别的时候，在同样条件下，r_1不出现（r_3或者r_4出现了）。因此，根据上述原则，s_4不是r_1的原因。确实，如果（如假设的那样）没有r_1出现的合法则的诸充分条件的话，就没有任何东西会引起r_1发生。

当然，一个人是否认定因果性对信息流是必要的，要取决于他用因果性所意指的东西。如果有人把上述这个原则作为因果性概念的构成部分接受下来，那他就一定会得到这样的结论：s_4不是r_1的原因（没有任何东西是这个原因）。但是，如果有人拒斥对因果性的这个分析，那么他可能（依靠他可选择的分析）就得一贯地主张：虽然没有任何东西能满足r_1，虽然r_1这个事件不是被决定的，但是它却是由s_4所导致的或者引起的。[18]

此处不宜对因果性展开详尽彻底的分析。[19]但是，对我们的目的而言，实际上只要说明条件性的东西就够了：即，如果有人把一个事件的原因看作该事件的某个合法则的充分条件的核心部分，那么，A和B之间的因果关系，对于从A到B的信息传输来说就不是必要的。在此意义上，即便A和B 不是在因果上相关的，在此意义上，即便没有B的原因，事件B也仍然能够包含A发生了这一信息。从这里往后，当我提到两个事件之间的因果关系时，大家要明白，我指的是符合这种传统想法的一种关系。如果因果性被看作是不需要（在要领相同的情况下，这些事件类型的）连续性规则的一种关系的话，那我说的就不一定适用了。

根据这些事实（以及术语上的抉择），因果关系和信息关系之间的区别应该清楚了。大体上，对于在一个信号的传输中发挥作用的这些因果过程的细致描述，并没有回答关于信息流的诸问题。没有因果性，我们也能具有完整的信息；有了因果性，我们也可能没有信息。在这两个极端之间有各种情况。

如果有人想要理解以信息为基础的知识理论和因果性的知识理论之间的不同，那他就必须重视这些因素。例如，人们有时会错误地认为：从一个对象反射而来的光，引起了我们的视觉感受器外围某些事件发生，而这些事件（近端刺激）反过来又引起了中央神经系统中某些事件发生，最终导致机体的某些反应，因此，在"信息"的某种模糊的意义上，这个主体接收到了关于远端刺激（反射光的那个对象）的信息。没有这么简单。主体可能很少或者没有从这样一个刺激当中接收到信息。他可能没有接收到有一个对象在他面前这一信息，更不用说关于是什么对象的信息，或者哪种类型的对象的信息了。他是否已经接收到这个信息这个问题，不能通过对知觉遭遇中实际发生的东西的细致描述来解决。

在明亮的背景上，一只移动的小虫引起了青蛙大脑中某一组神经细胞的冲动，依次又触发了这只青蛙的一个反应（用它的舌头"攻击"小虫），这个事实并不意味着，这些神经细胞或者这只青蛙正在接收大意是附近有一只小虫这样的信息。它们可能正在接收这个信息，但是，那只移动的小虫引起了一个特别的反应（既在神经细胞又青蛙那里）这一事实本身，并不暗指有任何信息在这些相互作用中正在被传输。要想用信息术语来分析这种情况，我们还需要知道的不只是什么东西正在引起这些神经细胞冲动（或者青蛙在空中一掠）。我们需要知道，还有什么东西（如果有的话）产生了这个反应。一个男孩对狼侵袭他的羊群作出反应而大喊"狼"，并没有传输一头狼曾经出现这个信息。之所以没有传输的原因在于，他有关于"狼"的喊叫也是他对其他各种情况——并没有涉及狼的出现这样的一些情况——作出反应的方式。如果对一只移动着的虫子作出反应的那些"喊叫"神经细胞，以相关的类似方式，对其他种类的

第1章 通信理论

刺激也作出了反应，那么，这些神经细胞就没有携带附近有一只虫子这一信息。在这个假设的情况下，虽然这些神经细胞的冲动仍然是由一只移动着的虫子引起的，而且它们进而会引起青蛙向外吐出舌头，但是，这些神经细胞并不携带有一只虫子要被捕获这一信息。如果青蛙捕获了这只虫子，那青蛙很幸运。同理，如果有某个耐心的猎人会在这个男孩的第二十次叫喊时作出回应，而且事实证明这次叫喊是首次由一头真正的狼所引发的，那么叫喊"狼"的这个男孩也是很幸运的。

这只是用一种方式表明，出于信息论的目的，我们需要知道，这个因果情况是类似于图1.6表现的那样，还是类似于图1.7表现的那样。如果一个人要确定一个事件的信息量度，那么光知道什么东西引起了神经放电是不够的，他还必须知道关于这个事件的因果上的或其他方面的那些可能前项。我并不打算用这个事例来表明：描述了这样一些青蛙实验并把某些这样的神经细胞称作"虫子探测器"的那些科学家们，混淆了因果关系和信息关系之间的区别。恰恰相反。似乎很明显，某些神经细胞被贴上"虫子探测器"的标签，不只是因为一只移动着的虫子引起了这些神经细胞冲动，更是因为在青蛙的自然生境里，只有移动着的虫子（或者相应的等效刺激）才会引起这些神经细胞冲动。正是与这个刺激之间的这种信息关系，使得这种神经细胞被称为虫子探测器。[20]

这个观点，芒茨（W.R.A.Muntz）在他关于青蛙色觉的论述中讲得很清楚。[21]青蛙背侧丘脑中的某些细胞，不仅对光的有无，而且对这些光的颜色，都非常敏感。这些细胞对蓝光比对其他任何颜色的光的反应都更强烈。蒙特斯提出的问题是，这个有选择的反应仅仅是颜色相关（color dependence），还是真的色觉。被称作视网膜杆的那些人类视网膜细胞阐明了这个差别。这些在弱光下负责视觉的细胞，对蓝绿色光的反应非常强烈。在这个意义上，它们是颜色相关的。"然而，这些视网膜杆没有色觉能力，因为它们不能分辨低强度的蓝绿色和高强度的黄色。"[22]虽然蒙特斯没有根据信息论来提出观点，但是，这就是我们刚刚讨论过的那同一个差别，即因果关系和真正的信息关系之间的差别。虽然蓝绿光会引起这些视网膜杆以某种速率冲动，但是足够高强度的黄光也会引起它们以同样的速率冲动。所以，即便当刺激是蓝绿光时，这个冲动速率也并不携带这个信息，因为存在着一个与这个信号联系在一起的正模糊（positive equivocation）。因为，这些视网膜杆的神经放电对于这个刺激的颜色（波长）是模糊的，所以它并不包含这个刺激是蓝绿色（而不是，比如，黄色）这一信息。这些视网膜杆携带了信息，但不是关于颜色或者入射光的信息。它们携带着关于这个刺激光谱的蓝绿区中相对强度的信息。因为弱的蓝绿色和强的黄色在这方面是相同的，所以这种细胞不能分辨它们。尽管这些细胞的冲动是由蓝绿光引起的，但是这些细胞却是色盲。它们不携带关于那种引起它们冲动的光的颜色的信息。

这些事例阐明了如下事实：A和B之间的因果关系满足不了A和B之间的信息传输。但是，我们也已经表明了，A和B之间的因果关系对于这两点之间的信息流来说并不是必要的。这仅仅是理论上的可能性呢，还是存在有已然发生的实际事例呢？

第1章 通信理论

众所周知,我们的视觉感受器从入射光提取信息所凭借的这些过程,是非决定性的。例如,光子撞击这些视网膜杆的感光视色素和视网膜的圆锥细胞。色素对这些光子的吸收是一个量子过程,吸收的结果导致了电脉冲向神经节细胞(调节信号向大脑传输的一类相对外围的细胞)的传输。比如,六个光子到达高度敏感的视网膜杆(在夜间视觉下被用到)的表面,结果可能是没有光子被吸收,也可能是全部六个光子都被吸收,还可能是介于这两种极端之间的某个数量的光子被吸收。在理论上,多少光子会被吸收是不可预测的。能够被给定的只是n种吸收的这些不同概率。结果证明,要产生一个来自于这些神经节细胞的脉冲,由此造成一个信号向大脑的传输以及一种视觉经验(光的"一闪")的出现,这并不需要有光子被吸收。为了说明问题,我们假定四个光子的吸收将会产生光感。[23]如果我们让一盏灯以低强度闪烁(平均每次闪烁只向视网膜发送六个光子),我们面对的情况就非常类似于图1.7中对s_4和r_1之间关系的描述。有时(当四个或者多于四个量子被吸收时)感觉会发生(r_1)。有时(当少于四个量子被吸收时)没有感觉发生(r_3或者r_4)。主体何时会经验光的这"一闪",(根据量子理论)是不可预测的。它不是被决定的。然而,这并不妨碍光感携带着关于这盏昏暗的实验灯的信息。假定有1比特的信息与这盏实验灯联系在一起:要么灯开着,要么灯关着;而且这两者是同样可能的。因为只有两种可能性,而且它们同样可能,所以,I(s)即这盏灯开着所产生的信息量,是1比特。如果这盏灯如此昏暗,以至于只在它的百分之五十的闪烁时间里感觉会发生(四个或者多于四个光子被吸收），那么从这盏灯向接收主体传输的平均信息量，就要低一些。但是，如果我们假定，仅当这灯亮着时，感觉才会发生，[24]那么当这种感觉发生时，它会携带足量的信息。它包含灯开着这一信息。它携带这个信息，而出于同样的原因r_1携带着s_4发生了这一信息，即这个信号的模糊是零。

这或许是信息通过非决定性的信道传输的一个极端事例。然而，虽然它是一个极端案例，但它却阐明了信息传输和接收中的一种通常现象。试想一个接线不牢固的门铃电路。因为接线不牢固造成短路，所以门铃在多数时间都不工作。然而，有时候一些偶然因素会引起电线连接在一起，电路闭合。如果我们设定，若非有人正在按压按钮，门铃就不会响，那么很明显，一个响着的门铃会发出信号：有人在门外。至少它包含着门铃按钮正被按下这一信息，而且，尽管存在着——该按钮正被按下时，这个门铃通常不响——这一事实，但它还是包含这个信息。从工程师的观点来看，这个门铃电路代表着一种非常不合乎要求的通信信道（被传输的平均信息量非常低）。然而，我们已经知道，这并不妨碍该系统偶尔传输的信息和正常发挥作用的门铃系统所能够传输的信息一样多。击球平均分低的棒球手更容易击出安达。这个事例和上个事例的唯一不同之处在于：我们相信上面提到的那些"偶然因素"本身并非真的是非决定性的。这个明显的事例告诫我们，即便它们是非决定性的，也不会对信息的传输造成无法逾越的障碍。

在提到承载信息的信号时，我们通常说的是从一地点向另一地点传播的某些物理过程（光、电流、声波等），或者从

第1章 通信理论

此处向彼处运送的一个有适宜标记（suitably inscribed）的物理对象（信件、书籍、图画等）。这些都是通信信道的物质具身（embodiments）或者物质实现。然而，从理论观点来看，通信信道可以被认为只是s和r之间的一组相关关系。如果界定s和r之间的模糊与噪音的这些统计学关系是恰当的，那么即便没有直接的物理环节（link）把s和r连接在一起，在s和r这两点之间也仍然会有一个信道，而且会有信息在它们之间传递。例如，考虑一下图1.8中描述的情况。

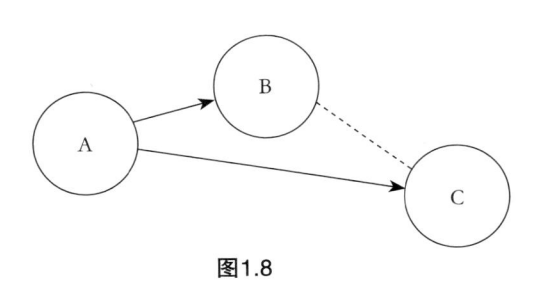

图1.8

A经由某个物理信道（用实线表示）正在向B和C传输。在B和C之间没有物理信号直接传递，在此意义上，它们是相互孤立的。尽管B和C之间在物理上是相互孤立的，但是在它们之间有一个信息联系（用虚线表示的）。根据信息理论，B和C之间有一个信道。"由于B和C对于A的共同依赖，所以查看B就有可能了解到一些关于C的东西，反之亦然。在信息论的意义上，说有一个信道存在于B和C之间，这是正确的。"[25]

方便起见，让我们把B和C之间的这个信道称为"幽灵"信道。我们可以把收看相同节目的两台电视接收器看成是被一个幽灵信道联系在一起。这些接收器中的每一个都有关于另一个的信息。这两个接收器屏幕上发生的那些事件之间的这个相关性（correlation）并不是偶然的。商业广告插播进你的电视节目，同时也插播进我的电视节目，这绝非巧合。在B处关于C的信息，即$I_C(B)$，能够等于C处所产生的信息$I(C)$，尽管它们之间没有物理信道。

这是B和C之间的信息联系一定要区别于因果联系的另一个方面。没有任何B处的东西引起了C处的东西。反之亦然。然而，C却包含关于B的信息，B也包含关于C的信息。如果C离发射机比B更远，那么发生在C处的那些事件在时间上可能晚于发生在B处的那些事件。这与评价B和C之间的信息关系的那些目标毫不相干。即便C发生得晚，B也会携带关于将要在C发生的东西的信息（可以说，B从A接收信息）。只有当信息的接收与因果性相混淆时，这才显得怪异。因为，肯定没有物理信号能够在时间上向后传播，携带从C到B的信息。

一些关于知识的理论要求在知者（knower）和所知（known）之间具有某种因果联系。这些知识理论通常会在预测未来的知识方面遇到某种困难。例如，当C处的那些事件尚未发生时（因此，不可能是现在正在B处发生的任何东西的原因），B处居住的人们如何能够知道关于C处将要发生的这些事件的任何东西呢？要解决这个困难，知识的因果理论就要附加上一些特殊条款，以使这种预测未来的知识成为可能。[26]这些特殊条款表现为一些详细的解释，所要解释的是：认知主体（the knowing subject）和要获得的被认知事态之间所必备的那种因果关联所意指的东西。这些特殊条款的作用是使B处居住的人们有可能知道C处将要发生什么。例如，戈德曼（Goldman）做了这样的安排，使得即便没有直接的因果联系，在B处的某人也能够知道C处将要发生的东西，如果B处和C处的这些事件有一个共同的因果前项的话。[27]这就足以满足他的理论的这些因果需要。从信息论的观点来看，这样的一些修饰是多余的：即试图用因果术语来把握关于两点之间的信息联系的思想。我们会明白，这样的一些修饰是不必要的。只在唯一的一种意义上知识需要因果性，那就是在知识需要信息的这个意义上，而满足了这个需要，就不需要为这个类型的情况进行特殊辩护了。

第2章 通信与信息

通信理论试图告诉我们关于信息的某种东西：即便不是关于信息是什么，至少也能说明它有多少。在上一章概述该理论的诸要素时，我们小心地列举了一些事例对这一主张作了论证。然而，这是有争议的。有人争论说，该理论更适合被视为一种信号传输的理论，一种关于在某种意义上携带着信息的那些物理事件（信号）的理论。[1]根据这个观点，信号是一回事，它们所携带的信息、它们的语义内容是另一回事。信息的数学理论，可能是处理通信所依赖的那些物理事件的统计特征和相互依赖性的有效工具（device），但信息与我们用来通信的那些媒介（vehicles）无关，而与我们借此媒介所要传递的东西有关。真正的信息理论应该是关于我们的消息的内容的理论，而不是关于该内容由以表现的形式的理论。

信号承载的消息和承载着该消息的信号之间肯定有区别。两次敲击是信号，没有危险则是消息。就这么明白。桶里盛的水和盛着水的桶之间也能够被加以区别。但是，尽管存在不同，

41 我们仍能够对桶进行测量以探明它容纳了多少水。那么，一个人为什么不能通过对信号本身的测量来确定该信号的信息内容，或者至少是确定它容纳了多少信息呢？

申农（Shannon）说过，通信的语义方面与工程（engineering）问题是没有关系的。[2]确实如此。然而，正如沃伦·韦弗（Warren Weaver）在回应申农的言论时所谈到的："但是这并不意味着工程方面和语义方面必然是不相关的。"[3]我打算在本章中拾起来加以拓展的正是这一思路。通信理论并没有告诉我们信息是什么。为了描述信号携带的信息有多少，它不关注与信号内容有关的问题，不关注信号携带什么具体的信息。在这种意义上，申农的确是正确的：语义方面与工程问题是不相关的。然而，在告诉我们信号携带着多少信息的同时，通信理论为信号能够携带什么信息施加一些限制。这些限制反过来能够被用来说明信号确实携带着什么信息。在这个意义上，韦弗的确是正确的：通信理论与信号之信息内容的确定（specification）并非毫不相关。对一加仑桶的测定不能确定地告诉你桶里是什么，但是它却能够告诉你一些有关桶里能够是什么的东西。例如，它能够告诉你：它不能够容纳两加仑的柠檬水。并且，如果你通过其他条件知道了这个桶要么盛有两加仑柠檬水，要么盛有一加仑啤酒，那么对桶的测定就会完全无误地确定桶里的内容。

信息的通常概念

那么，什么是通信理论未能把握到的信息的"语义方面"呢？

第2章 通信与信息

韦弗告诫读者，在通信理论中，"信息"这个词是在一种特殊意义上使用的，这种特殊意义一定不能与信息的通常用法相混淆。他说，信息（正如它在通信理论中被使用的那样）尤其不能和意义相混淆。[4]另外一些作者告诫读者，不要把适于通信理论的这种信息含义和所收到的信息的数值、[5]重要性或真理，[6]抑或知识[7]相混淆。大部分专家都认可彻丽（Cherry）的观点，即通信理论不涉及消息的意义和真值；语义处在信息的数学理论所能把握的范围之外。[8]

42

这些告诫作为防止某些研究者过激的一种手段是有益的。例如，诺伯特·维纳（Norbert Wiener）有意地把"信息的量"和"意义的量"作为同义词。他说，"意义的量能够被测量。结果是消息的可能性越小，它所携带的意义就越多。这从常识的立场来看是完全合理的"[9]。但只要稍作思考就会认识到，从常识的立场来看，这并非是"完全合理的"。在意义（或者意义的量）和信息的数学理论中所理解的信息（或者信息的量）之间并不存在简单的对等。"我的后院有一头角马"这个陈述，并不会因为在统计上的可能性更小，就要比"我的后院有一只狗"具有更多的意义。甚至不清楚一个人能否合理地这样来谈论"意义的量"，更不用说把意义的量和有意义的那些符号的统计学稀缺性（rarity）等同起来。坚持这种倾向会导致这样荒谬的见解：在称职的语言使用者当中，胡言乱语比合情理的交谈更有意义，因为它更少见。

然而，就我的目的而言，对意义的这种讨论是完全不切题的。问题不在于通信理论是否为我们提供了对意义的说明，而在于它是否为我们提供了对信息的说明。尽管按照通常理解，信息可能是一个语义概念，但这并不意味着我们一定要把它融入到意义的概念当中。因为，从表面上看，显然没有理由认为：每一个有意义的符号都必然携带着信息，或者如果它确实携带信息的话，那么它携带的信息必定要等同于它的意义。

例如，最近在一次桥牌比赛中，我的一个对手问我，我同伴的叫牌意味着什么。我的同伴叫了"5梅花"来回应我的"4无将"（布莱克威尔约定）。我回答说，这意味着他有0个或4个A（aces）。这是此种叫牌的约定意义，而且所有叫牌的意义都必定会被透露给对手们。然而，困惑于我们颇有些古怪的叫牌（无疑，还有我对同伴充满疑问的注视），我的对手继续道："我知道它意味着什么。我想知道的是，他的叫牌告诉了你什么，你从中获得了什么信息？"那么，这显然就是一个完全不同的问题，一个我不必回答的问题（鉴于桥牌的那些规则）。我的同伴的叫牌传递（给我）的信息是他没有A。该信息被传达给我，是因为我手里已经有三个A；因此他不可能有全部的四个A。我的对手（她手里没有A）则没有获得这条信息。她能够辨别的（鉴于我同伴的叫牌），只是他有0个或者4个A。告诉她我同伴的叫牌传传递给了我什么信息，就会透露关于我自己手里的牌的一些东西（即我有至少一个A）。因此，尽管我有义务透露这个叫牌意味着什么，但却没有责任透露这个叫牌所传达的这个信息。

这样，包含在一个信号中的信息超出了（在某种意义上）该信号的约定意义。同样的情况在通常的语言交流中经常发生。如果我已经知道某人住在威斯康星州（Wisconsin），但是你不知道。那么，听到他说他住在麦迪逊（Madison），这就告诉了我他住在哪里，而没有告诉你。只有你已经知道了星期几，对

第2章 通信与信息

日历的一瞥才会告诉你日期。从一个信号（事件、状态或者事态）中，人们获悉，或者能够获悉的东西，并因此被该信号所携带的信息，部分地依赖于人们业已知道的这些可选择的可能性（alternative possibilities）。

另一方面，在任何约定意义上都没有意义的一个事件或者事态，可以携带丰富的信息量。一个有经验的扑克牌玩家能洞察各种迹象；他能够辨别或者合理地确定对手何时的下注是在进行迷惑。他的对手的紧张不安的行为，过高的赌注以及强装自信的样子，都如同被偷看了底牌一样确定无疑地泄露出他没有诚实地表露自己的内心。在这种情况下，信息被传输了，但是，携带信息的媒介（对手的行为或者动作），在相关的约定含义上或者语义含义上，却没有意义。[10]

此外，即便当通信的媒介是有意义的符号或者一组标记时，在这些标记的意义和被传递的信息之间也不必一致。如果我确实没有牙疼，那么，我说的我牙疼就这句话，就没有携带我牙疼这个信息。我说出的话"我牙疼"，是有意义的。它意指我牙疼。然而，你听到我说这话，不管你碰巧在想什么，或者最终相信什么，这都不是这话所携带的信息。

包含在一个信号（语言的或者其他的）中的信息只是偶然地与这个信号的意义（如果有的话）联系在一起。当然，通常我们利用符号的约定意义来相互交流，交换信息。我们使用有意义的符号来传达信息，这些符号所具有的意义对应于我们意欲传达的信息。但是，这种实践不应致使我们混淆一个符号的意义和这个符号所携带的信息或信息量。

知识与信息流

那么，根据这个用法，诸信号除了携带信息之外，还可以具有意义。一个信号携带什么信息，就是它有能力"告诉"我们什么东西，真实地告诉我们的关于别的事态的东西。粗略而言，信息就是有能力产生知识的东西，而且，一个信号携带什么信息，就是我们能够从这个信号中获悉的什么东西。如果我对你说的一切都是假的，那么我就没有给予你信息。至少是我没有给予你我声称要给予的那种信息。如果你碰巧知道（靠其他根据）我说的话是假的，那么你仍然可能从我说的话中得到信息——关于我的信息（我正在说谎），但是你不会得到与我说的话的约定意义相对应的这种信息。当我说"我牙疼"时，无论我说的话是真是假，我说的话都意指我牙疼。但当我说的话为假时，它就不携带我牙疼这个信息，因为它没有能力产生我牙疼这个知识。当我没有牙疼时，就没人能够获悉我牙疼。这就是为什么在桥牌桌上，我同伴的叫牌，向我而没有向我们的对手们传达他没有A这个信息。尽管对我们所有人来说，这次叫牌意指着同样的东西，但是它却告诉了我一些它并没有告诉我的对手的东西：也就是说，我的同伴没有A。

正是"信息"这个术语的这种含义或者用法在各种各样的语境中在发挥作用。我们说一本小册子包含着关于如何检验一个遗嘱的信息。我们这样说是因为，我们相信有人（适当准备过的）查阅这本小册子，能够获悉关于检验一个遗嘱的东西。信息问询台不只是话务员们被雇来发出有意义的声音的地方。使它们成为信息问询台的是：话务员们或者知道，或者能够快速地查询到普通顾客感兴趣的东西。通过在这样一些地方进行

第2章 通信与信息

询问，人们能够获悉某些东西。

我们能够将眼睛的瞳孔当作关于别人的情感或者态度的信源，打雷的信号（声音）包含着关于产生它的那个闪道的信息，蜜蜂的舞蹈包含着关于花蜜所在地的信息，或者一颗星发出的光携带着关于这个天体的化学成分的信息。当一个科学家告诉我们上面这些东西时，他明显是把信息当作有能力产生知识的某种东西。一事态包含关于X的信息，因而一个处于适当位置的观察者，通过参考X，能够获悉关于X的某种东西。我认为，正是在这种完全相同的含义上，我们把书籍、报纸以及权威著作看作是包含或者具有关于一个特定主题的信息；而且我要把这种含义作为"信息"这个术语的核心含义。

在这个术语的这种含义上，假信息或者错误信息不是不同种类的信息，就像假鸭子和橡皮鸭子不是不同种类的鸭子一样。而且，说某一信息可靠，是画蛇添足。当然，我认识到，我们在口语中确实会说某人的信息不可靠，会说到给间谍提供假信息，还会说到某人被误导了——他被误导的方式表明他被告知了（只不过是错误的）。我并不想为习惯用法订立标准。我完全愿意承认："信息"这个术语的有些用法和我所谓的信息的核心含义不一致。然而，如果我们查字典就会发现，信息非常频繁地被"智能""新闻""指示"和"知识"所描述。这些术语都是有提示性的。它们有一个共同的核心。它们都指向相同的方向，即真理的方向。信息就是有能力产生知识的东西，而且，因为知识需要真理，所以信息也需要真理。

那么，无论通常用法如何变幻莫测，当我们谈论信息时，上述的核心概念常常都是我们想要表达的那个概念，我想，这样说是公正的。毕竟，信息是有价值的东西。我们在信息的收集、储存和检索上花费数十亿。为了获得信息，有些人遭受酷刑。成千上万人的性命取决于敌人是否拥有信息。如果信息与真理无关的话，那才真会令人意外呢！

正如我们已经看到的，某些作者拒斥通信理论的语义相关性，而且因此否认通信理论有能力告诉我们关于信息的一些重要的东西。他们这样做似乎是基于下面一些推论。信息是一个语义概念（idea）。语义学是对意义的研究。通信理论并不提供对意义的一个令人满意的说明。因此，通信理论也不提供对信息的一个令人满意的说明。这个推论程序中的错误之处就在于这样一个设定：意义是唯一在语义上相关的概念，如果一个理论提供不出对意义的一个令人满意的说明，那它也就提供不出对任何语义概念的一个令人满意的说明。

我还没有争论说，通信理论确实告诉我们关于信息的某些东西。这是本章剩余部分的任务。在此简短的一节中，我试着要表明的是：这个通常的、语义上相关的信息含义（上述的那个核心概念）是要和意义这个概念相区别的东西。因此，我希望已经表明了，信息理论无法告诉我们意义是什么，这并不应该被用来质疑它作为这样一个理论：即，告诉我们关于信息的某些东西的一个理论。这个理论是否有能力在语义相关的含义上提供对信息的充分说明，这个问题关系到：该理论是否能够对有能力产生知识的东西提供一种启发性的说明。

第2章 通信与信息

当然，一开始就要明白，通信理论并不旨在告诉我们"信息"这个词意指什么。这个理论并不是韦伯斯特辞典的一个候选项。我已经试着以粗糙但有效的方式指出这个术语意指什么。至少我已经试着分离出一个"核心概念"，而这个核心概念，在我看来，正是我们通常用这个词所要表达的那个概念。从信息理论中理应得到的，也是从任何科学理论中理应得到的：对作为这种有趣现象之基础的那些实在和过程，进行一种大约完整、精确和系统的描述。正如物理学告诉我们闪电是什么，而没有告诉我们"闪电"意指什么（虽然这个词可能最终会意指物理学家关于该词的所指所告诉我们的东西），信息理论也一样能够告诉我们信息是什么，而没有必要告诉我们"信息"这个词意指什么。作为语言的流利的说者，关于"信息"这个词意指什么，才使得"信息是什么"？这个问题成为一个有意义的、可回答的问题，我们已经知道得够多了。鉴于有合适的接收者，信息是有能力产生知识的东西。就内容和数量两者而言，我们能够获悉的东西被可用信息所限定。此外，它还是一种能被传输、接收、交换、储存、损失、恢复和买卖的东西。就它能够做什么和对它能够做什么而言，这就是，当我们谈论信息时，我们在涉及的那种事物。我们对信息理论所期望的就是，它准确地告诉我们这种事物是什么。

信息的专有量度

只要通信理论专注于信息的平均量（熵），它就不准备

（我没说它无能力）去涉及语义问题，其中最明显的一个方面就体现在：意义、真值、指称和潜在的语义观念只与特定的消息或者特定的通信活动有关。正如肯尼斯·西尔评述的那样，"在这方面，信息理论和语义学之间的不同，就是对无论任何消息的通信条件的研究和对特定消息的内容的研究之间的不同"[11]。

我们关注一信号或者消息的信息内容，即从那个信号或者消息中我们能够获悉它是什么（不同于我们能够获悉多少），就此而言，讨论平均信息，是讲不通的。如果有一种方法可以量度与一个特定消息联系在一起的信息量，那么我们就明显能够追问与两个或者更多个消息联系在一起的平均信息量。例如，如果赫尔曼在报纸上读到他的公共事业股票下跌了，这时他被告知他的妻子正在楼下等待，那么我们可以认为，他已经接收到的信息的量有一个大约的平均数。但是，询问他接收到的这两个消息的平均内容，这无疑是讲不通的。赫尔曼获悉了两个事件：一是他的股票下跌了，一是他的妻子在等待。虽然对他已经获悉了多少，可能会有一个平均数，但是，对他已经获悉了什么，却没有平均数。一个消息的内容，不是一个能够被平均的量。我们能够平均的只是内容的数量。

因此，如果信息理论要告诉我们关于诸信号的信息内容的任何东西的话，那么，它就必须放弃它对平均数的关注，并且告诉我们关于包含在诸特定消息和特定信号中的那个信息的一些东西。因为，只有诸特定消息和特定信号才有内容。

假定在s处有64种可能性，而且这些可能性被缩减为一种，

第2章 通信与信息

比方说s_2。我们可以把s处的这种情况看作是由一个棋盘*所组成，在这个棋盘上会有一个标记被随机放置。64个方格中，每一个方格都被赋予一个数字。这个标记就放在方格2上面。因为64种可能性已经被缩减为1种，所以有6比特的信息与这个事件的发生联系在一起：I（s_2）=6比特。此外，假定我们要把这个信息向远处的某个接收者r传输。传输这个信息唯一可以利用的信道，是一个被严格限定了的信道，它只能够传输二进位数字（0或1）。这个信道传输一个单独的二进位数字要用掉整整一秒钟，而且它只开放一秒钟。很明显，只有一个二进位数字能够得到传输。那么，我们能够传输多少关于这个标记的位置的信息呢？

我们看起来似乎只能通过这个信道传输1比特的信息。但这是不对的。事实的真相是，我们只能够传输平均1比特的信息。在特定场合（鉴于恰当的编码），我能够用单独的一个二进位数字，成功传输远远大于1比特的信息。例如，通过预先设定，我们能够达成一致：当（且仅当）这个标记在方格2上时，我会传输一个1；而当这个标记在其他63个方格中的一个上时，我就传输一个0。如果s_2变成现实（一个幸运的偶然事件）而且我传输了一个1，那么关于这个标记的位置的6比特信息就被传输了。参考公式（1.5），这个特定信号携带着6比特从s到r的信息，而且公式（1.8）会证实：

（1.5） $I_s(r) = I(s) -$ 模糊

---

* 此处指的是国际象棋或西洋跳棋的棋盘，这种棋盘上有64个方格。——译者

既然我们关心由一个特定信号（即1这个信号）所携带的信息量，那么我们就必须从I（s）这个量（在这个案例中，它等于6比特）中减去与这个特定信号联系在一起的那个模糊。既然设定了，仅当这个标记在方格2上时，一个1才会被传输，而且假定，仅当一个1被传输，一个1才会被接收，那么，界定模糊的这些条件概率（1.8）只能是1或者0。所以，E = 0。在接收点，没有模糊与一个1的接收联系在一起。那么，根据公式（1.5），我们可以得出结论：被这个数字传输的信息量等于6比特：

$$I_s（1）= 6-0$$
$$= 6比特$$

当然，我不可能让这个传输率达到平均水平，因为在大多数时候，其他那些可能性中的一个会变成现实（这个标记将不会落在方格2上）。如果这个标记位于其他63个方格中的一个上，我必须传输一个0。如果这种情况发生，那我就只成功传输了一丁点儿信息量。与r处一个0的接收联系在一起的模糊的量是非常大的。再来用一下公式（1.8），我们会发现，E（0）=5.95比特（大约）。因此，一个0到达接收者那里，仅仅携带着大约0.05比特关于这个标记所在位置的信息。使用这个编码，我们仅仅能够平均给每条消息大约0.095比特的信息〔公式（1.9）和（1.5）〕。

那么，平均而言，通过这种编码信息的方法，我用每条消息会成功传输仅仅约0.095比特的信息。这是非常低效的。要使我用每个符号所传输的平均信息量最大化，我最好采用一种不同的编码。例如，如果我让一个1代表这个标记在一个红色的方

第2章 通信与信息

格上,让一个0代表这个标记在一个黑色的方格上,那么,每次传输会携带1比特的信息(将s处的这些可能性从64种减少到32种),而且平均传输率会是1比特。

正如我们已经反复强调的那样,在信息理论的大多数运用中,重要的数量是在一个信源产生的那个平均信息量,以及被传输的关于该信源的那个平均信息量。工程师们关心的是设计最有效的编码,以使平均通信率最大化。在对关于这个标记所在位置的信息进行编码所用的这两种方法中,通信工程师明显更喜欢后一种。从长远来看,这个方法会比第一种方法传输更多的信息。然而,通过使平均值最大化,我们放弃了某些东西。我们放弃的是这样一种可能性,即由被传输的这个信号告知这个标记到底在何处的这个可能性。用第一种方法,我们非常罕有地(1/64的时候)传输了6比特信息,但是,这个特定信号携带着与那个标记在方格2上联系在一起的全部信息。多数时候我们无功而返,但是只要有一矢中的,我们就大功告成了。如果我们采用第二个方法,让一个1代表这个标记在一个红色方格上,让一个0代表这个标记在一个黑色方格上,那么,我们始终传递1比特的信息,但是却没有信号携带6比特的信息。因此,没有信号有能力告诉接收者这个标记到底在何处。对于某些有兴趣查明这个标记到底在何处的人,编码信息的这第一种方法是更受青睐的。这第一种方法,并不经常告诉你你想要知道的东西,但是,至少它有时会告诉你。采用另一种策略,即从工程师的观点来看最有效的那种策略,就要永远放弃从任何信号中获悉这个标记到底在何处的那种可能性。要查明这个标记到

50

底在何处（例如，哪个方格），我们必须抛弃工程师的理想的编码系统，转而采用一种比较低效率的系统。

二十个问题这个游戏能够阐明同样的观点。通常，一个人有二十个问题（可用或者"是"或者"否"回答），用以发现游戏伙伴正在想着的东西。通常所设计的问题要能够使每次回答"是"或"否"所提供的信息量最大化。游戏的一方会试着用每个问题将剩下的那些可能性减半。在信息论的立场上，这是最有效的策略，因为平均而言，这样进行下去一个人会获得最多信息。然而，假定我们将游戏略微改变一下，只让你问一个问题。现在你的策略必须改变。不能再从诸如"它比面包盒大吗？"这样的问题开始提问了，因为这样一个人不可能赢。一个人在触及关键性的问题，例如，"它是这支铅笔吗？"之前，他的问题配额就会被用光。在这个改变过的游戏中，一个人必须完全"瞎打误撞"，而且要从提出唯一的这种能够使他成为赢家的问题开始："它是这支铅笔吗"或者"它是我的猫吗？"从对这些问题的回答中，一个人所获得的平均信息量会非常低（因为回答几乎总是"否"），但是得到回答"是"的可能性仍然存在。而且，如果一个人得到了回答"是"，那么他就已经侥幸凭借单独的一个问题，成功将大量不确定的可能性缩减为一种。这个答案"是"携带着大量的信息，足以使一个人在这种求知竞赛中获胜。

通信理论中所有令人关注的定理都依赖于"信息"被理解作平均信息。例如，申农的基本定理[12]是依据传输信息的信道容量（capacity）来表述的。然而，一定要明白，这个定理只关注

第2章 通信与信息

对于达到某种平均传输率的信道限制。由于此种原因，在通信系统的研究中，信道容量是一个重要的量值（magnitude）；但同样是由于此种原因，把信息理论运用到通常所理解的信息研究当中，与信道容量是毫不相干的。因为，正如我们已经明白的那样，信息是有关能够从一个特定信号中获悉什么和获悉多少的一个问题，而且，能够从关于其他事态的一个特定信号中获悉什么，这简直没有限度。就像上面关于标记的那个事例所表明的那样，即便与这个标记的位置联系在一起的信息有6比特，而这个信道传输信息的"容量"是1比特，我们还是能够从一个信号中获悉这个标记到底在何处。信道容量（按照通信理论中的理解）对于通过一个信道（从一个特定信号中）能够获悉什么，没有规定限度，因此，它对于能够被传输的信息量（在通常意义上）也没有规定限度。[13]

那么，如果我们想要得到信息的一个专有量度，我们就必须着眼于包含在诸特定信号中的信息量。通信理论能够被用来为我们量度这个量。其实，我已经用通信理论（与这个理论的目的相反）来计算与诸个别信号联系在一起的信息量了。至于那个标记的位置，据说一个1携带了6比特关于那个标记的信息。一个0仅仅携带了几分之一比特的信息。这些可以被看作是对这些特定信号所携带的信息量的信息论量度，而且我认为，正是这些量度会为我们提供对包含在诸特定信号中的信息量的一种合适的量度。虽然在信息理论的工程运用中，一个给定事件的盈余I（s_2）和一个特定信号所携带的信息量［例如，$I_s(1)$］都不是重要的数量（可能只有作为数学媒介对熵的计算例外），

52

但是，对于我们通常所理解的信息研究，并进而对于依赖于一个在语义上相关的信息概念的那种认知研究来说，它们却都是重要的量。

那么，这些重要的量就是由一个特定事件或者事态s_a所产生的那个信息量：

（2.1） $I(s_a) = \log 1/p(s_a)$

以及由一个关于s_a的特定信号r_a所携带的信息量：

（2.2） $I_s(r_a) = I(s_a) - E(r_a)$

在这里，$E(r_a)$被理解为与特定信号r_a联系在一起的模糊［根据第一章中（1.8）来界定］，从这里往后简称为信号r_a的模糊。

应当强调（但愿能够让那些指责我误传或者误解了通信理论的人明白），经过解释之后，上面的公式现在已经被赋予了一种重要的意义，而这种意义是它们在通信理论的标准运用中所不具有的。它们现在被用来界定与诸特定事件或者特定信号联系在一起的这个信息量。这样一种解释，不同于（但我主张，完全一致于）这些公式的传统用法。在通信理论的标准运用中，重心被放在信息的信源和用以传输该信息的这个信道上，而且出于描述通信的这些方面的目的，就没有理由关注被传输的这些特殊消息了。但是，在这里，我们要牵涉到这些特殊消息、这个特殊内容，即通过一个信道从一个信源而被传输的这个信息。而且我认为，公式（2.1）和（2.2）正是理解信息这个东西的关键所在。

第2章 通信与信息

信息流的通信限制

公式（2.1）和（2.2）可能看起来不像是非常有用的方法。除了与游戏有关的一些精心设计的事例外（或者，把这些公式运用到远程通信系统，远程通信系统中对于诸可能性会有某种理论上的限制范围，而这些可能性都具有它们相关的概率），用这些公式来计算诸信息量似乎希望不大。例如，我们如何计算由伊迪斯（Edith）打网球所产生的信息量呢？关于她的运动的信息，有多少被包含在到达赫尔曼（一个漫不经心的观众）处的光线当中呢？

要根据（2.1）和（2.2）来回答这样的一些问题，我们需要知道：（1）那些可选择可能性（例如，伊迪斯正在吃午饭，伊迪斯正在洗淋浴）；（2）所有这些可选择可能性的那些相关概率；（3）这些可选择可能性各自的那些条件概率（到达赫尔曼的视觉感受器的诸光子的分布一定）。明显地，在大多数一般的通信环境下，我们对这些都一无所知。甚至不清楚一个人是否可能会知道这些。毕竟，什么是伊迪斯正在打网球的这些可选择可能性呢？大概会有一些可能的事件（例如，伊迪斯要去理发而非打网球）和不可能的事件（例如，伊迪斯变成一个网球），但是，一个人如何着手去列出这些可能性呢？如果伊迪斯可能正在慢跑，我们要把这个算作一种可选择可能性吗？或者，既然她可能以各种不同的速度、向几乎任何方向、在几乎任何地方慢跑，那么我们应该把它算作不止一个可选择可能性吗？

在将（2.1）和（2.2）运用于诸具体情况（某人感兴趣的情

况，像我自己，试图系统地表达一种关于知识的理论）时的这些困难，可能看起来的确是难以克服的。但是，正如我们会明白的，这些困难只对过分使用这些公式造成妨碍。如果一个人要为一个事件所产生的或者由一个信号携带的信息量寻求一个绝对的量度，一个确切的数值，那么他就必须能够确定诸可能性的范围和这些可能性的相关概率。在通信理论的某些工程运用中，这些条件会被满足。[14]但是，在信息传输的大多数通常情况下，我们只能对被产生和被传输的信息量做出笨拙的猜测。即便这也是夸大其词。下述问题可能没有答案：多少信息被传输了？这个问题之所以可能没有答案，是因为：能够据以计算出这个数字的诸可选择可能性可能没有界限清楚的范围。

尽管有这些限制，公式（2.1）和（2.2）仍然有一种重要的用途。它们能够被用来进行比较，特别是进行以下比较：即，一个事件的发生所产生的信息量和一个信号所携带的关于这个事件的信息量两者之间的比较。根本用不着确定每个量值的绝对值，这样一些比较就能够进行。也就是说，我们能够使用这些公式，就像我们会使用一条没有划分出长度单位的绳子一样。我们能够使用这条绳子来确定A是否比B更长，但完全用不着确定A或者B的长度。

例如，如果我告诉你，丹尼住在威斯康星州麦迪逊市亚当斯街，那么这时我给予你的信息，就会多于我只告诉你丹尼住在威斯康星州麦迪逊市。要用（2.2）对这个直观的判断进行验证，没有必要知道丹尼能够居住的诸可能地点的总数，甚至没有必要知道他在威斯康星州麦迪逊市能够居住的诸可能地点的

第2章 通信与信息

总数。我们需要知道的只是：在威斯康星州麦迪逊市能居住的诸可能地点的总数，要多于在威斯康星州麦迪逊市亚当斯街能够居住的诸可能地点的总数。如果是这样的话——而且我看不出它何以可能不是这样（知道我所了解的麦迪逊市的情况），那么与第一个消息联系在一起的这个模糊要小于与第二个消息联系在一起的这个模糊。因此，（2.2）告诉我们，与第二条消息相比，第一条消息携带着更多关于丹尼住在哪里的信息。

或者考虑一下公式（2.2）的另一个可能的用途，这个用途对我们关于一个信号的信息内容的（最终）定义具有决定性的意义。我们想要知道的，不是有多少信息由s_a的发生所产生出来，也不是r_a所携带的关于s_a的发生的信息有多少，而是r_a携带的关于s_a的信息是否和s_a的发生所产生的信息一样多。要回答这个问题，一个人不一定要知道I（s_a）的值或者I_s（r_a）的值。公式（2.2）的检验表明，一个人必须要知道的，只是这个模糊是否为零。如果这个模糊E（r_a）是0，那么，这个信号所携带的关于信源的信息就和信源处s_a的发生所产生的信息一样多。另一方面，如果这个模糊是正值，那么，这个信号所携带的信息就少于与s_a之发生联系在一起的那个信息。

公式（2.2）的这个比较用法，是要贯穿本文的唯一不可缺少的用法。通信理论的认识论运用，特别是在对一个信号的信息内容（这个信号所携带的消息）展开说明时，这个理论的用法，并不需要我们知道一个主体是否已经接收到20200或者2000比特的信息。它需要的只是（在数量上），这个主体所接收到的信息和他想要获得的那个事态所产生的信息一样多。对于这些因素的专有确定而言，I（s_a）和I_s（r_a）的绝对值都是无关紧要的。我们想要知道的是，I_s（r_a）是小于I（s_a），还是等于I（s_a）。

然而，界定信源和接受者之间这个模糊的这一系列条件概率，一定是这个通信系统的客观特性，这一点怎么强调都不算过分。我们可能不知道这些条件概率是什么，我们或许不能决定这些条件概率是什么，但是，这与这个模糊的实际的值是不相干的，并因此与这个信号携带的信息是否与信源产生的信息一样多也是不相干的。[15] 我们前面的事例应该有助于把这个讲清楚。员工们一致同意，如果雪莉被选中，就把赫尔曼的名字写在他们给老板的便条上，这时，据说这张便条仅仅携带着2比特关于这个选择程序的结果的信息。这张便条将可能性的总数从8种缩减到2种（赫尔曼或者雪莉）。当然，老板相信这张便条是非模糊的。用信息论的话来说，他相信这张便条携带了3比特的信息。但他完全错了。一个消息携带多少信息，不是由这个接收者认为它携带多少信息所决定的。当这个消息被接收到之后，它携带着多少信息，完全是由s处存在的这些实际可能性和这些不同可能性的条件概率所决定的。在另一个事例中，信使把那张便条弄丢后又重新编造了一个：上面写着"赫尔曼"这个名字。据说这张便条没有携带关于员工们的决定的信息。I_s（r_a）的值再一次不依赖于r_a的这个接收者关于r_a的信息内容碰巧所相信的东西。

在本书的后面部分，依照人类认知的众多信息处理模型，我们会把一个有机体的感觉系统看作用于接收关于该有机体外部环境的信息的信道。在适当的时候，我们不得不面对怀疑论

第2章 通信与信息

的问题。怀疑论的那些问题不能过早地引入。它们与什么信息或者多少信息已经被接收是不相关的。即便按照休谟（Hume）的理解，我们把有机体看作是受困于其自身知觉的范围之内，我们也不可能断言：这些知觉是毫无信息的。即便一个人在下述内容上赞同休谟：

> 除了一些知觉，心灵从不把任何东西呈现在自己面前，而且心灵无论如何也不可能获得知觉与对象相关联的任何经验。因此，对这样一种关联的假定，在推理中是毫无根据的。[16]

这个人也不能断定——就像格罗森（F.J.Grosson）明确断定的那样：根据休谟的理论，一个人不能把这些感觉作为信息信道，是因为"我们不能独立访问这些输入数据及其概率，并因此没有条件概率"[17]。根据休谟的理论能够断定的最多就是：我们根本不能确定这些条件概率是什么，因此，也根本不能确定我们的知觉是否包含关于我们周围环境的信息。但是，我们的知觉经验具有丰富的关于我们的物理环境的信息，却是与这完全一致的。并不因为我们没有能力确定这些相关的条件概率是什么，并因此没有能力确定这个信号包含什么信息（或者多少信息），所以，来自一个遥远的、快速后退的星系的一个信号，就是没有信息的。因为包含在这个信号中的信息量，并不取决于我们能够独立地验证的这些条件概率，而是取决于这些条件概率本身。

77

57　　　包含在一个信号中的信息，也不依赖于这个接收者实际上正在从该信号中获悉什么东西。[18]这个接受者或许不能解码或者理解这条消息。或者他可能认为自己能够解码这条消息，但是却错误地解码了。如果可以容许我再次使用我原先的事例的话，那么，这些员工们当时可以通过编码与他们的老板交流。这些员工可能已经约定，如果雪莉被选中，就把"赫尔曼"这个名字写在便条上，如果多瑞丝（Doris）被选中，就把"雪莉"这个名字写在便条上，如果埃米尔（Emil）被选中，就把"多瑞丝"这个名字写在便条上，如此等等。当写着"巴巴拉"（Barbara）这个名字（赫尔曼的代号）的便条被放在老板桌子上的时候，这张便条所包含的关于这个选择程序的结果的信息量与员工们使用常规编码（"赫尔曼"代表赫尔曼）时它所包含的信息量是相同的。[19]但是如果这个老板没有被告知这个编码，他就会错误地认为巴巴拉是当选者。他就会误解这条消息。但是，他的误解并不意味着这张便条没有明确地指定这个当选者，没有包含关于谁被选中的这条信息。一个人必须知道这个编码，以抽取这条信息。[20]

　　凭借这些已经完成的准备工作，我们终于能够明确表达出关于信息流的一个原则，这个原则，辅之以我们关于通信理论业已知道的东西，就会指导我们在下一章明确地阐述出一种真正的信息语义理论。

　　　　复制（xerox）原则：如果A携带B这个信息，而B携带C这个信息，那么A就携带C这个信息。

第2章 通信与信息

我把这看作是一条规定的原则。它是通常的信息观念所固有的和必需的东西，是任何信息理论都应当遵守的东西。因为，如果一个人能够从A获悉B，而且能够从B获悉C，那么这个人就应当能从A获悉C（这个人是否真正获悉它，是另外一回事）。

我为该原则指定的名称就是对其最明显的解释。一本小册子（包含C这个信息）的诸拷贝，携带着和原本小册子相同的信息（即C），只要它们是准确的拷贝，只要这些拷贝携带关于原本小册子中语词、图表和数字的准确信息。通过对包含着信息的某些东西进行复制，我们不会损失信息。至少是，如果这些复制携带着关于信息的原有媒介的准确信息的话，就不会损失信息。实际上这就是复制原则所要说的。如果一连串光子携带灯开着的信息，而灯开着携带开关闭合的信息，那么这一连串光子也就携带开关闭合的这个信息。

复制原则绝对是信息流的基本原则。发自一台无线电扬声器的声波，携带着关于电台工作室里正在发生的东西的信息，因为这些声波携带着关于这台接收机的音频电路里正在发生的东西的准确信息；这些事件，进而又携带着关于到达天线的电磁信号调幅的信息；而后者还携带着关于麦克风振膜（电台工作室里）振动方式的信息。麦克风的行为，反过来携带着关于播音员正在说的话的信息。整个系列的事件构成了一个通信系统，而且由于复制原则的反复应用，这个系统的输出携带着关于其输入的信息。同样的原则会出现在通常的口头交流中。我收到关于你去年夏天的那些行为的信息，并因此获悉你去过意大利，原因在于这样的事实（如果你是诚实的）：你说的话携带着关于你的一些信念的信息，而且（如果你知道你讲的话是关于什么）你的这些信念携带着关于去年夏天你干了什么的信息。[21] 离开了复制原则，这些通信链中的这些环节就绝不会形成一个整体。

那么，无须多论，我以为，对一个信号所携带的这个信息的任何说明，都必定会维护复制原则的有效性。关于一个信号的信息内容，这告诉了我们什么呢？它告诉我们，如果一个信号要携带s是F这个信息（这里s指示信源处的某个事项），那么，这个信号所携带的关于s的信息量，必定等于s之作为F所产生的信息量。如果s之作为F产生3比特信息，那么只携带2比特关于s的信息的信号，就不可能携带s是F这一信息。

与我们想要表明的东西相反，让我们假定：一个信号尽管有正模糊也能够携带信息；这个信号能够携带s是F这个信息，尽管该信号所携带的信息要少于和s之作为F联系在一起的信息。这就意味着，尽管事实上，A和B之间有正模糊，B和C之间也有正模糊，但A却能够携带B这个信息，而且B能够携带C这个信息。在从C到B的传输中，有一点儿信息损失了（但是，损失的信息不足以干扰C这个信息的传输），而且从B到A的传输中，也有一点儿信息损失了（但是，损失的信息不足以干扰A处对B这个信息的接收）。这些损失是能够被累加在一起的。[22]在A处关于C的信息量，能够很容易地被弄得少于在B处关于C的信息量。随着我们照这样把一些环节增加到这个通信链中，关于C的有效信息量就会越来越少。在这个通信链中的远处的那些环节，将几乎不携带关于C的信息（可无限接近于0的一个信息量）。但是

第2章 通信与信息

根据复制原则，它们将携带足够多的关于前面的这个环节的信息，以使这条消息原封不动。通信理论告诉我们，这个通信链的远处的环节将会携带越来越少的关于C的信息量（因为，这些临近的环节之间所存在的少量模糊，会聚集成介于端点之间的大量模糊。）一方面，我们的复制原则告诉我们，如果这个链条中的每个环节都携带关于其前项的这条适当的信息（A携带B这个信息，B携带C这个信息），那么，最后的那个环节将会与第二个环节（即B）一样，携带关于第一个环节（即C）的这同样一条信息。面对逐渐消失的信息量，维护复制原则的唯一方法就是勉强承认：尽管存在有数量巨大的模糊，尽管事实上这个信号仅仅携带关于这个信源的微乎其微的信息量，但是这个信号仍能够携带一个消息（例如，C这个信息）。但是，这是荒谬的。

它之所以荒谬是因为它意味着：对于一个消息的传送而言，信源和接收者之间的相关度和依存量并不是必不可少的。信源和接收者之间的任何相关（只要不是完全随机的）对内容的传输都足够了。我们已经知道，如果一个信号和s处发生的东西之间有一定的依存度，如果这个信号（在多么小的程度上）改变了s处这些不同可能性的概率分布，那么这个信号就会携带关于s的某种信息。但是，我们确实必须坚持这样的观点：如果一个信号把比如s_2发生的概率从0.01提高到0.02，并且相应地缩减其余的99种可能性的概率，那么这个信号就能够携带s_2（一百种同样可能的不同可能性之一）发生了这一信息。这样一个信号不能告诉你在这个信源发生了什么。即便s_2真的发生了，你也不可能从这一类的一个信号中获悉：s_2真的发生了。这个信号携带着关于这个信息源的某个信息，但是还不足以携带s_2发生了这条消息。

通信理论（当然和复制原则一起）告诉我们的是：内容的通信，消息的传输，并不是任何信息量都能够胜任的。一个人需要与那个内容联系在一起的所有信息。如果一个事件的发生产生了X比特的信息，那么，一个信号要想承载该事件发生了这一信息，它就必须携带至少X比特的信息。只要达不到X比特，就不足以支撑这条消息。对它不足X比特做出勉强接受的任何尝试都意味着：要么拒斥复制原则，要么接受这样的观点，即无论多么少一点儿信息（大于零）被传输了，信息内容（一条消息）都能够被传送。既然这两种选择都是不可接受的，那么我们就断定：一个信号要想携带关于一个信源的一个X-比特的消息（例如，在s是F这条消息里，s之作为F产生了X比特的关于s的信息），这个信号就必须携带至少X比特的关于s的信息。

把一个消息传达到目的地就像是怀孕——要么有，要么无。在涉及诸信息量时，一个人能够说到他乐意说的任何量。说在信源产生的信息有百分之零、百分之四十三或者百分之百到达了接收者那里，这都是讲得通的。但是，如果涉及到这个消息本身，即涉及附加在这些量当中的信息，那么，信息就要么完全被传输，要么完全未被传输。在谈论内容时，说天正在下雨这一信息被传输了百分之九十九，这是讲不通的。

这并不意味着，一个信号要告诉我们某些东西，就必须告诉我们关于一个信源的全部东西。一个信号能够是模糊的，而且仍然携带一条消息。在第一章描述过的一种情况下，员工们

第2章 通信与信息

决定，如果赫尔曼或者雪莉被选中，那就把赫尔曼的名字写在送给老板的纸条上。当这张标有"赫尔曼"这个名字的纸条出现在老板办公桌上的时候，据说它仅仅携带了2比特关于哪个员工被指定的信息。既然赫尔曼被选中产生了3比特的信息，那么这张便条就有一个1比特的模糊。这就是有多少信息被损失了。它暗示在那个时候（而且我们现在能够明白为什么），这张便条何以没有携带赫尔曼被选中这一信息。这个2比特的便条不能携带那个3比特的消息。然而，从我们现在取得的进展来看，这张便条能够携带一个2比特的消息。这必然恰好一致于我们的直观判断：这张便条携带着要么赫尔曼要么雪莉被选中这一信息。因为，由"要么赫尔曼要么雪莉被选中"所描述的这个事态，具有2比特的信息量度（相当于8种同样可能的可能性缩减为2种）。因此，我们的这张便条，虽然对于到底是谁被选中，是模糊的，但是却有能力携带被选中的要么是赫尔曼要么是雪莉这一信息。

这里所要显示的东西在别的背景下是非常明显的：即，一个信号模糊与否，取决于我们如何分割信息源的那些可能性。我的王在KB-3位置*。它处在这个特殊的方格上，这产生了（让我们假定）6比特的信息，因为有64种可能性。我们还可以以一种不太确定的方式来描述这个棋子的位置。例如，我们可以描述说，我的王处在一个黑方格上。这样我们讨论的就是具有仅仅1比特的信息量度（仅有两种可能性：黑方格或者白方格）的一个事态了（王处在一个黑方格上）。一个信号可以携带仅仅

---

* KB-3指国际象棋中的王翼象三位。——译者

1比特的关于我的王所在位置的信息。那么这个信号是模糊的吗？相对于第一种描述（王在KB-3位置），它是模糊的；相对于第二种描述（王在黑方格上），它不是模糊的。相对于第一种描述，这个信号有一个5比特的模糊；相对于第二种描述，这个信号有0比特的模糊。但是在这两种情况下，它都携带1比特的关于这个王所在位置的信息。关于一个信号中的信息，通信理论并没有规定：为了要携带一个消息，这个信号的模糊必须是0。因为，这个模糊是否为0要取决于我们如何指定信源的那些概率。它与我们如何描述信源的这个事件有关系，关于这个事件的信息正在被传输。通信理论告诉我们的是，一个信号所携带的关于一个信源的信息量，给这个信号能够携带关于这个信源的什么信息设置了一个上限。前面描述的那个1比特信号，能够携带我的王在一个黑方格上这条消息，但是它不能携带我的王在KB-3上这条消息。这样结果和我们如何细致地分割信源的这些可能性无关。通过增加信源处可能性的总数（通过对可能性总数的更具体、更详细的描述），一个人会增加诸潜在信号的模糊E，但他也会增加I(s)的值，即在信息源被产生的信息。既然被传输的信息量［见公式（1.5）］等于I(s)减去E，那么被传输的信息量就没有受到影响。而且，这个量值有助于确定能够被传输的这种类型的信息内容。[23]

经过如此冗长乏味的过程才得出的这个结果，或许倒会让某些读者觉得稀松平常。如果稀松平常就意味着明显为真的话，那么我倒希望它给所有的读者都留下这样的印象。因为，我们将在下一章利用这个结果来说明一个信号的信息内容。这一点

第2章　通信与信息

一旦完成，我们就能够为许多关键的认识论思想提供出一种统一的信息论分析。当前的这个结果可能看似稀松平常，但它对各种棘手的认识论问题却具有非常重大的意义。认识到这些意义之后，读者们或许会希望重新来评价自己现在准备作出的所有让步。

第3章 信息的语义理论

我们在上一章的讨论揭示了信息定义必须要满足的两个条件。第一，通信条件，它是说，如果一个信号携带s是F这一信息，那么它必定是这种情况：

（A）这个信号携带的关于s的信息和s之作为F所会产生的信息一样多。

例如，如果s之作为一种特殊的颜色，产生2比特的信息，那么除非一个信号携带至少2比特的信息，它才能够携带s是一种特殊的颜色（比如红色）这一信息。然而，很明显，这个条件虽然必要，但却是不充分的。一个信号能够携带2比特的关于s的颜色的信息，但却不携带s是红色这一信息。因为，如果（与事实相反）s是蓝色的话，那么这个信号仍会携带2比特的关于s的颜色的信息，而不携带s是红色这一信息。在这种情况下，这个信号不携带s是红色这一信息，尽管它携带的关于s的颜色的信息和s之作为红色所会产生的信息一样多（2比特）。所以我们还需要有别的条件。如果一个信号携带s是F这一信息，那么它必定是这种情况：

（B）s是F。

回想一下，赫尔曼被选中所产生的信息量（3比特）和任何别的员工被选中所会产生的信息量一样多。被告知送给老板的这张便条携带3比特的信息，并不等于被告知这张便条携带赫尔曼被选中这一信息。因为，即使赫尔曼当时没有被选中，这张便条仍能够携带3比特的信息。它能够携带雪莉被选中这一信息。为了携带赫尔曼被选中了这一信息，一定得是这种情况：赫尔曼是被选中的。

那么，（A）和（B）每一个都是必要的。但是它们合在一起还不是充分的。假定s是一个红色方格。它是红色，产生3比特的信息；而且它是方格，产生另外的3比特信息。一个信号被传输了，携带着s是方格这一信息，但却没有携带s是红色这一信息。这样，这个信号携带的关于s的信息和s之作为红色所会产生的信息一样多，而且s是红色的，但是这个信号却缺乏这个信息。

还需要别的某个条件。问题在于：虽然一个信号携带X比特的关于s的信息，虽然s之作为F产生X比特的信息，但是这个信号想要携带s是F这一信息，却又好像携带了错误的那个X比特。一个信号不仅必须要携带足够的信息，它还必须携带正确的那个信息。要弥补这个缺陷，就必须要满足类似下述条件这样的一些东西：

（C）这个信号携带的关于s的信息的那个数量，就是（或者包含）由s之作为F所产生的那个数量（而且不是，比如说，由s

第3章 信息的语义理论

之作为G所产生的那个数量)。

（B）和（C）共同构成了我们称之为信息的语义条件这种东西。对（C）的表述还有很多地方有待改进。例如，说一个数量（这个信号携带的信息量）就是（或者包含）另一个数量（被产生的信息量），同时又认为这不只是一种数量比较，那么，它表示的意思是什么，是不清楚的。然而，目前（C）还是有用的。不能指望（C）把所有东西都讲清楚。（C）只是以一种启发性的方式指出了对于（A）和（B）之外的某种东西的需要，即在下述事实中显而易见的一种需要：（A）和（B）不足以确定由一个信号所携带的那个信息。

接下来就是关于包含在一个信号中的这个信息的定义，这个定义要同时满足这三个条件。这个定义还重拾了第二章中曾简要提到过的一个信息特征，即下述这一事实：被传输的是什么信息，可能取决于接收者对信源存在的这些可能性业已知道的情况。要阐明这个定义，我会提到携带着信息的信号，但是我们应当明白：r可以是任何一个事件、状态或者事态，它的存在（发生）可能依赖于s之作为F。此外，应当认为，s之作为F总是与某个正信息量联系在一起的一个状态（存在有s之作为F的备选可选择项）。在稍后一章，我们还会重新回到关于必要属性或者本质属性（即由s所具有的不产生任何信息的这些属性）的问题上来。

> 信息内容：一个信号r携带s是F这一信息＝如果r（而且k）一定，s之作为F的条件概率为1（但是，如果

知识与信息流

只有k一定，其条件概率则小于1）

括号里的k一会儿再解释。它被用来代表接收者对于信源处存在的那些概率业已知道（如果有的话）的情况。这样看来，例如，如果一个人已经知道s要么是红色、要么是蓝色，那么，将s之作为蓝色这一可能性排除掉的一个信号（将此种概率降低至0），就会携带s是红色这一信息（因为它将此种概率增加至1）。对于不知道s要么是红色、要么是蓝色的某个人而言（鉴于他们所知道的，s可能是绿色），同样的这个信号可能就不携带s是红色这一信息。

我认为，这个定义是仅有的一个同时满足条件（A）、条件（B）和条件（C）的定义。这个定义之所以满足条件（A）是因为，如果s之作为F的条件概率（如果r一定）为1，那么这个信号的模糊必定为0，而且[根据公式（1.5）]这个信号携带的关于s的信息$I_s(r)$，必定和s之作为F所产生的信息$I(s_F)$一样多。条件（B）之所以被满足是因为，如果s之作为F的条件概率是1，那么s是F。[1]条件（C）之所以被满足是因为，无论这个信号可能携带着关于s的信息是别的任何数量，我们的定义都会向我们确保，这个信号包含着正确的那个数量（与s之作为F联系在一起的那个数量），因为这个定义恰好排除了那些为这个要求造成麻烦的情况。

当然，我们的定义满足这三个条件这一事实，并不暗示着，满足这三个条件是关于信息内容的唯一的定义。然而，我认为，别的东西明显都不行。例如，人们也许认为，我们能够降低这些要求，只需要某种，比如说，大于0.9（或者0.99或者0.999）的条件概率。这个被修改过的定义不会满足条件（B），因为并不需要存在一个事态（s之作为F）具有0.9（或者0.999）的条件概率。通过把大意为s是F的这样一个条款作为这个定义中一个独立的项添加进去，这个缺陷可以得到弥补，但是条件（A）仍然未被满足。因为，如果一个信号能够携带s是F这一信息，但是s之作为F的概率只提高到0.9（或者0.999），那么，这个信号会携带这一信息，但是它携带的信息（在数量上）会少于s之作为F所产生的信息——明显违背（A）。[2]可能还有别的方法来阐述上面的定义，但是如果这个定义满足条件（A）（B）和（C）的话，那么我认为，人们会发现它和我已经给出的那个定义是一样的。

一个信号的信息内容是以"s是F"的形式得以表达的，这里的字母s被理解成是指涉到信源中某个事项的一种索引性的或者指示性的要素。这个定义所说明的，是哲学家们可能称之为这个信号的从物的（de re）信息内容的东西，这个内容还可以通过这样说（更坦白地）来表达：r携带着有关或者关于作为F的s的这个信息。这个内容被称之为从物的（相对于从言的）内容是因为，当我们描述一个信号的信息内容时，得以被描述的是由一个开放句（"……是F"）所表达的东西和某个个体s之间的一种关系（relation）。[3]在一个信号的信息内容的文字表达式中，一个用小写字母书写的常量（通常s表示信源）被用来强调：我们所关注的，不是我们可能碰巧描述或者指涉s这个个体（individual）所用的方式，而是s这个个体本身。一个信号的从物的信息内容是由两个事件决定的：（1）这个信号携带着关于其信息的这个个体s，和（2）这个信号携带的关于这个个体的信息（由开放句"……是F"决定）。我们碰巧会用什么描述性的短语（一个信号信息内容的文字表达式）来指涉这个个体——关于这个个体的信息被携带了——这是无关紧要的。所以，例如，如果我们把一个信号所携带的信息，描述为我的祖母正在笑，那么应当明白，这个信号不必携带这个人是我的祖母（乃至她是一个女人或者一个人）这一信息。确切来说，这个信号被描述成是携带着关于我的祖母的信息，即大意为她正在笑这一信息。当然，这个信号也可以携带她是我的祖母这一信息。这样，这个信号就携带s是我的祖母和s正在笑这一信息，这个信息我们可以通过这样说来表达：这个信号携带着我的祖母正在笑这一信息。但是，一般而言，只有体现在这个谓项表达式（"……是F"）中的那些描述性的或者概念性的要素，才反映这个信号的信息内容。主项仅仅把这种内容与一个特殊的个体联系在一起。

因此，诸信号在其携带的信息上能够有两种方式相区别。如果，r_1携带s是F这一信息，而且r_2携带s是G这一信息，那么（假定F和G反映独立的特征或者特性）r_1和r_2就携带着不同的两条信息。然而，除此之外，r_1可以携带s是F这一信息，而r_2则携带t（一个不同的个体）是F这一信息。这也是一条不同的信息。只要这个不同于那个，那么，这个是白色这一信息就不同于那个是白色这一信息。[4]

在整个这本著作中，我们的注意力都限定在从物的这种命

第3章 信息的语义理论

题内容。当我们转向分析知识、信念以及具有命题内容的诸认知态度时，我们同样要关注这些以其从物形式表现的内容。也就是说，我们要关注的是，关于作为F的某物的知道或者相信，这里的这个被知道或被相信是F的某物，是由知觉因素决定的（见第6章"知觉的对象"一节）。这个限定使我们能够回避一些与从言的命题内容的分析有关的棘手问题。从言的命题内容即具有"这个S是F"这种形式的内容，在这里，这个内容至少部分地是由（"这个S"）这个术语或者短语所决定的，（"这个S"）这个术语或者短语被用于指示作为F的这个事项。然而，虽然通过这种策略避开了某些问题，[5]但是当前的这种说明力求一定程度的完整性。因为，据推测，而且后面的几章会论及，从物的信念和知识比它们的那些从言的对应物（counterparts）更基本。而且，正如我们想要表明的，关于一个信号的从物的信息内容的理论，足以胜任我们对从物的信念和知识的分析了。

概观已经举出的那些例子就会明白，关于一个信号的信息内容的上述定义，在每一个例子中都会取得在直观上令人满意的效果。有一个例子特别应当提到，因为它例证了我们的定义所能具有的那种相当灵敏的辨别力。那些员工们已经决定了，如果要么赫尔曼、要么雪莉被选中，他们就把赫尔曼的名字写在送给老板的便条上。如果这时赫尔曼被员工们选中了，那么通信理论就会告诉我们，这张便条携带了仅仅2比特关于哪一个员工已经被选中的信息（1比特的模糊）。但是，虽然这个理论告诉了我们这张便条携带着多少信息，它却并没有告诉我们这张便条携带着什么信息。就这个量化理论而言，这张便条能够携带许多不同的消息，只要这些消息都有2比特的一个量度。那么，例如，这张便条可以携带要么赫尔曼、要么雪莉被选中这一信息（2比特），或者它可以携带要么赫尔曼、要么唐纳德被选中这一信息（2比特）。这两条可能的消息都为真（因为赫尔曼被选中了）。因此，它们两者都有资格作为这张便条可以携带的信息。我们对一个信号的命题内容的定义，干脆利落地在这两条可能消息之间作出了区分。它确定赫尔曼或者雪莉，而非赫尔曼或者唐纳德作为这个内容，因为前一种可能性（出现在这张便条上的名字一定）有一个为1的概率，而后一种可能性仅有一个为0.5的概率。这恰好吻合我们预分析的直觉，即这张便条携带着要么赫尔曼、要么雪莉被选中这一信息。它不携带要么赫尔曼、要么唐纳德被选中这一信息，尽管事实上是要么赫尔曼、要么唐纳德被选中了，而且这张便条携带了（在数量上）足以把握这条消息的信息（2比特）。

到此为止，我们一直都在小心地选取事例，以便总能产生出一个可确认的内容。然而，并非所有信号具有的信息内容，都这么干脆利落地而且经济地适合于命题表达式。假定s能够作为一些不同状态中的任何一个状态，而且这些状态中的每一个状态都是同样可能的：A、B、C和D。再假定s处于状态B，而且一个信号r携带1比特的关于s处这种情况的信息。一个信号能够有很多种方式来携带1比特的关于s的这种状况的信息。例如，它可以将A和D的概率缩减为0，剩下具有同样可能性的B和C。这样，这个信号携带1比特的信息，而且（根据我们的定义）它携带着s要么处于状态B、要么处于状态C这一信息。但是，这个

第3章　信息的语义理论

信号也可以以这样一种方式改变概率分布以产生1比特的信息。例如，如果这些条件概率是：

$$P(A/r)=0.07$$
$$P(B/r)=0.80$$
$$P(C/r)=0.07$$
$$P(D/r)=0.06$$

那么，我们利用公式（1.8）就会知道，r的模糊是1比特。因此，r携带1比特的关于s的这种状况的信息。这个信号的内容是什么呢？这个消息是什么呢？很明显，我们不能认为这个信号携带s处在状态B这一信息，因为，即便s是处在状态B，这个状况也会产生2比特的信息，而我们的信号则仅仅携带1比特的信息。我们也不能认为这个信号携带着（比如）s要么处在状态B、要么处在状态C这一信息。因为，虽然s要么处在状态B、要么处在状态C，虽然这个状况有一个唯一1比特的量度，但是我们的定义告诉我们，这并不是这个信号所携带的那个1比特的信息（因为这种状态的概率小于1）。事实上，并没有任何绝对的方法来传达由这个信号所携带的信息。在这种情况下，我们最多只能说：这个信号携带着s可能处在状态B这一信息。这最接近于满足我们对信息内容的定义，因为（我们可以认为），如果r一定，s之可能作为B的条件概率为1。我不确定这样是否讲得通。当然，把s之可能作为B看作是我们能够接收到关于其信息的s状况本身，看作是能够具有一个为1的条件概率并因此有资格作为一个信号的信息内容的某种东西，这是愚蠢的。但是，这并不是重点。如果信源确实存在一种情况满足我们关于信息内容的定义，但却没有描述这种情况的句子，然而我们却想要给出被传输信息的数量的命题表达式，那么，我们就不得不采取一种权宜之计来谈论这个事实：某种东西可能就是这样作为一个信号的信息内容的。

这个结果不应被视为我们关于一个信号的信息内容的定义的一个缺陷。正相反，我认为，它反映了我们在表达我们所接收到的信息时的一种常见的做法。例如，有些桥牌搭档从不先叫大牌（红心和黑桃），除非他们至少有五张那种花色的牌。因此，这样一组搭档中的一个人先叫了"红心1"，这就携带着他有五张或者多于五张红心这一信息。别的一些搭档只有四张这种花色，有时也会先叫一张大牌。他们的叫牌告诉你，他们有四张或者多于四张这种花色的牌。这比第一种情况的信息少，但仍然是一条有意思的信息。然而，有些牌手偶尔会享受一下"心理"牌（与他们叫牌的约定意义不一致）。这样一个牌手所叫的"红心1"告诉你的关于他手牌的特征甚至更少。即便他们的叫牌代表他们通常有五张（或者更多）红心，但是这种偶尔的心理牌会将他们的叫牌所携带的信息降至这样一种程度，以至于很难说被传输的到底是什么信息。对此我们最多只能说，这个人可能有五张（或者更多）红心，或者只有四张红心，还有可能一张也没有。为这样一种叫牌所传输的信息给出的命题表达式，我们所能做的大概最多就是这样。

值得注意的是，一般而言，说一个信号的这个信息内容，这是有点讲不通的。因为，如果一个信号携带着s是F这一信息，而且s之作为F反过来携带着s是G（或者t是H）这一信息，

第3章 信息的语义理论

那么这同一个信号也就携带s是G（或者t是H）这一信息。例如，如果r携带s是一个正方形这一信息，那么它也就携带s是一个矩形这一信息。之所以如此是因为，如果s之作为一个正方形的条件概率（r一定）是1，那么s之作为一个矩形的条件概率（r一定）也是1。此外，这样一个信号也携带着s是一个四边形，一个平行四边形，而不是一个圆形，不是一个五边形，不是或者一个正方形或者一个圆形等这一信息。与此类似，如果水银的膨胀携带着温度正在上升这一信息，那么携带着水银正在膨胀这一信息的任何信号，也都携带着温度正在上升这一信息。正是这一点使得温度计成为一种能够指示温度的有用装置。一般而言，如果有一条自然律使得只要s是F的时候，t就是G（这样造成：如果s之作为F一定，t之作为G的条件概率为1），那么，就绝不会有信号能够提供s是F这条消息，而不传达t是G这一信息。

这一点也可以通过这样说来表达：如果一个信号携带s是F这一信息，它也就携带套叠在s之作为F中的所有信息。这直接来自于我们对信号的信息内容的定义和下述这种套叠关系的定义：

t是G这一信息被套叠在s之作为F当中 = s之作为F携带t是G这一信息。

有时我发现，把分析地套叠在一个事态中的信息和合法则地套叠在一个事态中（由于某些自然规律而套叠）的信息区别开，这是很容易的。在使用"分析地"这个术语时，我并不意指任何非常深奥的东西。哲学上对于分析—综合的区别是有争议的，我不打算就此发表意见。这个术语仅仅是一种手段，用以标明信息能够被套叠的方式上所存在的某些显而易见的差别。无论这些显而易见的差别是真正的类型上的差别，还是仅仅是单个类型的某个连续维度上的差别，对接下来要讲的东西都并不重要。对当前的目的而言，重要的是：一条信息能够被套叠在另一条信息当中，而不是它如何被套叠。然而，这个术语是有启发性的，而且在第三部分我们讨论信念和概念形成时，这个术语将被证明是有用的。出于这个理由，即便很少有东西依赖于这种差别，我仍将不时对这两种形式的套叠关系做出区分。那么，例如，我会说，s是一个矩形（或者不是一个圆形，或者要么是正方形、要么是圆形）这一信息分析地套叠在s之作为一个正方形当中。另一方面，我的体重超过160磅这一事实，合法则地套叠（如果它完全被套叠的话）在我的浴室秤的读数当中。

72　　因此，说一个信号的这个信息内容，就好像信息内容是唯一的，这根本是讲不通的。一般而言，一个信号携带许多不同的信息内容，许多条不同的信息，而且虽然这些条信息可能是相互关联的（例如，在逻辑上），但是它们却是几条不同的信息。告知我们有人在门外的那个声音信号，不仅携带着有人在门外这个信息，而且还携带着门钮被按下这个信息，电流通过门铃电路这个信息，铃锤在门铃上振动这个信息，及其他很多别的信息。被套叠在（分析地或者合法则地）这些事态中的所有信息，肯定也都是那个声音信号的信息内容的一部分。没有任何单独的一条信息有资格作为这个信号的这个信息内容。这个信号的接收者可能更关注一条信息，而不及其余，他可以成

第3章 信息的语义理论

功地抽取一条而非另一条信息，但这些差别与这个信号所包含的信息无关。

信息的这个特征有助于把信息和意义这个概念严格地区别开来，至少是和语言的语义研究及信念的语义研究相关的那个意义概念区别开来。"乔（Joe）在家里"这个陈述，据说可以意指乔在家里（无论说这话的人碰巧意指，还是有意说这话）。它当然并不意指，乔要么在家里、要么在办公室。这个陈述暗指（imply）乔要么在家里、要么在办公室，但这并不是它所要意指（means）的东西。另一方面，如果这个陈述携带乔在家里这一信息，那么它也就由此携带乔要么在家、要么在办公室这一信息。它不可能传输这一条信息，而不传输那一条信息。这一条信息分析地套叠在那一条信息当中。

当我们研究合法则地被套叠的信息的案例时，意义和信息之间的差别会变得愈发明显。假定水在结冰时膨胀是一条自然规律，那么只要信号携带某一摊水在结冰这一信息，就不会不携带这摊水在膨胀这一信息。但是，"这摊水在结冰"这个陈述能够意指这摊水在结冰，而不意指这滩水在膨胀。

看起来似乎一个信号的信息内容有泛滥的危险。我们的讨论已经表明，当一个信号r携带s是F这一信息时，如果事实上s（或者t）是G被套叠在（分析地或者合法则地）s之作为F当中，那么这个信号也就携带s（或者t）是G这一信息。信号似乎富有信息。而且事实就是这样。然而，明显存在有一个信号未能携带的大量信息。我们已经遇到过众多这样的事例。在一系列条件之下，送给老板的那张便条会不携带关于员工们选中的那个人的任何信息。在另一个事例中，虽然赫尔曼被选中，虽然这张便条携带着名字"赫尔曼"，但它却未能携带赫尔曼被选中这一信息。它只携带着要么赫尔曼、要么雪莉被选中这一信息。

包含s是水这一信息的任何信号，都由此包含着s由H_2O分子构成的这一信息。这假定了，如果s是水一定，那么s之由H_2O分子构成的条件概率为1。但是，进行这样一个假定是完全有理由的。只要这个假定为真，而不管我们是否知道它为真，s由H_2O分子构成这一事实，就会是携带着s是水这一信息的每一个信号都带有的信息。但是，即便水是咸的，一个信号也不因为携带着s是水这一信息，就需要携带s是咸水这一信息。因为，s之作为咸水的条件概率可能比1小，尽管事实上s之作为水的条件概率是1，而且s事实上是咸的。

上面的事例是具有启发性的，因为它揭示了：单单真理性对于传输信息的目的而言是不充分的，即便所论及的这个真理是表达无例外一致性的一个绝对的一般真理。相关性甚至普遍的相关性，也不能混同为信息关系。即便属性F和属性G是完全相关的（无论任何F都是G，反之亦然），这并也不意味着，在s之作为F中有关于s之作为G的信息（反之亦然）。它不意味着携带着s是F这一信息的一个信号，也携带着s是G这一信息。因为，F和G之间的相关性，可能是最纯粹的巧合，是任何自然规律或者逻辑原则都不确保其持久性的一种相关性。如果s是F一定，那么无需s之作为G的条件概率为1，所有F也都能够是G。

为了阐明这一点，我们假定赫尔曼所有的孩子都有麻疹。尽管有这个"相关性"，一个信号却可以成功地携带爱丽丝是

第3章 信息的语义理论

赫尔曼的孩子之一这一信息,而不携带爱丽丝有麻疹这一信息。大概赫尔曼的所有孩子(生活在这个国家不同的地方)碰巧同时都感染了麻疹这一事实,并没有使他们患麻疹的条件概率为1——如果他们是同一家人一定的话。正因为这样,一个信号能够携带爱丽丝是赫尔曼的孩子之一这一信息,而不携带她有麻疹这一信息,尽管事实上赫尔曼所有的孩子都有麻疹。正是关于信息的这一事实有助于解释(正如我们将在第二部分看到的那样)为什么我们有时有机会了解(因此知道)s是F,而没能力分辨出s是不是G,尽管事实上每一个F都是G。无论碰巧符合赫尔曼的孩子们的东西是什么,认出爱丽丝是赫尔曼的孩子之一,这对于医疗诊断来说是不够的。仅当这个相关性是作为赫尔曼的孩子之一和有麻疹这两者之间合法则(例如,基因的)的规律性(nomic regularity)的一种表现时,它在诊断上才是有意义的。

如果我们考虑A—B和C—D这两个通信系统,那么,这同一个观点或许就更容易领会。A向B传输,而且C向D传输。纯属偶然,而且完全在同一时间,A向B、C向D发出完全相同的消息(点和长划的序列)。假定没有别的消息曾被传输,而且假定这些信道是完全可靠的(B接收到与A传输的东西完全相同的东西,而且D接收到与C传输的东西完全相同的东西),那么,在A传输的东西和D接收的东西之间就会有一个完全的相关性(所有时间都这样)。然而,尽管有这个相关性,D却没有从A收到信息。为了更加生动形象地说明这一点,我们可以想象,系统A—B和系统C—D相隔数百光年。在物理上,不存在通信的基础。尽管如此，在A出现的东西和在D出现的东西之间的相关性却是完全的（至少像在A和B之间出现的东西一样完全）。结论必然是：完全相关性并不足以满足信息传输的需要。A不与D通信而与C通信的原因在于：在A处和B处发生的东西之间有一种合法则的依赖性，但是在A和D处发生的东西之间却没有这种依赖性，而且正是这些合法则的依赖性决定了在这两点之间流动的信息量（并因此间接地决定了什么信息在这两点之间流动）。鉴于A传输一个长划一定，如果C传输一个长划的条件概率使得这成为一个纯粹偶然的事件（正如我们在假设时认为的那样，A和C对这同一个消息的传输是纯粹的巧合），那么，鉴于A已经传输了一个长划，D收到一个长划的条件概率也会使得这成为一个纯粹偶然的事件。因此，尽管存在有完全的相关性，A和D之间的模糊仍处在一个最大值。没有信息得到传输。

这个事实告诉了我们关于一个信号的信息内容的一些基本意思。如果一个信号携带s是F这一信息，那么尽管"F"和"G"的外延等同，这个信号也并不必携带s是G这一信息。即便"F"和"G"对同样的这些的事件（有相同的外延）都是完全适用的，s是F这一信息也不同于s是G这一信息。

哲学家们有一个专门的术语来描述这个现象：意向性（或者，如果我们提到的是用来描述这个现象的那些句子：内涵性）。一个句子能够取得内涵句资格的方式之一就在于：谓项表达式被共外延的谓项表达式替换，在总体上改变（或者能够改变）这个句子的真值。那么，例如，"他相信s是F"是一个内涵句（而且这个句子所描述的态度或者状态是一个意向状态），这

第3章 信息的语义理论

是因为，即便"F"和"G"是共外延的（适用于完全相同的那些事件），我们也不可能在这个句子中用"G"替代"F"，而不冒改变真值的风险。也就是说，即便每一个是F的东西都是G，而且反之亦然，"他相信s是G"也可能为假。有大量的内涵句（和相应的意向状态）。这些句子很多都描述了通常被认为是精神现象或者心理现象的东西。意图、相信、知道、希望、想要、计划以及想象都是意向态度、意向状态或者意向过程。描述一个人所意图、相信、知道、希望、想要、计划以及想象的东西的这些句子，不管怎样都全是内涵的。

这是有启发性的。因为，正如我们刚刚已经知道的，信息流表现出了一种类似的意向性。就像用以描述一个人知道或者相信什么东西的诸句子是内涵的那样，用以描述一个信号携带什么信息的那些句子也是内涵的。正如我们不能够从S相信s是F这一事实中（而且还从"F"和"G"是共外延的这一事实中）推断出S相信s是G一样，我们也不能够从一个信号携带s是F这一信息这一事实中（而且还从"F"和"G"是共外延的这一事实中）推断出该信号携带s是G这一信息。一个信号携带什么信息和我们知道或者相信什么，表现出同样类型的意向性。这暗示着，我们也许能把我们的认知状态的这种独特的意向结构，看作是这些认知状态的潜在信息论特征的征兆。也就是说，或许我们的认知态度的这种意向性（这些态度具有一个唯一的内容的方式），即被某些哲学家视作心理所特有的特征，是这些认知态度的潜在信息论结构的一种表现。

我意图完善这些暗示，但现在不是时候。这将是第三部分的主题。现在注意到我们的信息定义产生了带有意向特征的某种东西，而且在这个程度上，该定义还类似于我们对信息通常的语义观念，这就足够了。正如尽管事实上所有的（而且只有）F都是G，我们通常还是把s是F这一信息与s是G这一信息区分开来一样，我们对一个信号的信息内容的定义也产生了相同的这个区分。也就是说，我们的信息定义对外延上相同的各条信息作出了区分。在这个方面，而且在这种程度上，描述一个信号所携带的信息的陈述，都是内涵描述（intensional descriptions），而且这些陈述所描述的现象都有资格作为意向现象。

信息的传输和接收中所固有的意向性的最终源头，当然在于信息传输所依赖的合法则的规律性。信息传输所要求的，不单单是一系列事实上的相关性，而且还是信源处的状况和这个信号的那些属性之间的一套合法则的依赖性。用于计算噪音、模糊以及被传输信息量的那些条件概率（并且因而界定这个信号的信息内容的那些条件概率），都全部是由信源和信号之间存在的这些合法则的关系所决定的。除非这些相关性是合法则的联系的征兆，否则它们就是无关紧要的。而且，因为介于两个属性或者量值之间的合法则的联系本身就是一个意向现象，所以信息就从它所依赖的这些合法则的规律性中获得了它的意向特征。[6]

信息从其依赖的合规律的法则中获得它的意向属性。但是（人们可能会问），规律的意向特性从何而来呢？这是科学哲学当中存有争议的一个话题，我们不必把自己卷入到这一争论当中。因为，存在争议的不是规律是否具有意向特性，而是要如

第3章 信息的语义理论

何理解这个意向特性。关于如何才能对自然规律的这个特有的特征作最佳分析，这存在广泛的争议，但是对于规律具有这个特有的特征，这一点却几乎是普遍一致的。例如，如果所有的A都是B，这是一条自然规律，那么，"B"和"C"是共外延的这一事实，并不暗指存在着一条自然规律使得所有A都是C。它最多暗指，所有的A（事实上）都是C，而非所有A都必定是C。自然规律的这个特征常常可以通过这样说来进行描绘：规律都具有一个模态的质（规律告诉我们什么东西必定是事实或者什么东西不可能发生），这个模态的质是具有无例外相关性的简单语句所没有的。所有A都是B这一事实（无例外相关性），并不暗指任何一个A都必定是B，它没有暗指：如果这个非B是A，它也会是B。但是，真正的自然规律却暗指了这一点。真正的自然法则告诉我们：如果某些条件得以实现，那么什么东西会发生（假如金属被加热，那么它就会膨胀）；以及什么东西不可能发生，无论我们如何努力（例如，使一个物体超光速运行）。法则的这个模态的质就是关于法则的主要哲学问题之一。但是，这个问题不在于法则是否具有这个模态的、意向的质，而在于法则从何处获得这个质（如何分析这个质）。对我们的目的而言，自然法则从何处获得这个令人费解的属性，这是不重要的。重要的是，自然法则具有这个质。因为我们已经将信息的意向方面追溯到自然法则的意向方面，而且我们准备把问题留在这里提醒人们注意：我们的信息观念（特别是它的意向的或者语义的方面）的最终澄清，取决于自然法则的模态权威（modal authority）的澄清。[7]

知识与信息流

有一点仍待澄清。我们对信息内容的定义，提到了接收者关于信源存在的那些可能性已经知道的东西（k）。为了阐明这一点，我们假定有四个花生壳，而且有一个花生就放在其中一个花生壳下面。[8]为了试着弄清这个花生被放在哪一个花生壳下面，我翻开花生壳1和花生壳2，发现它们都是空的。这时，你也来到现场并加入到这个调查当中。你并没有被告知我先前的发现。我们翻开花生壳3，发现它是空的。你从这个观察中接收到多少信息呢？我接收到多少信息呢？我接收到你没有接收到的信息了吗？

如何用信息的语言对这样一个情况进行最佳的描述，这在直觉上可能会有分歧。一方面，对花生壳3的观察告诉我但没有告诉你这个花生在哪里。因为，我能够从这个观察中获悉某些你不能获悉的东西，所以，这个观察对我而言肯定比对你而言富有更多的信息。从这个单独的观察中，我必定比你接收到更多的信息。然而，在另一方面，我们知道，并不只是这个单独的观察"告诉了"我这个花生在哪里。这个单独的观察"告知"我的，只是这个花生不在花生壳3下面——这个观察告诉你了这同一个事件。使我确定这个花生的所在位置的，是这第三个观察连同我之前的两个发现。那么，根据这第二个推论，对我们两个而言，这个单独的观察（我们一起对花生壳3所做的这个）携带着相同的信息。对于为什么我从中获悉比你更多的信息（即这个花生在花生壳4下面）的解释是：我一开始就知道的更多。这个花生在花生壳4下面这一信息，是这三个信号的复合体，而非任何一个单独的观察所携带的一条信息。因此，我从

第3章 信息的语义理论

这第三个观察获悉到比你更多的东西,这是不对的。我获悉了某些你没有获悉的东西,但这只是因为,我接收到了三个承载信息的信号,你只接收到一个信号,而被获悉的东西(在这里)依赖于所有三个信号的接收。

在讨论一种类似的事例时,丹尼尔·丹尼特断定:"当人们在交谈时,他们所接收到的信息依赖于他们业已知道的东西,而且不服从严格的量化。"[9] 跟丹尼特一样,我主张把包含在一个信号中的信息相对化,因为我认为这准确反映了我们考虑这样一些问题的一般方式。但是,与丹尼特不同,我认为,这并不意味着我们不能准确量化包含在一个信号中的信息量。这也并不意味着,我们必须抛弃我们对于一个信号包含什么信息的分析。从上面的事例来看,这是显而易见的。已经检查过花生壳1和花生壳2,我知道它们是空的。这个花生要么在花生壳3下面,要么在花生壳4下面。当我们翻开花生壳3,发现它是空的,那么这两种可能性就被减少到一种。因此,第三次观察为我提供了1比特的关于这个花生壳所在位置的信息。你对花生壳3进行检查,然而却对前两次检查的结果一无所知。对你而言,存在有四种可能性,而对花生壳3的检查将四种可能性减少至三种。因此,你仅仅得到了0.42比特关于这个花生所在位置的信息。因为与花生处于花生壳4之下联系在一起的信息有2比特信息,所以你接收到的信息太少不足以确定花生所在的位置。你获悉的只是花生壳3是空的(0.42比特)。另一方面,第三次观察为我提供了花生壳3是空的这一信息(1比特),以及花生在花生壳4下面这一信息(1比特)。后一条信息(对我而言)套叠在前一条信息当中。对你而言，它却不是这样。

这就是包含在一个信号中的信息的相对化，因为一个信号包含多少信息，并且因此它携带着什么信息，都取决于潜在的接收者对于信源处存在的各种可能性已经知道的情况。由这个花生处在花生壳4下面所产生的信息量，当然取决于这些可能的可选择项（possible alternatives）是什么。如果我知道这个花生不在花生壳1和花生壳2下面，那么，就只有两种可能性，而且与这个花生处在花生壳4下面联系在一起的信息量是1比特。然而，对你而言，仍然存在有四种可能性（全都同样可能），因此，与这个花生处在花生壳4下面联系在一起的信息量是2比特。这就恰好（至少是以数量化的方式）解释了，为什么第三个观察"告诉了"我这个花生在哪里，而没有告诉你。它之所以"告诉了"我这个花生在哪里是因为，这个观察为我提供了与这个花生处在花生壳4下面联系在一起的全部的1比特信息。这同一个观察为你提供了仅仅0.42比特的信息——相对于与这个花生处在花生壳4下面联系在一起的2比特的信息（对你而言），这是远远不足的。你不知道的越多，相应地就需要越大的信息量来加以弥补。这个更大的信息量（2比特）是你对第三个花生壳的检查所无法获得的。因此，你仍然不知道这个花生的所在位置。我之所以获悉这个花生在哪里是因为，我从这第三个检查中接收到了足够的信息（1比特），由以获得这个花生在花生壳4下面这一信息。只要知道了我知道的东西，那么把这一信息传达给我就比把它传达给你需要更少的信息（数量上的）。

第3章 信息的语义理论

到此为止,我们都一直沉湎于下面这个无伤大雅的假定:在信源处存在的可能性的总数(以及这些可能性各自的概率)是不依赖任何一个人碰巧知道的东西而单独得以确定的。这个假定使我们逐步阐明了信息论的框架,而不用为种种复杂因素分神。此外,下述事实常常使这个假定显得无伤大雅:对包含在一个信号中的信息(多少信息和什么信息两者)的评估,是以湮灭了个体差异的共享知识为背景来进行的。[10]也就是说,所有相关的接收者对于信源处的各种可能性(在我们的信息内容的定义中的那个k)的了解都是相同的,而且讨论能够继续下去(为了实践的目的),就好像正在被说到的东西是绝对的和确定的。在我们讨论诸如重力、速度和同步这样的一些相对量值时,我们同样是这样做的。只有当参照系改变时,才有必要弄清被考虑的这个数量的相对特性。信息亦是如此。信息是一个相对的数量,但是以很多讨论起见,分神于此就会一无所获。因为,一个共同的参照框架常常是不言自明的。对于信源处存在的这些可能性,每一个相关的参与者所知皆同。如果是这样的话,我们就能够继续进行运算,就好像我们在处理一个绝对的数量。

正如事例所示,只有当一个接收者的背景知识影响了I(s)的值,即由一个特定事态的存在而在信源产生的信息量,这个接收者的背景知识与他接收的信息(多少信息和什么信息两者)才是有关的。如果这个接收者的知识没有影响I(s)的值,那么其知识与他正在接收多少信息以及正在接收什么信息就是无关的。特别是,如果一个人知道自己正在接收的信号

109

是可靠的，而另一个人不知道此点，这并没有影响。只要这个信号是可靠的，无论大家是否知道它是可靠的，到达接收者那里的关于信源的信息量$I_s(r)$，都等于在信源处产生的信息量$I(s)$。使得$I_s(r)$成为一个相对数量的，不是接收者关于信道（通过该信道，他获得关于信源的信息）所知道的东西，而是接收者关于信源（他正获得关于该信源的信息）的情况所知道的东西。

在第二部分，当我们探讨信息借以被接收的那个通信信道的本质时，我们将重新回到这个重要的观点。到那时，会有一个问题被提出来，这个问题是关于：什么构成了对被传输信息和被接收信息进行计算的真正可能性。这个问题暂时要搁置起来，因为这个问题的专门处理会把我们导向关于这样一些问题的真正核心：即关于知识可能性的怀疑论问题，关于是否信息（包括条件概率为1）能够从一地被传输到另一地的问题。这样一些问题最好到我们研究知识与信息的接收两者之间的关系时再提出来。

我希望，本章所讲的已经足以作出下面这个合理的断言：我们对一个信号的信息内容的理论描述，确实给我们提供了一个被精确界定的观念，这个观念恰好符合我们对信息通常的、直观的理解。我们的定义不仅产生了一个满足通信理论量化要求的信息概念，而且还通过揭示信息与真理之间关系的本质，解释了信息的认知意义；它使我们能够理解信息的语义特性的源头（自然规律的意向性）。[11]而且它还揭示了，一个人接收到的信息，在何种程度上、出于何种原因是由这个人已经知道的东西决定的。尚且有待表明的是，在理论上得到理解的这个东西如何帮助我们理解这样一种共识：即作为知识所必备的东西，信息也是使学习成为可能的东西。这是第二部分的任务。

第二部分
知识与知觉

第4章 知识

什么是知识？一种传统的回答是：知识是一种被辩明*了的真信念。知道s是F，就是一个人的（真）信念s是F被完全地辩明。通常这些条件被解释成是互不相关的。信念能够为假，而且真理可能并不被相信。此外，一个人能够被完全地辩明相信s是F，而无需s之作为F（在这种情况下，这个人当然并不知道），而且这个人还能够对其并不相信的东西有一个完全的辩明。

这个似是而非的说明，虽然仍被用作认识论探讨的试金石，但是却不再让人觉得满意了。它必须要么被抛弃，要么被严格地证明能够经得起各式各样的严重质疑。然而，除了这些质疑，只要辩明这个概念还没有被分析，那么这个说明就仍然是非常不完整的。就像通常的情况那样，如果一个人没有被告知什么是一个充分的辩明，那么，被告知了知识依赖于具有一个充分

---

* "辩明"的英文为"justify"。对该词国内现有多种译法，如辩护、确证、证明、证成等。本书将该词译作"辩明"。——译者

的辩明，也是毫无用处的。[1]

我打算用一个信息论分析来代替这个传统的说明。本章是这项工作的第一步。接下来就是用信息和信念来刻画知识。随后（第三部分），信念本身也会被分解成它的信息要素，但是目前，我会把这个概念用作一个辅助性的手段，以减少麻烦并且缓办那些只有在后面才能处理的问题。

如果存在有一个与s之作为F联系在一起的正信息量，[2]那么，

K知道s是F = K的信念s是F，是由s是F这一信息引起（或者在因果上支撑）的。

一开始就应当强调，这被规定为是对可能被称之为知觉知识的东西的描述。知觉知识是关于一个事项s的知识，它是由K碰巧知道（或者相信）的关于s的东西之外的一些因素所选择出来或者决定的。也就是说，在上一章我们对从物的信息内容的讨论之后，我们现在关注对作为F的某个东西的知道，在这里，作为F而被知道的这个某个东西，是由知觉的（非认知的）因素确定的。在下一章，我们将探讨这个知觉对象的本质，即我们看到、听到和闻到的东西的本质。到那时我将会争论说，这个知觉对象可谓是这些信息关系的焦点，这个信息关系介于主体和他或者她从中接收信息的信源之间。但是，在这一点被澄清之前，我必须要求读者把s理解成K所知觉的某个东西，理解成信息源处的某个东西，K接收到关于这个东西的信息。如果K具有关于这个对象的一个信念，即这个对象是F这一信念，那么，这个信

第4章 知识

念就有资格作为知识,当且仅当这个信念是由这个对象是F这一信息引起(或者在因果上支撑)的。

这个分析似乎是循环论证。知识等同于由信息产生(或者支撑)的信念,但是一个人接收到的信息(第3章)是以此人对信源的那些可能性已经知道的东西为转移的。因为在这个等式的右边有一个对知识的暗中指涉(隐藏在信息的观念当中),所以这个等式并不像它声称的那样告诉我们知识是什么。更确切地讲,它预示着,在信息这个概念的用法当中,我们已经明白了知识是什么。

这个质疑忽视了我们等式的递归特性。一个人是否能够获悉s是F,可能依赖于关于s他还知道什么,但是却不依赖于——据说是不依赖于——他知道s是F。例如,拿我们花生壳的游戏来说。已经知道这个花生就在四个花生壳中的一个下面。调查者已经检查了前两个花生壳并发现它们是空的。如果他知道的东西一定,那么剩下的就只有两种可能性。当他翻开第三个花生壳并发现它是空的时,由于他对前两个花生壳已经知道的东西,这个观察就携带着这个花生在第四个花生壳下面这一信息(由以使他获悉这个花生的所在位置)。如果我们对他是否真的知道前两个花生壳是空的感兴趣,那么我们可以把我们的公式再运用于这则不同的知识。对第一个花生壳的观察携带着这个花生壳是空的这一信息吗?如果它携带了,那么这个信息就会引起他相信这个花生壳是空的,这时他知道第一个花生壳是空的。对第二个花生壳同样如此。如果这几条信息(第一个花生壳是空的,第二个花生壳是空的),依次依赖于这个调查者已经知道的东西,那么,我们就能够连续将这个公式运用于这个间接知识。最终我们会到达这样一个点，在这里被接收到的信息不依赖关于信源的任何在先知识（prior knowledge），而且正是这个事实使我们的等式避免了循环性。

说一个信念是由一条信息引起（或者在因果上支撑）的，这意指什么呢？像信息这样抽象的东西何以可能在因果上是有效的呢？

假定一个信号r携带s是F这一信息，并且它是因为具有属性F'才携带这个信息。也就是说，r携带这条特定的信息正是因为r之作为F'（而不是，比如，r之作为G）。并不是在门上的任何敲击都告诉间谍情报员已经到了。三次快速的敲击继而停顿，然后再有三次快速的敲击，这才是那个信号。正是这个特殊的序列携带着情报员已经到了这条关键信息。重要的不是这些声音的振幅或者音质，也不是这些敲击发生的时段。正是敲击的这个时间模式构成这个信号的信息携带特征（F'）。在电报通信中显然也是这样。

因此，当一个信号由于具有属性F'而携带着s是F这个信息时，当正是这个信号之作为F'携带着这个信息时，那么此时（而且仅在此时）我们会说，s是F这个信息会引起这个信号之作为F'所会引起的任何东西。那么例如，如果这些敲击的特殊间隔（携带着情报员已经到了这一信息的那种间隔）引起这个间谍的惊慌，那就可以说，情报员已经到了这一信息据说就引起了这个间谍的惊慌。另一方面，如果仅仅是在门上的一次敲击引起了这个间谍的惊慌（两次快速的敲击会有同样的结果），那么情报员已经到了这一信息就不是这个惊慌的原因。与此类似，

第4章 知识

如果正是这些敲击的特殊间隔使这个间谍相信情报员已经到了，那么这个间谍的信念就是由情报员已经到了这一信息引起或者产生的。如果这个信念仅仅是由于在门上的几次敲击所导致的（这些敲击的模式与此结果无关），那么，虽然这个间谍相信情报员已经到了，虽然这个信念是由情报员的敲击导致的，但是这个信念却不是由情报员已经到了这一信息所产生的。[3]

诸事件由于具有某些属性而产生某些结果，我认为，我对此讲得够清楚了。虽然一物体会溶解在一液体当中，但是在原因上对此结果负责的，可能并不是该溶剂的流动性。这个物体溶解在这个液体当中，是由于这个液体之作为一种酸，而非由于这个液体之作为一种液体。类似地，一个飞行物可能会撞碎玻璃，但是它产生这个结果，却并非由于它作为一个飞行物。飞行的棉球就不会产生这个结果。引起玻璃破碎的，是物体所具有的某种动量（结合了质量和速度）。在原因上解释这个破坏的，是该物体所具有的一个足够大的动量，而不是它具有一个动量。这并不是说一个物体对玻璃的撞击不会引起玻璃破碎。它当然会。但是，与弄碎了玻璃的那个物体撞击玻璃有关的，不是该物体之作为撞击玻璃的一个物体（即有质量的东西），不是该物体的撞击（有某种速度）玻璃，而是它以足够大的质量加速度撞击玻璃。这就是为什么飞行的砖头会撞碎窗户，而飘零的落叶则不会。[4]

在因果上支撑一个信念的一条信息意指什么，这更难以言表。之所以把这个附加在括号内的限制包含在对知识的描述当中，是因为要把握关于知识以及信念之产生的这样一个明显的事实：即使一个人的信念并非由可靠的手段引起，或者无论如

89 何并非由可靠的手段导致，这个人也能够知道s是F。举例来说，假定因为一个无知的好事者告诉K——s是F，所以K相信s是F。这个无知的好事者对自己所说的那些事一无所知，但是K对此并不知情，反而相信了他。在获得这个信念之后，K对s进行了考察，并注意到s就是F（也就是说，借助知觉手段，最终知道s是F）。这样一来，K知道s是F（已经注意到s就是F），但是，他的信念s是F，却不是由s是F这个信息引起或者产生的。确切的说，这个信念是由那个无知的好事者的一番断言所引起或者产生的，而且这番断言缺乏相关的信息。我们之所以说K（现在）知道，并不是因为他的信念最初是由这条相关信息引起的，而是因为他的信念（现在）是由这条相关信息支持或者支撑的（通过他对s的观察而获得）。

当我们提到在因果上支撑一个信念的信息时，我希望这个例子会给读者留下我们要谈论的这种情况的一个直观的印象。这就像是在增加第二条绳子来支撑已经被第一条绳子吊着的一个物体。这个物体现在被两条绳子支撑着，两条绳子都承担了某些重量。然而，这两条绳子（单独来说）都不是必不可少的，因为另一条绳子（单独地）足以支撑这个物体的全部重量。在这种情况下，我们不能说第二条绳子正在支撑这个物体——至少是，如果这暗示着，要是我们拿掉第二条绳子，这个物体就会掉下去的话，我们不能这样说。因为要是我们拿掉第二条绳子的话，第一条绳子肯定就会重新恢复它先前作为这个物体的唯一支撑者的角色。

关于第二条绳子，我们可以说的是，它有助于支撑这个物

第4章 知识

体,并且它足以支撑这个物体。第二条绳子对这个物体造成了一种结果,此外,这种结果会在缺乏其他支持手段的情况下满足这个结果(悬挂着)存在的需要。至少,这就是我打算如何理解一个支撑的原因。K的信念s是F,是由s是F这一信息在因果上支撑的,当且仅当此条信息以这样一种方式影响这个信念:在没有其他辅助因素时,它足以满足该信念存在的需要。这个信息必须发挥类似于我们事例中的第二条绳子所发挥的那种作用。只要离开了那个无知的好事者的断言,K的观察仍会产生s是F这个信念,那么K的这个信念就有资格成为知识。如果我们假定,离开了那个好事者先前的断言,K就不会相信他的观察(单单根据这个观察,就不会相信s是F),那么,在所需的意义上,这个观察就不会在因果上支撑这个信念(它不足以单独地满足这个信念需要),而且K(在这种情况下)不知道s是F。

我意识到(一事件在因果上支撑另一事件的)这个定义,有一些技术缺陷。然而,如果不冗长乏味地牵扯上因果关系的本质、因果充分性、过度确定和反事实语句,我根本就不知道如何着手去探寻一种技术上的补救方法,更不要说找到这样一种补救方法了。因此,我打算依靠我现有的东西。这个定义很好地把握了它为之而设计的诸事例的范围。这个定义容许我们这样说在具有了信念之后才接收到相关信息的某个人:这个人仍然知道,只要这个信念适当地依据那个新的信息——也就是说,只要这个新的信息在因果上支撑这个信念,就像第二条绳子可能有助于支撑一个物体那样。[5]

根据这样的一些事例,由s是F这一信息引起(或者在因果上支撑）的一个信念，其本身可能并不体现s是F这一信息，这应当是很清楚的。K的信念s是F是否携带s是F这一信息，取决于别的一些可能会引起K相信s是F的东西（除了s是F这一信息）。在上述事例中，缺乏s是F这一信息的一个信号（即那个无知的好事者的一番断言），引起了K相信s是F。K后来通过观察获悉s是F。这样，K的信念s是F（在观察到s就是F之后）虽然有资格作为知识，但其本身并不携带s是F这个信息。它之所以不携带这个信息是因为缺乏这条信息的一些信号有能力引起（事实上已经引起了）这个信念。并非每一个知道s是F的人，都是人们能够借以获悉s是F的人。一个人是否能够从K那里获悉s是F，不仅取决于K是否知道s是F，而且取决于别的一些可能诱发K产生这样一个信念的东西（除了s是F这一信息）。虽然K确实知道，但是K并不是一个可靠的信息传达者。这确实就是为什么一个人不能把知识s是F定义成携带着这个信息的一个信念（即信念s是F）；因为某些有资格作为知识的信念并不携带这条相关的信息。[6]

引起（或者在因果上支撑）信念的信息这个观念，旨在把握下述原则中值得把握的东西：一个人的信念要取得成为知识的资格，不仅一定要有证据支持这个信念，而且这个信念还一定要依据这个证据。就s是F这一信息引起K的信念s是F而言，我们能说：这个信念依据s是F这个信息。

值得注意的是，这并不是对知觉知识的一种推论性说明。如果K看到s移动，结果产生了s正在移动这个信念，那么我们不必认为关于s的这个信念是通过某个推论而得到的。K的感觉状态

第4章　知识

（无论他需要什么以看到s移动）可能包含s正在移动这一信息，而且这一信息可能引起K相信s正在移动，而不需要K相信关于他的感觉状态本身的任何东西。他的信念依据他接收的这个感觉信息（即由他接收到的这个感觉信息引起），但是K不必（虽然他可以）相信关于其感觉状态的那些内在属性的一些东西，而这些属性携带着关于s的信息。例如，K不必相信他正具有某种视觉经验，不必相信他正以某某方式感受，不必相信诸事件对他显得如此这般（这里的这些都被认为是关于所谓他的经验的现象特征的信念）。当然，正是感觉状态的这些内在属性（这些内在属性携带着s正在移动这一信息）引起K相信s正在移动，但是，如果没有中介信念产生出来，那么，关于s的信念（s正在移动）就没有本身即为信念的因果前项。这个信念没有推论性的起源，而且在此方面，这个信念是无需推论而直接被获得的。

通过这些不同寻常的铺垫，我们准备转向为我们对知识的描述进行辩护。然而，一开始就应当指出，这并不被规定成是知识的一个定义，即通过概念分析或者通过探究"知识""信息""信念"和"原因"这些术语的意义而能够被确定下来的某个东西。它代表了我们通常的知识概念（或者更适合的，知觉知识）和在第一部分中阐明的信息的技术观念两者之间的一种协调。它试图用信息论的概念资源来描述通常用动词"知道"来描述的那个状态。在这个方面，这个等式类似于根据发热物体（hot object）的热容量、传导性和温度对此物体进行热力学上的重新描述。[7]这并不是，成为热的，意指什么，而是（就热力学而言）成为热的，就是什么。我们好像正在提供介于诸概念图式之间的一个桥梁法则，而非任一图式之内的一个真理。正是"信息"这个词在这个等式中的出现，有助于遮蔽我们的等式的这个交叉概念的本质。如果这个语词按照某种通常的含义被解释成是意指着类似于新闻、情报、指令或者知识的某个东西，那么，把知识描述作由信息产生的信念，似乎就没有什么价值和启发性了。但是这并不是"信息"这个词的用法。在第三章对一个信号的信息内容的定义中，这个术语被认为是意指着据说它准确意指的东西。根据这个理解，我们对知识的信息论描述就是一个有价值但不容易看透的认识论论题。恰恰相反啊！

那么，能够说什么来支持知识就是由信息产生的信念这个观念呢？接下来就是试着组织那些支持这个理论等式的论证——特别是信息的必要性的那些论证。稍后（第5章）我们将会研究一些可能的质疑。

通常的判断

当有独立的手段确定X和Y两者在场时，确定Y对X是否必要的一种方法就是取样大量不同的情况，以便发现没有Y时X是否仍会发生。如果X发生了，那么问题就解决了：Y对X并不是必要的。如果X没有发生，那么依据这个取样的范围以及受考察的各种情况，一个人就有了归纳的根据以断定（可能）Y是X的一个必要条件。

在当前情况下，只有当我们有独立的手段确定某人何时知道某事时，才能够采用此种策略。既然在这个领域里我们显然

第4章 知识

没有明确的、能够被清晰表达的标准（就像现在这个一样，别的哲学上的努力也会是徒劳的），那么一个人就不得不依赖通常的、直观的判断。当然，关于诸事例可能会有一些不同意见，而且如果有的话，这个方法就是非决定性。但是，如果有一系列的明确的事例——至少对于理论上的公正判断而言是明确的——那么，这些事例就能够被用来检验这个假设。一个人觉得这些结果在多大程度上令人信服，取决于这个人赞同还是不赞同这些结果所依赖的那种直观分类。

我们可以从引用先前章节中用到的那些例子开始。在所有的事例中，只要到达主体的那些信号缺乏相关的那条信息（如第3章所定义的），那么这个主体就会依据通常的、直观的根据，而被认定为不知道。那个信使弄丢了那张便条又新造了一张，上面带有"赫尔曼"这个名字，此时这张便条不携带关于员工们选中的那个人的信息。因此，这张便条不携带赫尔曼被选中这一信息，而且很明显，收到这个消息无论会诱发这个老板相信什么，这个老板都不知道赫尔曼被选中了——如果唯一相关的通信就是带有名字"赫尔曼"的那张有讹误的便条的话，这个老板是不会知道赫尔曼被选中的。与此类似，当员工们一致同意保护雪莉，方法是如果雪莉被选中（否则的话就提名当选的人）就提名赫尔曼，此时这个老板可能会相信，而且是真的相信赫尔曼被选中了，——而且可能是他收到的一张带有"赫尔曼"这个名字的便条，引起他相信这个——但是，他并不由此而得以知道赫尔曼被选中了。他之所以不知道的理由在于：这张便条不携带这个信息。因此，这个老板的信念不会被赫尔曼被选中这一信息引起。

其余的例子得到的是同样的结果。在寻找那些花生壳下面的那个花生时，那个主体被说成是首先检查了花生壳1和花生壳2，发现它们是空的。很明显，他此时尚且不知道那个花生在哪里。只有在发现第三个花生壳是空的（或者有一个花生在它下面）之后，我们才会断定（关于那个花生所在位置的）知识是可能的。前两次观察并不携带那个花生在花生壳4下面这一信息，而且我认为，这是我们通常的判断的根据——即在调查的这个阶段，这个主体不可能知道那个花生在哪里。他尚且没有收到必不可少的那条信息。

有人可能认为，迄今为止所讨论的这些事例都是精心设计的，而人为痕迹越少的例子也就越不利于这种证明。这些事例确实是被设计好的，但其目的并不是为了证实当前的分析。它们被小心地选择出来以阐明通信理论的基本思想。别的一些事例也能做到这一点。特别假定在一种情况下，一个人可能倾向于认为：离开了必不可少的那条信息，知识也是可能的。在信源有四种可能性（P，Y，B和G）。这四种可能性是同样可能的。一个信号r到达了，将概率的分布改变如下：

$$P（P/r）=0.9$$

$$P（Y/r）=0.03$$

$$P（B/r）=0.03$$

$$P（G/r）=0.04$$

这个信号提高了s是P的这个概率，而且同时降低了所有处在竞争中的可选择项（competing alternatives）的概率。计算表明，这个信号的模糊是0.6比特。它仅仅携带了1.4比特的关于s的这个

第4章 知识

状态的信息。因此，即便s是P，它也不携带s是P这一信息。然而，或许有人会认为，一个人能够从这样一个信号中获悉s是P。或者，如果s之作为P的概率对于知识来说仍然被认为是太低了，那么我们可以把它的概率提高到0.99，而把这些竞争者的概率分别降低到0.003、0.003和0.004。即便在这个程度上，这个信号也无法携带s是P这一信息，因为仍会有一个正的模糊量。不过s之作为P确实会有某个足够高的概率（不到1）容许我们知道s是P。大约这是可以争论的。

在这里，直觉可能开始产生分歧了。用这个方法来测试我们的理论等式也可能因此变得不可靠。我最多只能是陈述我自己对这个问题的观点。假定一个案例例示了上述这一系列条件概率。你从一个缸中拿出一个球，这个缸中有90个粉红球（P）、3个黄球（Y）、3个蓝球（B）和4个绿球（G）。鉴于你正从彩球这样相对分布的一个缸中随机地拿出一个球，那么你拿出一个粉红球的概率是0.9，拿出一个黄球的概率是0.03，如此类推等等。假定K接收到一条消息包含着如下信息：你从一个彩球这样分布的缸中（例如，他观察到你从一个缸中拿球，而他已经通过事先检查确定这个缸中有一些彩球这样分布）随机地拿出一个球。假如你事实上拿出一个粉红球，那么K知道你拿出一个粉色球吗？如果他依据的只是你随机地从那个缸中拿出球这个事实，那么他能够知道你拿出了粉红球吗？我们可以认为，他相信你拿出了一个粉红球。他可以对此绝对确定。此外他的这个信念是正确的。但是，问题依旧：他知道你拿出了一个粉红球吗？他并不知道，这对我而言似乎是很明显的。他可能非常

知识与信息流

有理由地相信（或者打赌）你拿出了一个粉红球，但是他并不能代替实际上偷看了你拿出的那个球的颜色的那个人（那人看到它是粉红的）。如果你打算欺骗K，告诉K你选到了一个黄球，那么与偷看的那个人不同，K不会知道你在撒谎。而且，即使我们增加粉红球的相对比例，这个情况也不会有重大的变化。只要信息不在场——就像当那个缸中有任何别的彩球时总是会出现的那样——知识就是不可能的。[8]

同样的这些直觉在更常规的语境中发挥着作用。某只金毛犬偷走了K正在其后院里烧烤着的几块牛排。K瞥见这只狗嘴里叼着牛排逃走了。有足够的信息包含在这个简单的观察中，使得有机会识别出这只狗是一只金毛寻回犬。现在，如果你拥有附近唯一的那只金毛寻回犬，那么你就能够预期K会在你家门口坚持认为你的狗偷走了他的牛排。他是否知道这一点可能仍然是个有待争论的问题（他真的看到那牛排在这只狗的嘴里吗？），但是，有一件事情似乎是很明显的。如果在这个街区有另一只金毛寻回犬，虽然通常都拴着，但偶尔也被允许自由活动，那么K尽管会做出断言但却并不知道你的狗就是肇事者。K认为它就是你的狗，这可能是对的，但是严密询问会显示出他并不知道它不是另一只狗。毕竟，另一只狗虽然通常都拴着，但偶尔也会被允许自由活动。如果K愿意努力，那么他可以获得大意为事发时另一只狗被拴着的信息。根据收到的这个信息，那么据说他就可以知道正是你的狗偷走了他的牛排。但是这个判断仅仅确证了这个信息论的条件。因为，这两条信息，即视觉的信息和（比如）听觉的信息合在一起，才包含着正是你的

第4章　知识

狗偷走了这块牛排这一信息，而此信息是两个信号中的任何一个单凭其自身都不能包含的。

对于我描述这些案例的方法，我并不预期普遍的赞同。一个个体（就像上一个例子中的K）知道还是不知道，他被描述为知道什么和不知道什么，对于此种问题的见解可能会有真实的差异。将直觉比照有争议的案例并无助益。如果研究者对一只白鸟是不是乌鸦不能达成一致的话，那么对于所有乌鸦都是黑色的这一假说而言，这只白鸟就不是一个令人满意的测试案例。在分歧持续存在的时候，唯一可行的办法就是：要么找出别的一些事例，即那些能够达成一致意见的事例，要么找出一些更一般、更系统的考虑因素，即那些能够影响到被讨论的这个假说的正确性的考虑因素。本章的其余部分我要进行的是后一部分内容。接下来就是一些理论上的考虑因素，这些因素支持以信息为基础的知识理论。随后的一章将会研究反对这样一个分析的若干个最严肃的论证——特别是与下述可能性有关的那些论证：即与接收必需的那种信息的可能性有关，并且进而与知道关于一个独立信源的任何东西的可能性有关的那些论证。我们随后会重新回到一些案例。

盖蒂尔问题

在一篇众所周知并饱受争论的文章中，埃德蒙·盖蒂尔（Edmund Gettier）给出了两个例子，意图表明知识不是，或者不仅仅是被辩明的真信念。[9]很多哲学家觉得这些例子是令人信服的。因此，盖蒂尔—类型的困难不能被用来责难使知识以信息接收为条件的分析，这作为支持当前观点的一个论点，是值得一提的。

盖蒂尔的例子被设计来适用于这样一些分析：在这些分析中，"被辩明"的含义竟是这样的，以至于一个人会被辩明去相信为假的某个东西。如果知识被视作被辩明的真信念的一种形式，而且这个知识必备的这个辩明是可错的（即，在这个意义上，一个人能被辩明相信某个错误的东西），那么，对知识的这个观点就是有严重缺陷的。因为在这个意义上，一个人能够被辩明相信某个为真的东西，而不知道这个东西。假定K被辩明相信有一个标记在一个棋盘的方格2上面，但是假定事实上这个标记在方格3上面。如果我们设想，K根据他的被辩明的信念，即这个标记在方格2上面，而产生出这样的信念，即这个标记要么在方格2上面要么在方格3上面，并且如果我们设想，辩明是由一个人被辩明相信的东西的那个众所周知的逻辑结论而被接受的，那么K的信念即这个标记要么在方格2上面要么在方格3上面，就不仅为真，而且K也被辩明相信它。然而，K显然并不知道它。这个例子（采纳盖蒂尔的第二个案例）显示出：辩明地相信为真的某个东西是不够的。因为，一个人所相信的东西的真值，可能与此人据以相信的根据（辩明）完全无关。

当前的这个分析则免疫于这些困难。这种免疫力源自于下述这个事实：如果s不是F，那么一个人就不可能接收到s是F这一信息。K（在上面的事例中）接收不到包含着这个标记在方格2上面这一信息的消息，因为这个标记不在方格2上面。他可能

第4章 知识

已经接收到足够的关于这个标记所在位置的信息,以证明他有道理相信这个标记在方格2上面,但是他并不会接收到这个标记在方格2上面这一信息。因此,即便我们接受这个原则,即K被辩明相信他所知道的一切都是他被辩明相信的东西的一个逻辑结论,[10]我们最多能够推断出的也只是:K被辩明相信这个标记在方格2上面或者方格3上面。我们不可能得出这样的结论:即K被辩明的真信念(即这个标记在方格2或者方格3上面)就是知识。我们之所以不能得出这样的结论是因为,我们尚未被告知K是否已经接收到了这个标记在方格2上面或者方格3上面这一信息——即,在当前的分析中,对K的知道必不可少的某种东西。

当然,有这样的可能性:K接收到这个标记在方格2上面或者方格3上面这一信息(但既不是这个标记在方格2上面这一信息,又不是这个标记在方格3上面这一信息),而且K根据这一信息产生了这个标记在方格2上面这个(错误的)信念。K并不知道这个标记在方格2上面,但是我们可以认为他被辩明相信了这一点(他接收到的那个消息使这个标记在方格2上面变得非常可能)。这样K推断这个标记在方格2或者方格3上面。他现在有一个被辩明的真信念(之所以"真"是因为这个标记在方格2或者方格3上面),但是这个真信念却源自于这个标记在方格2上面这个假信念。既然K已经接收到这个标记在方格2或者方格3上面这一信息,那么我们能够断定(根据当前的这个分析)K知道这个标记在方格2或者方格3上面吗?

如果一个主体接收到包含着s是H(例如F或者G)这一信息的一个信号,并且依据这个消息产生错误的信念s是F,那

131

么我们能够直接说：这个主体不知道s是F。但是，如果这个主体根据他的信念s是F而得以相信s是H（例如F或者G），那么他知道还是不知道呢？对这个问题没有一般的答案。我们需要关于这个特定案例的更多细节。[11]因为至关重要的恰恰是，这个中介（假）信念如何参与到这个作为结果的（真）信念的产生当中。假定我注意到你在抽我认为是雪茄的东西（实际上它们是粗大的褐色香烟）。后来当有人询问你是否抽烟时，我记起看到过你抽雪茄（我误认为是雪茄的东西），所以就回答："是的，他抽烟。"我知道你抽烟吗？如果我看到贝蒂（Betty）提前离开了聚会，从这个事实或者我以为是事实的东西当中，我得出了有人提前离开了聚会这个（真）结论，那么我知道有人提前离开了聚会吗？如果我的关于贝蒂提前离开了的信念是错误的（我看到了其离开的那个女人只是看起来像贝蒂），那么这会使我没有资格知道有人提前离开了吗？当然不会。一切都取决于什么东西在引起我相信有人提前离开。是有人提前离开（我在看到一个客人提前离开时接收到的）这一信息吗？如果是的话，那么即便这个信号使我产生了一个假信念（即贝蒂要提前离开），我也仍然知道有人提前离开了。之所以这样是因为，这个信息（即有人提前离开了）的因果影响经由那个中介的假信念传播开来，使之（那个中介的假信念）在因果上成了可有可无的。即便真是（由于我表述这个案例的方式，这个并不是完全明显的）因为我相信贝蒂提前离开，所以才相信有人提前离开，我也不会仅仅因为相信贝蒂（特殊地）提前离开，就相信有人提前离开。假如我发现,被我看到提前离开的并不是贝蒂,那么,有人提前离开这一信念也仍然不受影响,因为这个信念(在这种想象的情况下)依托的是我在看到有人提前离开时所接收到的那个信息。如果是这样的话,知识s是H就是可能的,即便这个知识的产生与一个假信念s是F联系在一起。

然而,很容易想象在一些情况下,作为结果的真信念,并不是由适合的那条信息导致或者支撑的。假定我确信除了贝蒂没有人会提前离开。导致我相信有人提前离开的,不但是这个信号的这些特性,即携带着有人要提前离开这一信息的这些特性,而且还是这个信号的那些特性,即我(错误地)以为携带着贝蒂要提前离开这一信息的那些特性。如果我被告知,被我看到要提前离开的人并不是贝蒂,我就会抛弃我的信念即有人提前离开(这个人必定是出于某个理由而走到外面去)。这样,有人要提前离开这个信念,并不是由有人要提前离开这一信息在因果上支撑的,即便这一信息正在被接收。这个信念是由这个信号的那些更具体的方面,即指示着我(错误地)以为贝蒂要提前离开的那些方面引起的。这样一来,作为结果的这个真信念并没有资格成为知识。

抽奖悖论

如果你有一张抽奖彩票,同时其他数百万人也都持有一张彩票,那么不利于你赢的机率是非常大的。必定有人会赢(让我们假定),但是不利于任何特定的人赢的机率都是压倒性的。

然而，尽管你输的概率几近于1，但是要说你知道你要输这似乎又是不对的。因为如果你知道你要输，那么持有彩票的其他每个人也应当同样地被这样描述，因为不利于他们赢的几率是一样的。既然有人要赢，那么就不是每个人能都够知道自己要输。我们能说，除了要赢的那个人之外，其他每个人都知道自己要输吗？这听起来就很怪异。因为，绝对没有任何东西会把那个最终的赢家和那些最终的输家们区别开来：除了他要赢这一事实。他具有和其他每个人一样的证据。[12]

从信息论的立场来看，这一百万抽奖参与者中的每一个（假定这是一次公平的抽奖，在这次抽奖中每一个彩票持有者都具有同样的机会获胜），都有同样的机会。与他们持有一张中奖彩票联系在一起的信息量是将近20比特，与他们持有一张不中奖彩票联系在一起的信息量非常接近于0。然而，虽然与他们持有一张不中奖彩票联系在一起的信息量非常接近于零，但却并不等于零。因此，除非这些参与者们具有关于这次抽奖的这个最终结果的特殊信息，否则他们中没有任何人会接收到（在数量上）很小的这条信息：根据当前对知识的看法，这条信息对他们知道自己要输是至关重要的。知识的这个信息论条件恰好解释了为什么在一次公平的抽奖中没有人知道自己要输。[13]每个人都有充分的理由悲观，但是没有人得以使用那条能容许他们知道自己要输的信息。

当然，一个人能够拒斥知识的这个信息论分析，但不认可下述这个奇怪的观点：即每个人（除了那个最终的赢家）都知道在这次抽奖中自己要输。[14]或许存在一些可选择的知识概念，

第4章 知识

这些概念会以一种同样得体的方式处理这些案例。必须承认这个可能性。然而，我认为，有一个相关问题为以信息为基础的分析提供了竞争优势。

假定知识不需要信息的接收。那么K能够知道s是F，而无须接收到s是F这一信息。因此，假定K知道s是F而没有接收到这条信息。既然这使得K可能接收到的带有关于s信息的任何信号在某种程度上都是模糊的，那么就让^eF代表这个正模糊量。此外，假定K知道t是G，而且他没有接收到t是G这一信息就知道这一点。让^eG代表K已经接收到的关于t之作为G的这些信号（如果有的话）的正模糊。既然模糊是累加性的，那么当这些信源互不相关时，K接收到的关于s和t的全部信号的总模糊就是$^eF+^eG$。问题是：鉴于（假设）K知道s是F并且K知道t是G，那么K知道s是F并且t是G吗？也就是说，他知道他（单独来看）所知道的这些事件的合取吗？这个合取的模糊比每一个合取支的模糊都更大。而且很容易明白，随着一个人合取诸命题——这些命题中的每一个单独来看都是K所知道的符合事实的东西的一个表达式——这个总模糊将会持续增加。它能够变得要多大有多大。

假如一个人接受这样一条原则，即如果K知道P并且知道Q，他就知道P并且Q（谓之合取原则），那么这个人就不得不对上述问题做肯定回答。也就是说，因为K知道s是F并且K知道t是G，所以他会知道s是F并且t是G。但是，鉴于我们的起始假定（即一个人能够知道而无须接收到这个信息），这意味着：无论这个模糊变得多大，无论有多少信息在信源和接收点之间损失，这个人都能够知道诸事件。因为随着一个人持续合取诸命题（这些命题中的每一个都是K所知道的东西的一个表达式），这个合取的模糊会达到"湮灭"一个人正在接收的所有正信息的地步。为了阐明这一点，想象一下那个抽奖的例子。K买了一张抽奖彩票，随后他获悉另外一百万张彩票已经被售出了。这条信息的接收使得K要输具有了压倒性的可能。余留的那个模糊量是微不足道的（但当然不是零）。但是，对于K的一些也持有不中奖彩票的朋友们而言，同样如此（正如结果证明的）。如果面对这样微不足道的模糊，K能够知道自己要输，那么（由此类推）他能够知道他的朋友J要输，因为与J要输联系在一起的那个模糊和K的完全相等（而且J与K一样是要输的）。因此，我们断定（根据合取原则），K知道他和J两人都要输。但是K有数千个不走运的朋友，他们全都持有不中奖的彩票。如果微不足道的模糊不妨碍知识，那么K就能够知道他的每一个朋友都要输。但是，如果他知道他的每一个朋友都要输，那么（根据合取原则）他就知道他们全部都要输。但是，与知道他的全部朋友都要输联系在一起的这个模糊就不再是微不足道的了。取决于他的不走运的朋友的总数，这个模糊确实会非常大。如果（举一个极端的事例）他有50万个不走运的朋友，那么与这个（合取）命题联系在一起的模糊量，就会完全压倒K所具有的关于每一个合取支的真值的那个很小的信息量。实质上，尽管K事实上具有关于每一个合取支的真值的正信息，但是他却没有接收到关于这个合取是否为真（这是一半对一半）的信息。我们被导向了这个荒唐的结论：即K能够知道某种东西，但他并没有接收到关于此种东西的信息，例如，他能够知道他的（50万）朋友中无一人要赢的这次抽奖——尽管事实上（鉴于他已经接收到的信息），此种结果的概率只有百分之五十。

避免此种后果（同时保留合取原则）的唯一办法就是抛弃这个假定，即K没有接收到s是F这一信息，也能够知道s是F。s是F这个知识不仅需要关于s的信息，而且还特别需要s是F这一信息。既然这个要求是我们以信息为基础的知识分析所强制的，那么我就断言，至少在这个程度上，这个分析是令人满意的。

有人可能会以为，放弃合取原则就能否定这个断言。是能够这样。但是，这个原则在我看来是完全根本的。我甚至不确定如何来赞成它。然而，应当强调的是，合取原则并没有说：如果一个人知道P并且知道Q，那么这个人就知道由P和Q在逻辑上蕴含的东西。例如，有可能K知道A大于B，并且知道B大于C，却不知道A大于C。合取原则并不排除这个可能性。而且它也并不暗示：如果一个人知道P并且知道Q，那么这个人就相信、知道或者准备承认自己知道P并且Q。后面的这些"原则"有人拥护，但是我认为应该拒斥它们。至少要把它们与合取原则本身区别开来。而且当这个原则被小心地与它的更可疑的一些相关原则区别开来时，我认为，一个人为放弃这个原则而支付的代价太过高昂，就变得显而易见了。[15]

通信

我们通常的知识概念的角色在于：知识是凭借通信而能够在有知识的各方之间被传授的东西。如果赫尔曼知道s是F，那么,他就能够通过语词或者行为,使雪莉知道s是F。他能够告诉雪莉。当然,如果赫尔曼不诚实,或者他的听者们相信他不诚实,那么,他的言说可能就不具有其通常的认知结果。[16]没有人会相信赫尔曼。但是,如果通信和通常的这种获知要发生的话,那么,在个体之间就必定有某种关系能够作为指示或者传授知识的基础。我们可以这样说来试着对此进行概括:当一个说者知道s是F,当此说者为了告知他的听者们自己所知道的符合事实的东西而诚实地坚称s是F,当此说者在这种事上一般都是值得信赖的,而且他的听者们有理由相信他是值得信赖的,那么,听者们就能够根据这个说者告诉他们的东西而获知(得以知道)s是F。我真的不知道这是不是以口头方式传授知识的一个充分根据。但是,不管实际状况必定如何,我们通常的实践都明确肯定了:这些状况在我们的日常交流中是经常实现的。因为我们一般认为,这就是我们获知某物的方式:我们从赫尔曼那里听到它,从一本书中读到它,从报纸上看到它,从晚间新闻里听到它。

现在试想一下,如果一个人否认s是F这一信息对获悉s是F是必要的,那么这种类型的通信会发生什么。我们能够想象一条通信链,其中链条的相邻环节之间有一个很小的模糊。然而,相邻环节之间的这个模糊,却小到不足以妨碍一个环节获悉直接在前面的那个环节那里正在发生的东西。K_1从信源s接收到一个信号,而且虽然s是F这一信息没有被传输,但是这个模糊量却小到足以容许K_1知道s是F。现在K_1转向K_2,为了告诉K_2他(K_1)所知道的符合事实的东西:即s是F。为了传输这个信息，K_1说"s是F"。既然K_1和K_2之间的这个模糊量小到不足以妨碍K_2获悉K_1在说什么，那么我们可以认为，K_2得以知道K_1在说什么。虽然K_2接收的听觉信号并没有使K_1所说的"s是F"的概率等于1，虽然（结果）这个信号并不携带K_1说了"s是F"这一信息，但是，这个信号的模糊却低得足以容许K_2知道K_1说了s是F。既然我们可以认为通信条件在别的每个方面都是理想的，那么就没有任何东西会妨碍我们断定：K_2以此方式不但能够得以知道K_1说了s是F，而且还知道s是F。毕竟，K_1知道s是F，K_1所说的东西诚实表达了他所知的东西，K_2有充分根据信任K_1的诚实可靠，此外K_2知道K_1说了s是F。确实就是在这种情况下知识得到传授。

然而，有一处美中不足。这个通信链中单个环节之间的模糊会累积，以至于，一般而言，A和C之间的模糊会大于A和B或者B和C之间的那个模糊。以我们的事例而言，这指的就是：虽然K_1和信源之间的那个模糊量可能会非常小（我们假定，它小到不足以妨碍K_1得以知道s是F），而且虽然K_2和K_1之间的那个模糊量也非常小（我们假定，它小到不足以妨碍K_2得以知道在K_1正发生的东西），但是，在K_2和信源之间的那个模糊就要大于这两个小的模糊中的任何一个。也就是说，K_2比K_1获得更少的关于这个信源的信息。而且，当K_2将这个消息传递给K_3（通过一个类似于连接K_1和K_2的信道），K_3接收到甚至更少的关于s的信息（虽然还是足以知道那里正在发生什么的关于K_2的信息）。当我们触及这条通信链更远端的那些环节，K_n将会接收到关于s的一个微不足道的信息量。由于受到这条通信链中相邻环节之间存在的那些小的模糊的蚕食，关于s的信息将会逐渐消失。

当然，最终我们会触及这个信息链中的一些环节，这些环节中几乎没有关于信源的信息。从K_n接收的信号K_{n+1}仍然携带足够的（关于Kn）信息使K_{n+1}知道K_n在说的东西（关于s），但是K_{n+1}几乎不携带关于s本身的信息。既然关于s的信息能够被搞得要多小有多小（通过诉诸于这个通信链中充分远端的诸环节），那么我们就必须假定，在这个通信链上存在有某个点，在此点上不可能从那些抵达的信号中获悉s是F。毕竟，如果（从这条通信链前面的那个环节）抵达的信号一定，那么s之作为F的概率能够离这个机会水平（chance level）要多近有多近。

这明显是一个窘境，而且对任何一个赞同下述这个起始假定的人而言，这都是一个窘境：知识不需要接收到适合的那条信息。这个窘境并不在于：当我们由一个人向另一个人传递消息时，可能会达到一个点，在此点上这些接收方不再获悉那些发起方所知道（并且传输）的东西，但是却很难说这个点恰好在哪里。这不是连锁推理悖论（sorites paradox）的一个例证。[17]确切地说，这个窘境是：在这个通信链的某处，这个学生（K_{n+1}）不能够从他的导师（K_n）那里获悉K_n所知道的符合事实的东西，而且即便他们进行通信所凭借的信道就像K_n借以获悉的那个信道一样好，这个学生（K_{n+1}）也不能从导师（K_n）那里获悉它。K_n有一则不可传输的知识，一则他不能够与他的学生们分享的知识，即便通过一个通信信道，一个足以容许Kn从他的老师那里获悉的通信信道，他与他的学生们被连接在一起。这之所以是一个窘境是因为，一个人无法说出比如K_1和K_n之间

第4章 知识

的区别是什么。他们都知道s是F。他们通过相同的信道与他们的听者通信。他们各自的学生都知道并且理解他们在说什么。两者都可以被认为是可靠的信息传达人。然而，K_1成功地向他的学生（K_2）传授了知识，而这对K_n却是不可能的。

当然，这个窘境的源头在于这样一个假定：即K_1无需接收s是F这一信息，就能够获悉（得以知道）s是F。这个出现在通信中的困难，就是在前几页我们见证的那个与抽奖悖论联系在一起的困难。如果一个人承认了无须s是F这个信息就知道s是F的这种可能性，那么，他立刻就会遭遇这样的事实：损失的信息（模糊），虽然孤立来看大概可以接受，但是却能够很快累积到不可接受的水平。无论一个人准备容忍的模糊有多小（大于0），事实都会是：这些微不足道的模糊量能够被累积成不可容忍的东西。而且这样的结果是，一个人不可能知道（个别而言）他知道的那些事件的合取，不可能传授给别人他所具有的知识。为了避免这些后果，我们必须接受下述这个观点（使之成为我们知识的特征）：知识s是F需要（因为它被作为信念的一个原因）信息s是F。

虽然我认为有利于信息论分析的这些论证令人信服，但我并不认为它们是决定性的。一个理论的最终检验在于：该理论在组织和阐明它所适用的那个材料时的有效性。而且明确表达出来的支持与未能发表出来的反对同样重要。因此，我转而开始考虑那些对当前的这个分析更严重的质疑，而且特别要考虑怀疑主义的挑战。

第5章 通信信道

绝对概念

与富有或者通情达理不同,知道某物是如此这般,这不是一个度的问题。两个人能够都是富有的,但一个人比另一个人更富有;两个人都是通情达理的,但一个人比另一个人更通情达理。在谈到人物、地点或者主题(事件而非事实)时,说一个人比另一个更多地知道某物,这也是讲得通的。他比我们更了解(knows)这个城市,比他的同事更熟悉(knows)俄国历史,但他并不像了解自己的朋友们一样了解自己的妻子。但是,事实知识,即s是F这种知识,并不容许这些比较。如果我们两个都知道这个球是红色的,那么说你比我更知道这一点,就是讲不通的。一个富有的人获得更多的钱,就能够变得更富有;通过额外证据的积累,一个人的信念能够变得更合乎情理;但是如果一个人已经知道这个球是红色的,那么他就无从获得任何东西以使自己更多地知道这一点。如果他已经知道了这一点，那么额外证据并不会为他促成知识的更高级形式。一个人能够将沸水的温度提升到其沸点之上，但是却不能由此让它更沸腾。他只是让它以更高的温度沸腾。

108 　　在这个方面，事实知识是绝对的。那些视知识为某种形式的合理的或者被辩明的信念的人，承认这个事实，因为他们不仅提到辩明并且提到完整的、彻底的或者充分的辩明。在知识所必备的这种辩明上所加的这些限定就等于承认：知识是一个绝对概念，但辩明却不是一个绝对概念。因为这些限定词（qualifiers）旨在表达下述这个观点：如果要获得知识，那么就会有某个关于辩明的阈值一定要被达到或者被超越，而且达到或者超越这个阈值是一个绝对观点。我的辩明能够比你的辩明更好，但是，我的辩明不可能比你的辩明更充分（更充足）。如果我的辩明在预定的含义上是彻底的，那么你的辩明就不可能更彻底。

　　一般而言，视知识为某种形式的被辩明的真信念的哲学家们，不愿意谈论辩明的这个暗含的阈值。那么，究竟多少证据或者辩明才足以有资格作为一个充分的、完整的或者彻底的辩明呢？如果辩明的这些水平（或者度）由介于0和1之间的诸实数（指对之我们有证据或者辩明的那个东西的相对概率）来表征，那么小于1的任何阈值似乎都是武断的。而更糟的是，小于1的任何阈值似乎都太低了。因为我们能够很快举出一些事例，在这些事例中，证据尚且不足以知道，而那个特殊的阈值就已被超越了。回想一下（上一章）抽奖的事例，或者回想一下有人从一个多数都是（但并非全部都是）粉红球的缸中取出一些

144

第5章　通信信道

彩球的那个事例。

我们的以信息为基础的知识说明，将知识的绝对特性追溯到知识所依赖的那个信息的绝对特性上去。当然，既然我们能够获得关于一个信源的或多或少的信息，那么信息本身就不是一个绝对的概念。关于s的信息有度的分别。但是，s是F这一信息则没有度的分别。它是一个全有或者全无的东西。一个人不可能比别人更好地或者更多地获得s是F这一信息，因为这个信息的接收要求这个信号的模糊（相对于s之作为F）为零。不是接近零，也不是非常接近零，而是零。这没有为度留余地。一旦s是F这个信息被接收到，就不需要具有更多关于s是不是F的信息了。所有别的东西都要么是冗余的要么是不相关的。你不可能比我更好地知道s是F，因为相比于我为了知道s是F而必定已经具有的信息，你不可能获得更多的信息。

这个观点不会引起哲学家和心理学家们的兴趣。哲学家们会视此观点为怀疑主义的一种表现。[1]心理学家们则很可能将此观点视作是暴露出了对心理物理学的一种可怕的无知。[2]这两种反应都是由被当作是事实真相的东西所激发的。因为，如果s是F这一知识不但需要关于s的某个信息（"充分的"或者"足够的"量），而且还需要s是F这个信息（正如已经界定的），那么最终就很少有什么东西能够被知道，这肯定会遭到反对。因为在大多数实际情况下，这些条件概率都总是小于一。总是会有一些模糊。

彼得·昂格尔（Peter Unger）曾对一些绝对概念做过一番令人感兴趣的探讨，而且我认为他确定了这些概念的麻烦之处在哪里。[3]他用平的这一概念来阐明这个问题。他争辩道,仅当一个表面毫无起伏和不规则时,这个表面才是平的:在这个意义上,平的才是一个绝对的概念。任何突起或者不规则,无论它们可能有多小、多不起眼(从实际的观点来看),都意味着它们出现于其上的那个表面不是真正平的。它可能大约是平的,或者非常接近于是平的,但是(正如这两种描述所暗指的那样),它并不是真正平的。看起来似乎是,我们确实对比了一些表面的平整度(例如,这个表面比那个更平),但是,昂格尔令人信服地争辩道,这一定是被理解成对比了这些表面接近平整的那个程度。它们不可能都是平的,然而一个却比另一个更平。因此,如果A比B更平,那么B(或许A亦如是)就不是真正的平。平整并不容许有度,尽管一个表面对于平整的接近会有度。

昂格尔断言,真正平的东西不太多。因为在足够强力的放大之下,几乎任何一个表面都会呈现出一些不规则。因此,与我们通常所说和所信的不同,这些表面并非真正是平的。当我们把它们描述成平的时,我们所说的话实际上是假的。或许没有任何东西真正是平的。就是这样。根据昂格尔的观点,这就是我们运用绝对概念所要付出的代价。

如果知识是这个类型的一个绝对概念,那么类似的推理路径将会导致如下结论:我们大多数的知识断言都是假的。这至少会是很多哲学家们所担心的。在我们通常运用到知识这个概念的情况下,强力放大(即吹毛求疵地探究)会揭示细小的"突起"和"不规则"。确实有理由认为这样的一些不规则无处不在,甚至影响到了被我们视作最直接和安全的一些知识形式。

第5章 通信信道

那么，承认知识是一个绝对概念将会使这样的念头冒出来：或许没有任何东西真正地被知道。

这种怀疑主义的结论会令人不满。昂格尔承认这一点。根据他的观点，知识像平整一样，是很少应用于我们的突起的、不规则的世界的一个绝对概念。我已经表示了我对昂格尔的赞同。知识是一个绝对概念。知识从它所依赖的信息那里继承到了这个性质。[4]然而，与昂格尔不同，我没有从这个事实中得出怀疑主义的结论。我乐于承认平的是一个绝对概念，而且大体上认可昂格尔所说的绝对，但是我不认为这就表明没有东西是平的。因为，虽然有了突起或者不规则，就没有任何东西能够是平的，但是，什么算是突起或者不规则却取决于被描述的表面的类型。如果某物当中没有任何东西，那么此物就是空的（根据温格的观点，又一个绝对概念），但是这并不意味着：因为有某物在我的口袋或者废弃的仓库之内，我的口袋或者这个废弃的仓库就不是真正空的。在确定口袋或者仓库之空时，灰尘和空气分子是不算数的。这并不是说如果我们改变了仓库的用途（例如，作为巨大的真空舱），它们仍然不算数。这不过是说，鉴于它们现在的用途，分子不算数。与此类似，即便一个人能够在一条道路的表面感觉到并且看到一些不规则，这条路仍能够是十分平整的，而如果这些不规则出现在一个镜子的表面，那这就意味着这个镜子的表面不是真正的平整。大老鼠不是大型动物，而且平整的道路并不必然是平的表面。[5]地球平面说学会或许是一个时代错误，但它却并不否认高山和峡谷的存在。

知识呈现出类似的逻辑。虽然知识是一个绝对概念，即知识从它所依赖的这个信息那里继承到的一个绝对性，但这并不意味着知识是不可获得的。必需的这类信息能够被传输。怀疑论者想要在信息的传输中找到的那些不规则根本就不是不规则。至少对于通信的目的而言它们不能算作是不规则。不管怎样，这就是我打算在本章剩下篇幅中加以澄清的观点。

信道条件

　　知识所需要的那个信息太过苛刻以至于（在大多数实际情况下）不可能被满足，这种观点归根结底在于混淆了以下两者：（1）一个信号所携带的（关于一个信源的）那个信息，和（2）该信息的传送所依赖的那个信道。如果一个人错误地认为，一信号对一信源的依赖受该信号没有携带关于其信息的诸因素的影响，就此而言，该信号对信源的依赖不是最佳的，那么，这个人就会把所有的通信都看作是不可能的，并进而把依赖信息传输的这个知识（根据当前的观点）看作是不可能的。

　　设想一个简单的量度仪器：在一个电路中，附带有一个电阻的一个电压计。这个仪器的功能是量度电压差——在这种情况下，通过这个电阻，电压下降。让我们假定，通过这个电阻的电压降是7伏特。当这个测量仪器被连上，这个电压差会通过这个仪器的内部电路产生一个电流。这个电流会造成一个磁场；而这个磁场会在一个电枢上施加一个扭转力（转矩）；这个电枢转动（克服抑制弹簧的阻力），并且一个指针（附属于这个电枢）在这个仪器字盘上适当的校准刻度上移动。这个指针最终

第5章　通信信道

停留在7上面。

　　这个仪器（当然任何量度仪器）可以被看作是一个信息处理装置。当这个仪器处在正常工作状态时，在这个电阻处由7伏电压差通过其导线所产生的那个信息，就被传输到这个仪器的字盘上。这个指针的位置携带着关于通过这个电阻的那个电压的信息。如果因为这个事例的缘故，如果我们把这个电压看作是具有仅仅十个可能的值，[6]那么大约3.3比特的信息会在这个信源产生。正如设定的，如果这个仪器正常发挥功用，那么信源（通过电阻的电压）和接收者（指针的位置）之间的模糊是零：这个指针所指示的7伏特，携带着通过这个电阻的这个电压降是7伏特这一信息。而且，根据当前的说明，这就是使得使用者能够分辨出（知道）通过这个电阻的这个电压降是多少的东西。

　　然而，要注意，虽然这个指针携带着关于通过电阻的电压的这个信息，虽然当这个仪器正常发挥功用时，模糊是零或者被说成是零，但是即便在这个仪器正常发挥功用的时候，这个指针的位置，除了电源电压之外还依赖着众多事件。例如，如果我们更换将这个仪器连接到电路的那些导线，代之以具有不同电阻的电线，那么通过R（这个电阻）的这个同样的电压降就会通过测量仪器产生一个不同的电流，一个不同的磁场，在电枢上的一个不同的转矩，以及一个不同的指针位置。有一个附属于这个电枢的抑制弹簧，受到精确校准以抵抗这个磁场的那种扭曲作用，并且使电枢在目标点上停止旋转。如果我们改变这个弹簧，如果这个弹簧弱化（或者损坏），那么这个指针就会停留在错误的点上。因此，存在于接收端的事态（这个指针的

149

知识与信息流

位置）取决于包括与信源（通过R的电压）联系在一起的那些因素在内的众多因素。事实上，通过操弄其他的这些变量，我们可以安排得到同样的读数（7伏特）。我们可以将通过R的电压降低到5伏特，并相应地弱化那个弹簧，而这个仪器仍然会指示7伏特。

鉴于这些事实，以及对于任何通信信道都能够被列举出来的这些相同种类的事实，我们宣称在此情况下具有的完美通信似乎是夸大其辞了。这个指针读数何以能够携带通过R的那个电阻是7伏特这一信息？鉴于一个信号携带s是F这个信息的那个定义，如果这个指针的位置（而且k：已知靠独立的根据获得的诸事件[7]）一定，那么这个指针就携带这条信息，仅当一个7伏特电压降的条件概率是1。但是，正如我们已经明白的，这个相同的读数能够由5伏特的电压降加上一个弱化的抑制弹簧产生出来。什么来排除这个可能性呢？毕竟，在这个指针的位置本身当中并没有任何东西显示这个抑制弹簧并没有突然减弱。即便在使用这个仪器之前，这个弹簧被检查过，但是什么来排除这个弹簧被检查过之后受到弱化的那种可能性呢？如果在这个信号（指针的位置）中没有任何东西显示这个弹簧还没有被弱化，那么鉴于这个指针读数，一个被弱化的弹簧的概率何以可能为零呢？但是，如果这个概率不是零，那么，这样一个概率，即7伏特读数是由在R处的5伏特电压差连同一个被弱化的弹簧所导致的，就也不会是零。因此，在R处的一个7伏特电压降的条件概率（指针读数一定）不可能是1。甚至当这个仪器处于理想工作状态时，这个模糊也必定大于零——当然，除非（靠独立的

第5章 通信信道

根据）已知这个仪器处于理想的工作状态。

这组推理路径的结论是：电压计和其他的量度装置根本不传送它们被设计要传送的那个信息。这个信号总是依赖于除s之作为F之外的一些条件，而在这个仪器被用来传送关于s之作为F的信息时，这些条件的值是未知的。因此，对于这个信源，这个信号总是模糊的。如果一个信号在条件C下经一个信道被传输，而且存在有这个信道的一些可能状态C^*——C^*使得这个相同类型的信号能够经C^*被传输，而无需s之作为F（因为总会有），那么除非在这个信号被接收的时候，已知这个信道处于条件C下，这个信号才会携带s是F这一信息。

哲学家们立刻会把这个异议认作是一个陈旧的怀疑论论题的信息论翻版——这个论题也就是说，如果的感觉经验不仅依赖于我们所知觉的那些对象的特征，而且还依赖于我们的感觉器官的状况，光照的特性，居间的媒介等等，那么就不能（不应该）相信这个感觉经验本身会告诉我们所知觉到的那些对象的属性。感觉状态就其本身而言总是模糊的。即便当所有的系统都发挥最佳功用时——它们也能够发挥——感觉状态也是模糊的。

从信息论的观点来看，这个怀疑论的论题实际上是宣称：为了断定信源和接收者之间的模糊，为了确定一个信号所携带的关于一个信源的信息有多少（并因而是什么），没有实际条件（除非靠独立的根据获知）能被看作是固定的。一切都是模糊的一个潜在信源。即便在我们的电压计中的那个抑制弹簧被专门设计以保持其弹性，被制造得在长期使用中也不致弱化，但是

114

这个事实并不能被理所当然地被认为确定了指针读数和电压之间依存（因此模糊）的量。因为，只要这个信号（指针读数）本身不排除弹簧被弱化的那种可能性，[8]那么从这个信号的立场来看，弹簧弱化就一定要被视为一种可能性。但是，如果从这个信号的立场来看这是一种可能性的话，那么通过R的电压不是7伏特也会是一种可能性。因此，除非这个信号中有某种东西排除了这个信道诸变项的一个异常状态，或者除非已知这个信道的诸变项（靠独立根据）是处在正常状态，这个信号才会携带关于这个信源的这个必备的信息。

对于确定一个信号所携带的关于一个信源的信息量而言，这个怀疑论的秘诀怀有这样一个观点，即一个信号不可能携带s是F这一信息，除非这个信号（或者某个同时存在的辅助信号）还携带着这个信息，即这个信道（通过此信道这个信号正被接收）并不处于这样一些状态之一：在这些状态下，这些信号就能够被接收到而无须s之作为F。根据怀疑论的方案，承载信息的诸信号必定是自我验证的（self-authenticating）。为了携带s是F这一信息，一个信号还必须证实如下事实：它携带的东西是信息，它（这个信号）确实依赖（以这种必备的、明确的方式）信源处的诸条件。

就此问题与怀疑论者展开争论是徒劳无功的。因为怀疑论者的立场把各式各样的发现与一个建议结合在一起，而且这个发现虽然足够真实，但却并不支撑这个建议。这个发现并不表明怀疑论者以为它会表明的东西——就像在一条道路的表面发现细小的裂纹并不表明这条道路不是真正的平整一样。怀疑论

第5章 通信信道

者的这个发现是：承载着关于一个信源的信息的一个信号，不仅仅典型地依赖这个信源，而且还依赖（通常）为我们所忽视的其他许多情况。这个建议是：我们认为这个事实表明，这个信号并不真的携带它通常被认为要携带的、关于这个信源的那种信息。这个发现并不支撑这个建议是因为，一些现有的条件（这个信号所依赖的条件）没有产生这个信号要携带的信息，或者没有产生这个信号要携带的新信息。这就构成了通信信道：

> 通信的信道＝（这个信号所依赖的）那一系列现有的条件（这个信号所依赖的条件）：或者（1）没有产生（相关的）信息，或者（2）仅仅产生冗余的信息（从接收者的立场来看）。

这就是为什么一个信号虽然既依赖信源的条件又依赖信道的条件，但却仅仅携带关于信源的信息。在这个信号所依赖的这些条件当中，只有这个信源是新信息的产生者。

再考虑一下伏特计。这个仪器依靠导线（电力地）连接到一个电路的不同接触点，这些导线具有固定的电阻。这个测量仪器所指示的东西依赖这个电阻，因为这个指针的偏转角依赖于通过这个测量仪器的电流量，而这个电流量继而又依赖于（介于其他东西之间的）这些导线的电阻。如果这些导线的电阻每时每刻或者每天都有变化，那么正在被量度的这个电压无须任何改变，这个指针的位置都会相应地变化。因此，如果这些导线的电阻改变了，那么这个指针的位置对于正在被量度的这个电压就是模糊的。但是，这些导线的电阻不可能按照这个假定所设想的那种方式发生改变。[9]一根电线的电阻是由它的物理构成和尺寸所决定的，而且这些属性并不是多变的。我们当然能够切断电线，或者电线当然能够破损，但是只要这些导线保持完好，这些导线的电阻的一个稳定的值，就不是自身会产生信息的东西。这些导线不会改变自己的电阻，它们今天和昨天（或者上周）具有相同的电阻，这些并不是产生信息的条件，因为没有（相关的）可能的可选择项。这是一个信道条件，因为它没有产生这个信号（通过这些电线的传输）要携带的信息。

当然，由于周期过长、电线破损、焊接的接头处松动等，弹簧会丧失其弹性，所以对这些仪器的定期校准和调节是必不可少的。但是，这不过是说，在使用这个仪器量度电压之前，一个人必须获得关于这个系统的机电完整性的信息，这个完整性的职责在于传送关于电压差的信息。一旦这个仪器起初就已经得到校准和调节，那么某些程序就变得完全多余了。对这些导线的重复检查（以了解它们是否改变了它们的电阻），对弹簧弹性的日常测试（以了解它们是否难以预料地改变了它们的弹性系数），对内部电磁体上线圈总数的重新计数（以确定相同的电流会产生相同的磁场），这些都是不必要的。如果走向极端，就变得神经质了。这就如同一个人，总是回到家门口以确保门是锁着的。这样的一个人并没有持续地获得新信息（即门仍然是锁着的），因为门仍然被锁着并没有产生新信息，并没有产生（20秒钟以前）当他得到门此时是锁着的这一信息时他未曾得到的信息。鉴于20秒钟以前门是锁着的，对这扇门的每一次重复

第5章　通信信道

造访在信息上都是冗余的。冗余可以在心理上打消疑虑，而且在此程度上它可能在认识论上是相关的（也就是说，就它影响一个人准备去相信而言），但是除此之外它没有认识论的意义。

存在为数众多的条件，这些条件的持久性以及它们的没有任何（相关的）可能的可选择的状态，都使它们有资格成为信道条件。在既定电压下，流经一根具有给定电阻的电线的电流的量，由给定电流流经固定线圈而产生的磁流的量，由这个磁场施加在一个给定电枢上的扭力的量，以及由于这个扭力对抗一个特定弹簧的抑制作用，这个电枢所要经受的旋转（rotation）的量——所有这些都是没有相关的可能的可选择项的条件。即便事实上这个信号依赖这些关系——如果这些条件是不同的，或者如果这些条件不规则地变化着，那么在此意义上这个信号就会是模糊的——这些条件对这个实际的模糊也没有起一点作用，因为这些条件并没有产生这个信号要携带的信息。既然这些条件不是信息的源头，那么这些条件就有资格作为通信发生于其中的那个框架，而没有资格作为通信关于其而发生的一个信源。

然而，正如我已经指出的，某些条件具有真正的可能的可选择状态。它们确实产生信息。电线可能破损，焊接的接头会松动，节点会老化，弹簧会疲劳并丧失其弹性，而活动部分则会卡住或者粘连。当这些可能性是真正的可能性时（一会儿，对于什么是"真正的"或者"相关的"可选择可能性，我还有更多东西要讲），而且当通过一个信道被接收到的这些信号本身并不排除这些可能性时，那么这些可能性就必须靠独立的根据

155

被排除。就对仪器进行量度而言，这意味着定期检查和校正是必需的。在我们使用这个仪器之前，我们要检查这些导线，调节零点设置，核验电气连接。如果这个仪器被长时间空置，那可能就有必要进行更多的预防措施。它可能不得不重新被校正。也就是说，为了了解这个仪器是否正确地指示，了解这个仪器所指示的与该人靠独立根据所知的那个正确的值是否相符合，一个人要用这个仪器来量度一个已知的数量值。如果已知Q具有一个为6的值，而且这个仪器指示6，那么这就提供了关于这个仪器的可靠性的信息——此信息大意是说，这个抑制弹簧并没有被弱化，这些导线没有破损，这个指针没有被卡住，等等。在通常使用中，这个仪器充当了传输关于Q信息的一个信道。在校正时，已知的Q值被用来获得关于这个仪器的信息。然而，值得注意的是，只有通过（暂时地）中止这个仪器作为一个传送关于Q的信息的信道，我们才能够获得关于这个仪器的信息。我们不可能同时用这个仪器来收集关于Q的信息和关于其自身可靠性的信息。为了使一些东西具有信源的资格，另一些东西必须充当信道。当我们"测试"一个我们对之已经感到怀疑的朋友时，同样的现象被呈现出来。我们让他告诉我们一个我们已经获知的情况。他的反应告诉我们（给予我们）的是关于他，而非关于他正在描述的（或许是正确的）那个情况（的信息）。认为我们能够接收到关于一个信道的可靠性的信息，与此同时，这个信道又作为一个信道发挥作用，这就类似于认为，一个说者通过在其陈述的结尾附加上"而且我所说的一切都是真的"，就能够给予其听者们关于其自身可靠性的信息。这并不会给予

第5章 通信信道

一个人关于这个说者的可靠性的信息；它最多会给与这些听者们关于这个说者已经描述过的东西的一条冗余的信息（即没有新信息）。

一旦前面的这些测试和验证被履行了，那么，只要在一段时期内不存在这些条件向某个可选择状态转变的真正可能性，一个人已经接收到关于其信息这些条件也就变得固定了，并且由以具有了充当这个信道的一部分的资格。也就是说，只要在固定的条件下，在这些条件的持续不产生新信息（即在起初的测试中不曾获得的信息）的这样长的一段时期内，这些条件就会充当信道的一部分发挥功用。一些简单的操作，即大多数技术人员都会常规地履行的那些操作，足以确定许多信道条件的状态：物件被正确地连接，导线没有破损，指针没有卡住，等等。如果起初的验证确定弹簧没有损坏，松动，或者损失其弹性，那么这个弹簧的完整性就（至少）几个小时、大概几天，甚或是几个月内（这取决于这个仪器的质量）都具有了信道条件的资格。这之所以变成了一个信道条件是因为，在几个小时、大概几天、甚或是几个月内，这个弹簧的实际状态不产生新信息——产生不了在前面的验证中未曾获得的信息。弹簧不会在瞬息之间改变它们的弹性系数，就像锁不会自动打开一样。坚持每隔二十分钟就重新验证这个条件，就像是一个人每隔二十秒就要在门上拉一把，以使自己确信门仍然是锁着的一样，是神经质的举动。不错，弹簧会疲劳，但是（在正常使用期间）它们并不会突然间就疲劳。它们有时会损坏，但是有关于此的信息是由这个信号自身所携带的（指针撞击总表度被阻住）。

118

知识与信息流

事物（树、人、花）会改变它们的大小，但是不会任意地改变。你的侄女会长大，但她不会在早饭和午饭之间就长大。如果你昨天（或者上周）看到了她，那么即使没有其他的提示（纹理递变度等），她今天的大小也能够充当一个信道条件，来传输关于（比如）她的距离的信息。昨天看到她（在熟悉的环境中，关于她大小的信息是可利用的）实质上就是一个重新校正。在简化观看的条件下（去除其他提示的稳定的单眼观看），这些输入信号在某种意义上是模糊的，这是完全真实的。由于这个视角对向这些输入光线，所以视网膜图像的大小取决于两个事件：被观看对象的实际大小和观看者离该对象的距离。然而，这并不意味着这个信号是模糊的。它是否模糊取决于这个对象的大小是否产生任何（新的）信息，这个对象的大小是否已经被确定，并由以充当了一个信道条件，凭借这个信道条件，关于距离的信息得到传输。如果一个人最近（多近才是足够近，取决于除了别的以外这个对象是什么：一个人、一棵橡树还是一棵蒲公英）才对这个大小变量进行了"重新校正"，那么诸输入信号就携带着关于这个对象的距离的并不模糊的信息。[10]

这种情况非常类似于依靠内部电池运作的一些测试工具，这个电池会在正常运作的条件下逐渐丧失其强度。对于这些工具，在使用之前，在它能够传送它被设计要传送的那种信息之前，有必要调整其设置（从而补偿电池强度的任何损失）。这些非永久性的、缓慢变化的条件一定要被确定，以便它们能够胜任这个信道的角色。在短期内（调节之后），这个电池的实际条

第5章 通信信道

件不会产生信息，因为就像锁着的门，其原初状态的保持没有相关的可选择项。

值得强调的是，使得一个条件有资格作为信道条件的东西，并非是已知这个条件是稳定的，也并非是已知这个条件没有相关的可选择状态，而是这个条件就是稳定的、没有相关的可选择状态，并且事实上没有产生（新）信息。我们可以设想一个技术员不相信他的仪器。每隔一会儿详尽的测试就会被重复一遍：量度这些导线的电阻，核实线圈的总数，重新校正弹簧，等等。要说明一点，出于传输信息的目的，这些预先准备是不必要的。[11]没有（每几分钟）执行这些测试的一个仪器和执行了这些测试的一个仪器所传输的信息一样多。如果为了让这个技术员信任他的仪器，这些预先准备是必要的，那很好。就让他执行这些测试吧。但是，正如我们已经认为的那样，如果这些测试是真正的冗余，如果他已经具有的这个信息（无论他是否知道它）排除了因这些条件而存在的所有真正的可能性，那么这些测试就是多余的。一个人不可能通过监测诸条件的真实状态不产生新信息，而从一个仪器中榨取更多的信息，同样一个人不可能通过检验一座桥的支撑强度来使得这座桥可以安全通过。鉴于这个技术员的不信任，由一个可疑的仪器所传递的这个信息，可能并不具有其通常的作用，这个信息可能并不会引起这个技术员去相信这个仪器所指示的东西，虽然如此，但这个信息仍然摆在那里。

当然，有些（这个信号所依赖的）条件太易变化，无法具有信道条件的资格。它们是信息的稳定信源。在这些情况下，关于这些易变条件的信息也得到传输，这对（关于这个信源的）信息的传递来说是必不可少的。我们常常通过一个单独的信道来监测这些参量。比如说，如果这个信号依赖这块电池的负荷，而这块电池的一个适当负荷的保持并不是从此刻开始就能够被信赖的东西，那么我们就能够引入一个辅助的测量仪表来指示电池强度。现在，关于这个信源的信息是借助一个复合信号而被传递的：这个（主要的）指针的位置加上那个辅助测量仪表的指示。大自然认为在我们的感觉信道中安装这样的一些监测装置是恰当的。例如，考虑一下我们探测运动的方式。当我们在看一个运动的对象时，近端刺激（视网膜上光的样式）掠过密集的视网膜杆体和锥体。一个信号经由视觉神经被发送到大脑，携带着关于那些视网膜事件的信息。但是，眼睛、头和身体也有能力运动。它们的位置并不是一个稳定条件。如果眼睛运动，那个近端刺激就会再一次掠过视网膜，即便一个人碰巧观看的是一个静止的对象。然而，非常有意思的是，在通常情况下，当视网膜刺激中的这个变化是由我们自己的运动所导致的时候，我们并不把这个对象看成是运动的。尽管一个事件发生了（在这个视网膜图像的位置中的一个变化），但对象看起来却是静止的，这和当我们把这个对象看成运动的时候是一样的。这何以可能呢？我们被告知，这之所以可能是由于一个装置，这个装置的用途和我们用在电池驱动的仪器上的那个辅助性测量仪表是相同的。[12]大脑不仅接收关于掠过这个视网膜的那个图像的运动的信息，而且还接收关于这个视网膜的状态的信息。如果眼睛（头、身体）运动了，那么神经系统在评估来自于视

第5章 通信信道

网膜的这些信号时，就会考虑到这个运动。如果视网膜图像的全部运动都能够通过眼睛或者头的这个运动来说明，那么最终被产生出来的这个信号就会消除来自于视网膜的那个虚假的信息，而且我们不会体验到运动的感觉。如果这个检测装置以信号通知头或者眼睛没有运动，那么这个视网膜图像的运动就会以信号通知（因为它没有被取消）这个对象的运动。用信息论的话来说，这是一个精确的模拟，它模拟的是一个带有监测电池强度的单独信道的电池的驱动仪器。如果我们假定，关于电池强度的信息被用来调节这个主要指针的位置，以便补偿电池强度的任何损失（而非具有一个单独的指示器），那么，在这个主要指针的位置上，我们对于我们的感觉经验携带关于一个对象的运动的信息的这个方式，会有一个大致的模型。

当然，在一个通信系统能够被监测的完整程度上会有一个限制。可以引入一些辅助信道来监看这个系统的某个易变的方面（例如，眼睛的运动），但是除非这整个过程对于这些辅助信道中的每一个而言都是永久可重复的，某一个信道才必然会不受监督地运行。因此，如果离开了同时传输关于一个系统的可靠性的信息（经过一些辅助信道），信息就不能通过这个系统被传输，那么，传输信息也就完全不可能了。然而，幸运的是，为了传输信息，对于什么条件需要被监测也有一个限制。只有一个通信系统的这样一些方面才需要被监测：这些方面的真实状态会产生信息。别的方面都是这个信道的一部分。

正如上述的回顾所表明的，我们通过这些信道接收信息，而对于我们监测这些信道的能力会有一个限制。但是，这个限制并不妨碍我们通过这些信道接收信息。确切地讲，它妨碍了接收那个高阶的信息，即正在被接收的这些信号确确实实携带着的关于这个信源的信息。例如，就运动知觉来说，大脑监测输入信道，通过这个输入信道，关于对象的运动的信息就被接收到了。然而，大脑并不监测这个辅助信道的保真度。大脑监测这个主要信道的方式看起来可能是通过记录由中枢神经系统发送到运动中枢的这些命令。[13]只要物件工作正常，一条眼运动的指令就充当眼正在运动的信息。因此，大脑能够把关于眼正在做的事情的这个信息和接收自视网膜的信息结合在一起，以构成一条承载着关于对象运动的信息的消息。然而，眼部肌肉可能会麻痹，并在被告知要运动的时候妨碍运动。这样，在这个辅助系统中就出现了故障。大脑得到关于眼的运动的错误信息（它"告知"眼要运动，但是眼不运动）。结果，即便一切（对象和眼）都保持静止，对象却看似在运动。因为感觉系统无法监测其辅助信道的可靠性——无法验证眼按照它被告知的那样做，所以这个信号在误导。

因为大脑没有"后备"系统来监测其辅助系统的可靠性（没有任何东西告诉大脑，它给眼部肌肉的指令正在被执行），所以就可能会有一个错误结论：我们借以接收关于诸对象运动的信息的这整个感觉信道，都是不可靠的，或者模糊的。感觉信号是否模糊，取决于中心指令和运动执行之间的这个协调，即对非模糊的感觉信号必不可少的一个协调，本身是不是一个信道条件。它取决于这个辅助系统的这个方面是否存在真正的可选择可能性。即便我们以为在这个辅助系统中的一个故障是

第5章 通信信道

一个真实的可能性,即便我们以为在正常运作的条件下,这个辅助系统的持续的可靠表现会产生正信息,我们也没有理由认为,就这个条件的完整性而言,这个知觉系统总体上没有被持续地矫正。眼部肌肉的麻痹可能会在X没有运动的时候,使之看似在运动,但它也使一切都看似在运动(即便是那些靠独立根据已知没有在运动的事物)。在这个辅助系统中的一个故障,明显就像电压计指针的不规则运动中的一个被破损的抑制弹簧一样,是正被接收的那些信号的异常特征。

相关的诸可能性与怀疑论

123

这个讨论揭示了下述这个在表面上自相矛盾的事实的源头:一个人能够知道(比如)s正在运动,而且是通过感觉的手段知道这一点的(她能够看见它正在运动),但却不知道她的感觉系统,即她据以分辨出s正在运动的那个机制。对这个"自相矛盾"的解释在于下述这个事实:s正在运动这一信息能够通过一个信道被传输,而无需这个接收者知道(或者相信)该信道处于可以传输这一信息的这样一个状态。这个接收者可以完全不了解负责信息传递的这些特殊机制——不管怎样,都不对这个信号所依赖的这些条件持有信念。为了看到某物正在运动,一个人不必知道他的眼睛没有麻痹。信道是这样一些现有的条件:它没有相关的可选择状态,在事实上不产生(新)信息。这个接收者是否知道这些特殊条件是无关紧要的。只要他或者她所不知道(对之不持有信念)的这些条件,是事实上没有相关的可选择状态的一些条件——或者,如果这些条件所具有的可选择状态已经被先前的测试和校正业已接收到的信息排除了(无论这是否已知),那么,这些条件就充当了模糊(并因此信息)被计算在内的这个固定的框架(信道)。这些条件不是模糊(信息)的一个信源。关于一个信源的信息(并因此,知识),依赖于信源和接收者之间的一个可靠的通信系统,而不依赖于是否已知这个系统是可靠的。

　　这个重要观点值得更加详细地阐明。为此我给出如下事例。[14] 一件灵敏并且完全可靠的仪器(一个压力计),被用来监测某一锅炉内的压力。因为这个锅炉的压力是一个临界值,在锅炉中太高的压力会导致危险的爆炸,所以锅炉是用最好的材料,以最严格的标准,最谨慎的方法制造的。这些仪器一直都是完全可靠的。这个压力计被放置在一个控制台上。一位值班人员周期性地对它进行检查。一个人可以毫不迟疑地说,当这名值班员查看压力计时,他知道这个锅炉的压力是多少。这个压力计传达着这个相关信息。

　　然而,尽管有着一份毫无瑕疵的操作记录,一位神经质的工程师却担心这个压力遥感机制中的一个可能的故障,以及由此造成的这个压力计的准确性。他决定安装一个辅助系统,这个辅助系统的功能是探测这个主要通信信道(这个压力遥感系统)中的功能障碍。如果压力计出了问题,这个值班员的控制台上就会有一盏小灯闪烁,向他发出问题警报。

　　这个辅助系统安装上了,但是可能在这个值班员被告知已经采取了这些附加的防范措施之前,这个辅助装置就先出现了

第5章 通信信道

问题。这个值班员的控制台上的警报灯闪烁了,但是以其原有的可靠方式运转的这个压力计却指示着一个完全正常的锅炉压力。我们可以认为,这个值班员或者没有看到灯亮,或者看到灯亮但却(不知道其用途)由于这个锅炉压力是正常的这一信念(根据压力表读数)而对之视若无睹。问题是:这个值班员知道这个锅炉压力是正常的吗?

从信息论的观点来看,只有一种方法来判断这个情况。如果在这个辅助装置安装之前,在人们开始担心它可能的功能障碍之前,这个值班员就知道这个锅炉压力,并且是根据这个压力表知道这个压力的,那么(既然他现在所依赖的这个压力表仍然是完全可靠的),他就仍然知道这个压力是正常的。不可能由于一个或者未被注意到或者完全被无视的有故障的(并因此是误导性的)装置的介入,他就被剥夺了这个知识。如果在这个辅助装置安装之前,这个传感器就在传输关于锅炉压力的信息,那么它现在就仍然在传输这个信息,因为它的可靠性(并且因此通过它而被传输的这些信号的非模糊性)并没有被一个有故障的辅助系统的出现减弱。而且,既然是传向这个压力计上的这个指针的这个信息,引起这个值班员相信这个压力是正常的,那么这个值班员就知道这个锅炉压力是正常的。

然而,解释这类情况还有另外一种方法。这第二种评估受到相同的一些因素影响:这些因素促动了这个神经质的工程师,造成了在辅助系统安装上的时间和金钱支出。尽管这个压力计具有毫无瑕疵的操作记录,尽管不存在任何曾被认可的故障,但是锅炉压力却是一个非常重要的临界值,以至于即使再小的

125

知识与信息流

可能性也应该被防范。即使极小的可能性也会变成相关的可能性。毕竟，这个压力计并不是一个不可错的设备。即便（事实上）它从来没有（而且也不会）出故障，但是它不再可靠的一些情况却也是可以想象到的。在这个压力遥感机制的制造和安装中，已经采取了一切预防措施来减少这些可能性，但是风险却仍高得足以容许一些附加的预防措施。

毋庸置疑，读者会把我们的这位神经质的工程师看作是披着羊皮的怀疑主义恶狼。如果他既不改变这个值班员的信念，又不改变产生这些信念的那些机制的可靠性，就能够不让这个值班员知道这个锅炉压力是正常的，那么他就逮到牧羊人打盹了。整个羊群就面临危险了。因为那时就没有任何东西阻止他任意地进攻了——质疑所有辅助系统的可靠性，这些辅助系统是我们引入以减轻对主要通信信道的疑虑的。毕竟，没有理由认为，这些辅助机制比精心制造的压力遥感装置更可靠、更有能力传输真正的信息。对于每一个这种辅助系统，我们都需要警报灯和辅助的测量计。不久以后，我们就会有一个堆满了大量无用测量计的控制台——之所以无用是因为它们的净效应（从认识论的观点来看）为零。通过查询所有这些测量计，这个值班员仍然分辨不出锅炉压力是多少。这个信息不能到达是因为总是会留有一些这个合成信号消除不了的可能性（所有系统同时发生的故障）。

当然，实际情况是，我们的工程师会被派遣到运输（或者哲学）部门，不久以后他的老板就会给几千美元以迁就他生动的想象。但是，他会坚持主张，他所立足的角度不只是实际角

126

166

第5章 通信信道

度,而是关于谁知道和何时知道的一种理论角度。

正是下述事实使这个神经质的工程师成为了一个至少对很多人来说有共鸣的人:他是以一种完全合理的方式开启其征程的。这是一个不完美的世界。我们有时会把一个并不可靠的信道当作是可靠的。钟表走慢了,证人说谎了,测量计失效了,字体模糊了,书籍(假充是真正的历史)是骗人的,经验是靠不住的。此外,有的信息对我们极为重要,以至于我们要对据以接收该信息的那个信道采取特别的预防措施。当阿布纳(Abner)告诉我现在是三点钟时,我(就像那个朴实的值班员一样)知道我迟到了,就匆忙离开。如果阿布纳在擦到了四辆停泊着的汽车后否认自己喝了酒,那么检察官(就像那个神经质的工程师一样)就会坚持要进行测谎。我曾在一个发电厂工作,那里有三个测量计(外加一个精心制作的影像系统)使值班员能够监测临界值(锅炉汽包的水平)。然而,工程师们在每一辆汽车上安装一个质量差一些的测量计,便使得我们在司机的座位上就能够看到我们的缸中有多少汽油。如果一个测量计就足以传输关于我的缸中具有的汽油量的信息,就足以让我看到(并因此知道)我油量不足了,那么为什么对发电厂的工程师们来说它就不足够呢?看来似乎是,或者我们普通老百姓从来就不知道我们有多少油(既然单独一个测量计不足以为我们提供相关信息),或者电厂去花费大价钱安装大量的测量计——总有一个足以看到水面是否正常。

然而,如下推论却是错误的:因为你的手表慢了,所以我的手表不可信;因为一些测量计不准确,所以所有测量计都不可靠；因为有人撒谎，所以没有人值得信赖；如果任意一份报纸（书籍、文件）有错误，那么就没有报纸（书籍、文件）会传递知识所必备的那种信息。此外，这样想也是错误的：如果有很好的实际理由在一个信源和一个接收者之间安装多重通信信道，那么，这些信道就因此都不携带相关信息。冗余也有冗余的用处。它在心理上是一种再保证，而且要相信一个人所接收到的那些信号就需要这种保证，就此而言，它也与认识论相关（因为关系到这个信号产生信念的效力）。当然，怀疑论者正确地指出：一个信道可能会有模糊，有我们没有意识到的模糊。可能会有一些我们由于忽视或者粗心而未曾认识到的真正的可选择可能性。如果这样一些可能性存在（它们是否真正发生是不重要的），那么我们就不会知道。我们不知道是因为我们没有得到那条相关的信息。但是，这个硬币还有它的另一面。认为某种东西是一种可能，即作为模糊的一个信源，并不使它真成为这个样子。如果我们后来发现，我们曾经以为是不规则、不稳定、不值得信赖的一个条件，竟是（而且过去也是）完全可靠的，那么可能我们对我们的评估的修订就超越了人们过去所知道的。如果有人仅仅依靠我抽动腮部肌肉，就宣称知道我很不安，那这可能令人恼怒。然而，如果我后来发现，这种抽动完全是不自觉的，我不能（至少不能以同样的方式）有意地使之发生，而且只有当我不安时它才会发生，那么我就可以（或者应该）亡羊补牢式地承认这个人知道他所说的。不为我所知的这种抽动携带着关于我心理状态的信息。而且，对于各种物理学现在知道的东西，我们所作的那些评估可能在有一天就不

第5章 通信信道

得不修订了。当（而且仅当）我们发现，这些评估曾经使用、并且在事实上曾经依赖的信息，（我们现在有理由相信）不可用于这些评估，我们才会修订这些评估。

这意味着，信息流以及由该信息所产生的这些信念的地位（它们作为知识的地位），相对免疫于怀疑论质疑的毁灭性影响。如果（就像起初设定的那样）那个值班员依靠的压力计是完全可靠的，那么它就携带关于锅炉压力的信息，不管人们可能会碰巧相信，或者不相信这个仪器的运作。那个工程师对此测量计可靠性的怀疑仅仅只是怀疑。这种怀疑并不使该测量计变得不可靠，并不产生模糊。使一座桥不安全的是关于这座桥的一些事实（例如，结构缺陷），而不是过桥的人的恐惧。而使一个通信系统有模糊的，是关于这个系统本身的一些事实，而不是潜在接收者们的质疑（无论根据多么可靠的质疑）。如果一个人足够恐惧，他就不会通过这座桥；如果一个人的疑虑被充分唤起，他就不会使用（或者相信）一个通信信道，但是，这些事实与这个通信信道的品质无关，就像它们和这座桥的安全性无关一样。

我们的工程师的怀疑可能导致一些人不相信这个测量计。如果这种情况发生了，那么这些人就受到妨碍而无法知道这个值班员所知道的东西。他们受到妨碍而无法知道，并不是因为这个信息不能为他们所用，而是因为压力是正常的这一信息（这个测量计的读数，就像能为这个值班员所用一样能为他们所用）无法使他们产生那个必备的信念。如果（关于这个测量计可靠性的）这些怀疑被传达给了这个值班员，那么他可能就不再合理地宣称知道了（因为他不再合理地认为他正在获得的是知道所必备的那个信息），但是如果他固执地（而且或许是不合理地）坚持相信这个测量计，那么他就会知道别人都不知道的东西——这个锅炉压力是正常的。如果这些怀疑既不影响前因（信息），又不影响后果（信念），它们就无力破坏作为结果的知识。它们最多只会侵蚀我们的知识，或者侵蚀我们相信——我们知道——所需的理由。

然而，尽管信息（并因此知识）免疫于怀疑主义关于信息（或者知识）在场的怀疑，但是关于信道的完整性却有一种站得住脚的观点要提出来。通过把这些可选择可能性（它们的缺失界定了信道条件，它们的消除界定了知识）描述成相关的或者真正的可能性，我曾试着来承认这个观点。对这些资格的随意赋予可能已经引发了哲学上的质疑。毕竟，什么是相关的可能性呢？一个现有条件何时具有真正的可选择状态呢？如果一个人按照起初的校准确定了一个条件处于状态C，那么这个条件会在这个状态下持续多久而不产生新信息（并由此有资格成为通信信道）呢？如果每隔二十秒钟就返回锁着的门前一次在信息上是冗余的，那么一个人从何时起开始得到新信息——大意为门仍然是锁着的这一信息？二十分钟，二十天，还是二十年？

知识涉及排除一些相关的可选择项（对已知的东西），在这种想法当中并没有任何特别有创造性的东西。可能略有些新颖的地方在于：一种暗示，即知识是从信息论源头那里继承到这个属性的；一种观点，即相关的可选择项和不相关的可选择项（这涉及认知研究）之间的区别不过是信源（关于它的信息被接

第5章　通信信道

收到）和信道（通过它信息被接收）之间的区别。作为信息的产生者，信源是诸种相关可选择可能性的所在地，因为信号需要消除的正是这些可能性。没有诸相关可选择状态——因此不产生信息的那些条件（信号依赖于它）就是信道，它是信源和接收者之间的依存关系得以建立于其中的那个固定的框架。例如，阿尔文·戈德曼（Alvin Goldman）在阐述其对知识的分析时，曾提到过相关可选择项的重要性。[15]根据戈德曼的观点，如果知者（knower）要使知识归因于他，那么相关可选择项就是他必须要有证据能够排除的东西。正如这个术语所暗示的，这意味着存在有这个知者为了知道而不必排除的一些不相关的可选择项。戈德曼通过设想下述这种情况来阐明此观点。在开车穿过威斯康星州的乡间时，我认出（得以知道）某些建筑是谷仓，但此时我仍然意识到我尚不能排除这样的可能性，即我在看的东西是好莱坞的特技人员为了欺骗漫不经心的游客而精心构造的模型。然而，对大多数情况而言，这个可能性并不是相关的可选择项。然而，如果这样一些模型碰巧存在，并且存在于威斯康星州乡间的不同地点（不只在好莱坞放置），那么这样一种可选择项就变成了一种相关的可能性。那么，我一定能够分辨出我曾看到的那建筑不是一个精心制作的模型——我通常不能够分辨的某种东西。此外，一个不相关的可选择项何时会变成相关的，这是一个度的问题。如果这样一些模型存在于爱荷华州（Iowa）而非威斯康星州，那么一个人（从路上不经意的观察）能分辨出某物是威斯康星州的一个谷仓吗？假如这些模型只存在于瑞典（Sweden）呢？

130 　　或者，考虑下述这种情况。[16]你带着你的儿子到动物园去，看到几只斑马，而且当被你的儿子问到时，你告诉他它们是斑马。你知道它们是斑马吗？当然，我们中的大多数人都会毫不迟疑地说我们知道。我们知道斑马看起来像什么样子，此外这里是城市动物园（不是迪斯尼乐园），而且这些动物所在的围栏清楚地标记着"斑马"。然而，某物之作为一匹斑马暗示着它不是一头骡子，而且尤其不是被动物园管理员精心伪装起来的看似斑马的骡子。你知道这些动物不是被动物园管理员精心伪装起来的看似斑马的骡子吗？你能够排除这个可能性吗？你得到这条信息了吗？如果没有，那么你何以能够获得它们是斑马这一信息（并因此知道它们是斑马）呢？而且，如果被这些动物园的管理员欺骗不是一个相关可能性，那么为什么不是呢？如果动物园的主管是一个臭名昭著的恶作剧者又会怎样呢？

　　这样的一些例子看似无聊，但它们却阐明了关于所有携带信息的信号的一条重要真理。如果可能性被等同于总可以想象到的东西的话，那么就没有信号能够排除所有可能性。例如，没有信号能够排除这样一种可能性：这种可能性不是由正常手段产生的，而是由某种奇异的宇宙偶然性，由一个狡诈的恶魔，或者由超自然的干预活动产生的。如果这些意外事件都被算作真正的可能性的话，那么每一个信号都是模糊的。

　　通信理论避免此结果的方法是通过把确实（而且确实没有）发生（经过足够长的时间）的东西看作是能够（而且不能够）发生的东西的一个索引。当然，这个导向绝不是不可错

第5章 通信信道

的，因为，罕见但却完全是真正的诸可能性可能并不会在任何一个有限样本当中实现。如果埃尔默（Elmer）在远处的一个房间里正确地识别出一百张随机抽取的扑克牌，那么这可能就暗示他在（以某种方式）获得关于这些牌的信息。这可以被作为他在获得这些信息的证据，但是这当然构成不了他在获得这些信息的一个实证。毕竟他可能在接下来的一百次中出错。然而，这个作法虽然不是不可错的，但是却也有这样的优点：它使什么是可能的、什么是一个信号真正的模糊这个问题脱离了百无一用的思想家（怀疑主义的或其他的）的掌控，并将之安置到了它所属的地方，即通信系统当中，而通信系统的可靠性正在被讨论。其结果是使得一个通信信道在被证明有问题之前一直都是没问题的。这并不是说一个信号在表现出是模糊的以前一直是非模糊的。而是说，它意味着，一个信号不是模糊的，仅仅是因为它尚未表现出，而且或许是不能够被表现出是非模糊的。我们能够设想在一些环境中一个信号是模糊的，我们也能够设想一个信号自身消除不了的诸可能性：上述事实并不表明，这个信号是模糊的。必定会被表明的是：这些被设想的环境能够出现，这些被设想的可能性行得通。如果仅当s是F时，一种给定类型的信号出现过，那么这个推定至少是，仅当s是F时，它能够出现。这个推定可能是错误的，但是却不能仅仅用生动的想象来表明它是错误的。提供出证明的责任已经被置换到对迄今为止都可靠的一个信道的可靠性提出异议的那些人的肩膀上了。

一个信道何时是安全的，足够传输知识所必备的那种信息

（零模糊），这个问题大体上是一个经验问题。它不可能由想象一些可能性或者忽视一些可能性来解决。要有资格成为一个相关可能性，即实际上影响到一个信号（并因此，其中的信息）的模糊的东西，这个拟想的可能性就必需在正被探讨的这个特定系统的具体细节上是真正可以实现的。如果在以往，当s不是F时，R种类的一些信号到达过（这是否已知是不重要的），那这就把问题解决了。[17]R种类的诸信号对于s之作为F是模糊的，而且在此情况下，无论s是否碰巧是F，R种类的诸信号都是模糊的。但是，如果在以往，仅当s是F时，R种类的诸信号到达过，那么问题就不太明朗了。既然我们意识到了这个以往的规则，那么会有这样一个推定：这个信号是非模糊的。而且它会用某个积极的、补偿性的因素来侵蚀下述这个合理性的基础：即相信R确实携带着s是F这一信息的合理性。但这都不是结论性的。毕竟，如果过去没有那个测量计、那个人（在此条件下，在这个主题上）或者那种感觉经验犯下这样一些错误的记录，那么一个人如何评定这个断言，即这个特定测量计的读数，特定人物的证词，或者特定感觉经验可能是错误的，这就是模糊的了。如果埃尔默从来没有经历过他的盘子里有炸薯条这种幻觉，那么别人经历过幻觉（如果不是盘子里有炸薯条，那就是他们的胳膊上有一些弯弯曲曲的东西）这一事实，足以成为埃尔默经历过幻觉的一个真实的可能性吗？这个足以表明埃尔默有关他的盘子里有炸薯条的经验是模糊的，并因此缺少他的盘子里有炸薯条这一信息吗？某些测量计上的指针卡住过这一事实足以表明这个测量计上的指针可能要卡住吗？为什么它不只是表明某些

第5章 通信信道

测量计是不可靠的呢？

正是在这里，我们对通信系统的评估开始背弃一些哲学家们称之为"社会的""实用的"方面的东西。大量研究者已经强调过知识的语境依赖、兴趣相关的那个维度。[18]某人是否知道某物（不是：据说或者被合理地认为知道某物），似乎取决于诸如别人知道什么或者认为什么是理所当然的这样一些局外的因素（至少从信息论的立场来看是局外的），取决于要被知道的东西的重要性（或者，知道它，对于某人的重要性）以及对一个人所不掌握的证据的接近或者利用。所有这些考虑因素都是度的问题，而且在这个方面它们似乎违背了以信息为基础的知识理论的那些基本要求。如果这个技术人员通过使用一个新得到的、最近校正过的仪器知道了这个电压是多少，那么（无须重新校正和检查）他能够继续使用这个仪器多长时间，并且继续知道呢？它能够继续传递这个必备的信息多长时间呢？如果在车间里闲置二十年时间太久了（接触器可能被腐蚀了，部件可能生锈了等），那么这个信息何时不再到达了呢？如果知识具有这种社会的、相对的、实用的维度而信息不具有的话，那么知识何以能够被等同于由信息产生的信念呢？

答案当然就是信息具有这个完全相同的特征。一个信号是否携带一条信息取决于信源和接收者之间的那个信道是什么。而且，一个现有条件是否足够稳定或者持久以有资格成为这个信道的一部分，即其自身不产生（新）信息的一个条件——这个问题是一个度的问题，一个人们（鉴于他们的不同兴趣和目的）能够合理地争论的问题，一个可能没有客观的正确答案的

133 问题。一个可能性何时变成一个相关可能性这一问题，至少部分上容易受到兴趣、目的以及在通信过程中有利益纠葛的那些人的价值标准的影响。信息流就像是它使之成为可能的那些认知上的成就一样，是一个过程，这个过程对收发该信息的那些人的不同目的呈现出某种敏感性。

然而，要注意的一点是，这个相对性与知识的所谓的绝对性或者知识所依赖的那个信息的所谓的绝对性并不冲突。成为空的，就是要使其中无有一物，而且在此方面，某物之空就不是一个度的问题了。然而，为了确定空，某物是否算作一物，就是一个度的问题，人们（鉴于他们的不同兴趣和目的）可能很容易争论的一个问题，一个或许没有客观的正确答案的问题。成为空的，即是全部相关之物尽皆缺乏。这个概念虽然绝对，但却有一个内在的可塑性（在"相关的"东西的意思上），这个可塑性易于受到使用此概念的人的兴趣和目的影响。知识和信息并无不同。要知道或者接收到信息，就是要排除所有相关的可选择可能性。这些概念都是绝对的。我们将这些概念应用于具体情况的方式，我们确定什么有资格成为相关可选择项的方式却不是绝对的。

那么，知识的社会或者实用维度与信息论分析的字面规定或者精神实质不冲突。相反，我们知识概念（以及相关的认知概念：辨认、知觉、发现等）的这个维度要追溯到它在通信理论中的源头才能得到解释。因为一个通信系统，任何一个通信系统，都预设了信源（关于它的信息被接收）和信道（这个信息通过它被接收）两者之间的区别，所以知识表现出这个实用

第5章 通信信道

的维度。信源是（新）信息的产生者。信道是产生不了（新）信息的那些现有条件。然而，说一个现有条件产生不了新信息，就是说它没有相关的可选择状态（至少是还未被已经接收到的信息排除掉的一个也没有）。正是在对什么是相关可选择项的确定当中——这种确定对于任何信息加工系统（无论它是否产生知识）的分析都是必不可少的——我们在我们的绝对的认知概念中发现了在别的方面令人费解的"灵活性"的源头。[19]

第6章 感觉和知觉

　　心理活动的信息加工模式倾向于把作为一方的知觉和感觉现象与作为另一方的认知和概念现象混合在一起。知觉与信息的收集和传递有关，而认知与信息的利用有关。但是据说，这些都只是大概连续的信息处理过程的一些不同的阶段。[1]辨认、识别和分类（诸认知活动）发生在知觉过程的每一个时段。看和听是知道的低阶形式。

　　我认为这是一种混淆。它搞混了感觉经验在整个认知过程中的突出作用。为了澄清这一点，就有必要研究信息能够被传递到那些认知中心，并被其所利用的方式，但是信息自身具有认知特性，不用具有与知识和信念联系在一起的那种结构。为此目的，我们必须要说到信息能够被编码的那些不同方式。

模拟编码和数字编码

　　传统上，把信息的模拟编码和数字编码之间的不同看作是

136　信源处某个可变属性的连续表征和离散表征之间的不同。那么例如，一辆汽车上的速度计就是关于该车速度的信息的一个模拟表征，因为不同的速度是由指针的不同位置表征的。这个指针的位置是（大约）连续变化的，而且它的每一个不同位置都代表着正被表征的那个数量的一个不同的值。另一方面，汽车仪表盘上指示油压的那个灯是一个数字装置，因为它在信息上只有两种相关状态（开或者关）。因为在信息上没有相关的中介状态，所以这些状态是离散的。当然，灯光强度是可变的，这一事实可以被人利用。该信号的这个连续属性能够被用来表征油压的量：这个灯越亮，油压就越低。这个灯以这个方式使用，至少部分上，会作为对油压的模拟表征发挥功用。

模拟—数字的区别一般被用来标记关于如下可变的属性、量值或者数量的信息在携带方式上的不同：时间、速度、温度、压力、高度、音量、重量、距离，等等。一般的家庭温度计都是模拟装置：水银的可变的高度表征着可变的温度。钟表上的那些指针以模拟的形式携带着关于时间的信息，而闹钟却将这个信息的预定部分转变成了数字的形式。

然而，我关心的不是关于诸属性、量值的信息以及这个信息可以被编码的那些不同方式，而是关于这些属性和量值的、由信源处的诸特定事项所例示的信息。换句话说，我关心的并不是我们可以如何编码关于温度的信息，而是我们可以如何表征温度太高了、超过100度了，或者正好是153度了这一事实。我们想要的是一种区别，它类似于涉及对诸属性的表征的模拟—数字的区别，标记出诸事实能够被表征的不同方式。例如，

第6章 感觉和知觉

我们能够说，一个结构以数字形式携带s是F这一信息，而另一个结构以模拟形式携带这一信息吗？

在一个信号或者结构中，信息能够被编码的方式不同，为了标记这个方式上的重要不同，我打算以略微有些非正统的方式使用常见的术语——模拟对数字。随着我们继续推进，以下行为的正当理由将会显现出来：拓展旧的术语以涵盖基本上不同特性的东西。

当且仅当一个信号没有携带关于s的额外信息，即没有携带还未被套叠在s之作为F当中的信息，我才会说，这个信号（结构、事件、状态）以数字形式携带着s是F这一信息。如果这个信号真的携带关于s的额外信息，即不被套叠在s之作为F当中的信息，那么我就要说，这个信号是以模拟形式携带这个信息。当一个信号以模拟形式携带s是F这一信息，它就总是会携带比s是F更详细、更确定的关于s的信息。每一个信号都既以模拟形式又以数字形式携带信息。这个信号所携带的（关于s）的最详细的那条信息，就是它以数字形式携带的（关于s）唯一的那条信息。[2] 其他所有（关于s）的信息都以模拟形式被编码。

为了阐明这个区别所使用的方法，考虑一下图片和陈述之间的不同。假定一个杯子里面有咖啡，而且我们想传输这条信息。如果我只是告诉你"这个杯子里有咖啡"，那么，这个（听觉的）信号就以数字形式携带着这个杯子里有咖啡这一信息。并没有比有些咖啡在这个杯子里更详细的关于这个杯子（或者咖啡）的信息被提供出来。你没有被告知，有多少咖啡在这个杯子里，这个杯子有多大，这咖啡有多黑，这个杯子的形状和方位是什么，等等。另一方面，如果我给这个场景拍照并把照片给你看，那么，这个杯子里有咖啡这一信息就以模拟形式被传递了。这张照片通过粗略地告诉你有多少咖啡在这个杯子里，这个杯子的形状、大小、颜色等等，来告诉你，有些咖啡在这个杯子里。

我能够说A和B大小是不同的，而不用说它们在大小上有多大不同，或者哪一个更大，但是，我不可能画出A和B大小是不同的，而不画出它们中更大的那个并粗略指示出大多少。与此类似，如果一个黄球被放置在一个红球和一个蓝球之间，我能够说明它是这样而无须展示这个蓝球在哪里（左边还是右边）。但是，如果这个信息要通过绘画被传输，那么这个信号就有必要更详细些。这个蓝球或者这个红球必定要被画在左边。因为诸如此类的一些事实，图画必然是模拟表征。那些相应的陈述（"A和B大小是不同的"，"这个黄球在这些红球和蓝球之间"）则是对同样这些事实的数字表征。

我们已经指出，以模拟形式携带信息的一个信号总是会以数字形式携带某个信息。表达了一个信号所携带的全部信息的一个句子，就是表达了该信号以数字形式携带的那个信息的句子（因为，这就是该信号携带的最详细、最确定的那条信息）。这对图片和别的模拟表征同样适用。一张图片以数字形式携带的那条信息，只能由某种非常复杂的句子来呈递，这个句子描述了这张图片携带着关于其信息的那个情况的每一处细节。说一张图片抵得上千言万语，这不过是承认，至少对大多数图片而言，用来表达包含在这个图片中所有信息的那个句子，必定

第6章 感觉和知觉

会是非常复杂的。多数图片都有大量细节，以及一定程度的特异性，这使得给出该图片以数字形式携带的那个信息的近乎准确的语言再现，几乎是不可能的。当我们描述由一张图画所传递的那个信息时，我们就是在描述这张图片以模拟形式携带的那个信息——就好像是从信息在这个图片里的更具体的具身中进行提炼。

这并不是说我们不能够创造出可选择的编码手段，来编码一张图片以数字形式携带的那个信息。我们能够建造一个装置（比如，一个蜂鸣系统），当且仅当信源中一种情况在信源处发生时——这种情况完全就像图片里画的那样（被允许的唯一变化就是该图片不携带关于此变化的信息）——这个装置才会被激活。那么，当这个蜂鸣器响的时候，就会携带和这张图片完全相同的信息，并且两个结构（一个是图示的，另一个则不是）都会以数字形式携带这个信息。依靠全模板匹配常式的计算机辨认程序就近似这种类型的转换。[3]输入信息是以图示形式（字母表上的字或者几何参数）提供的。如果在输入图像（input pattern）和存储模板（stored template）之间存在精确的匹配，那么计算机就会"辨认"这个图像并对之进行适当标记。分配给该输入图像的这个标记就相当于我们的蜂鸣系统。这个输出（标记）携带着和输入图像相同的信息。这张图片以数字形式携带的信息只不过是在物理上已经被传输了。

然而，大家公认，这样一些模板匹配过程与真正的辨认关系不大。只要出现的东西（某个识别的标记）携带着包含在输入图像中的所有信息，我们就没有任何相当于刺激类化、范畴化或者分类的因素。当然，我们想要计算机程序会"认知"的，不仅是具有这种字体、这个排列方向、这样大小的一个字母A（存储模板会精确匹配的唯一东西），而且是具有多种字体、多种排列方向、多种不同大小的这个字母A。出于这个目的，我们需要某个东西来抽取这个输入图像以模拟形式携带的信息。为了对这些特定特征（这些特定特征牵涉到这个图像之作为这个字母A的一个实例）作出反应，我们需要某个东西将这个特定的A的诸不相关特征（与其作为这个字母A的一个实例不相关的）忽略掉。换句话说，我们需要一个蜂鸣系统对这些图片（图像）以模拟形式携带的诸条信息作出回应。

为了理解模拟向数字转换的重要性，为了领会它对于知觉过程和认知过程之间区别的意义，考虑一下下述这个简单机制。一个可变信源有能力采用100个不同的值。关于这个信源的信息流向了一个信息处理系统。这个系统的第一阶段有一个装置会准确地指示这个信源的状态。读者可以把这个信源看作车辆的速度（有能力从0公里每小时达到99公里每小时），而把我们的信息处理系统的第一阶段看作有能力（以其可移动指针）指示该车辆速度的一个速度计。这样，这个信息就流向了一个转换器。这个转换器包括四个不同的既定音调和激活这些不同音调的一个机制。如果该信源处于0到14这个范围，最低的那个音调就会被听到。一个更高些的音调会出现在15到24这个范围，再高些的音调是在25到49，而最高的则是在50到99。这些不同的范围可以被看作是一个人用的第一档、第二档、第三档和第四档这样一些近似的序列，而这个转换器则是（通过不同的既定

第6章 感觉和知觉

音调）提醒见习司机们需要换挡的一个装置。这个信息流看起来就像图6.1。

信源

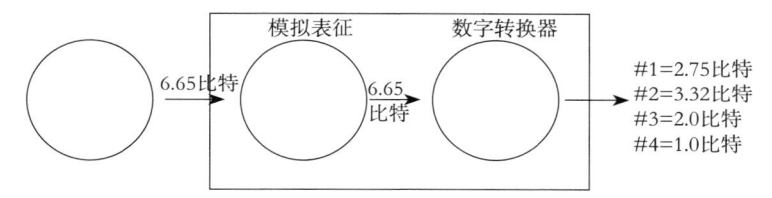

```
                模拟表征        数字转换器
    ──6.65比特──→  ──6.65──→          →  #1=2.75比特
                      比特                #2=3.32比特
                                          #3=2.0比特
                                          #4=1.0比特
```

图6.1

我标注为"模拟表征"（速度计）的东西，携带着由这个可变信源所产生的全部信息。因为这个信源有100种不同可能的状态（全部同样可能），所以这个速度计携带6.65比特关于这个信源的信息。比如，它携带着该车辆在以43公里每小时行进这个信息。这个信息流向一个转换器，而且（采用43公里每小时的一个速度）第三个音调被激活。既然当且仅当该车辆的速度处于25到49这个范围时，这第三个音调才会被激活，那么这个音调就携带着2比特关于该车辆速度的信息（100种同样可能的可能性减少到25种）。

这个系统的输出在数量上总是少于输入。虽然进入的信息有6.65比特，但是传出的信息却少于6.65比特。由这个信息损失而得到的是对这个可变输入的这些有意思的范围的（在不同音调中）一个分类。这是刺激类化的一种形式，尽管是相当初级的一种形式。这个系统的输出忽视了43公里每小时和32公里每小时之间的不同。这两个值在本质上被看作是相同的。两者都激活了音调3。从该系统被设计要传输的那个信息的观点来看，这个内部速度计是这个信源的一个模拟表征，因为与控制这个系统的输出所需要的信息相比，这个速度计携带着更详细、更确定的关于这个信源的信息。速度计"显示"该车辆正以43公里每小时的速度行进。套叠在该信息中的是该车辆正以介于25到50公里每小时之间的速度行进这一信息。这个数字转换器只关注后面这条信息。它"抛弃了"更详细的那条信息，并且把这个速度计以模拟形式携带的一条信息（即该车辆以介于25到50公里每小时之间某一值的速度行进）传递下去。当然，这个速度计以数字形式携带该车辆以43公里每小时的速度行进这一信息（因为它没有携带关于该车辆速度的更详细信息），但是相对于这个系统被设计要传输的那个信息（例如，这个速度是介于15和24之间还是介于25和49之间），这个速度计就构成了对信源状态的一个模拟表征。这个系统据以发挥作用的、驱动该系统运动中枢的（不同的蜂鸣），正是这个速度计以模拟形式携带的那个信息。为了获得对相关类似性的一致反应，这个系统携带的更详细些的那些条信息都系统地被忽略掉了。

　　要描述一条信息从模拟向数字转换的过程，就是要描述必然涉及到信息损失的一个过程。因为我们从具有更多信息内容的一个结构（速度计）过渡到具有更少信息内容的一个结构，所以信息被损失。数字转换是一个过程，在此过程中不相关的诸条信息被剪除掉。在信息损失掉或者被抛弃之前，信息处理系统无法将不同的东西视为在本质上相同的。它无法分类或者范畴化，无法类化，无法将输入"辨认"为一个更一般的类型

第6章 感觉和知觉

的一个实例(个例)。刚刚描述的这个简单系统以一种完全机械的方式实现了这个过程。然而,虽然这个简单系统缺乏真正的知觉-认知系统的某些本质特征,但它阐明的这个信息论过程却构成了刺激类化、分类和辨认的所有形式的基础。

感觉过程对认知过程

信息模拟编码和数字编码之间的差异(正如刚刚界定的),有助于将感觉过程和认知过程区别开来。知觉是一个过程,借助此过程,信息更为丰富的一个矩阵(matrix)内的信息被传递给(因此,以模拟形式)那些认知中心以供其有选择地使用。看见、听见和闻见是我们所具有的将关于s的信息送入一个数字转换单元的不同方式,这个数字转换单元的功能就是为了对输出进行修订而从感觉表征中抽取相关的信息。正是信息向(适当的[4])数字形式的成功转换构成了认知活动的本质。如果s是F这一信息从未由感觉(模拟的)形式被转换为认知(数字的)形式,那么正被探讨的这个系统或许已经看到了、听到了、闻到了作为F的一个s,但却没有看出来s是F——它不知道s是F。传统观点认为,知识、信念和思维涉及概念,而感觉(或者感觉经验)则不然。该观点在这种编码的不同中被反映出来。认知活动是对输入信息的概念动员,而且这个概念处理基本上就是忽略不同(与潜在的相同不相关),就是从具体到抽象,就是从特殊到一般。简而言之,认知活动就是造成模拟-数字转换。

感觉,即普通人称作对事物的看(听、闻等)的东西,而心理学家称作是感知（percept）或者（在某种语境中）感觉信息储存（SIS）的东西,[5]就像图片一样在信息上是极其丰富和详细的。另一方面，知识和信念则像陈述一样是选择性的和唯一的。"意识的画面是丰富的，但是依赖于分类的图像辨认过程，相对而言在其据以运作的那种细节上却是贫乏的。"[6]我们的感觉经验包含着关于许多细节的信息，这些细节如果全部转入那些认知中心的话，就需要极为巨大的存储和检索能力。[7]感觉存储中具有的信息比能够被提取的信息更多，这个信息当中有多少能够被这些认知机制利用，有一个限度。[8]

我并不打算通过把感觉经验比作图片（或者将认知结构比作陈述）来表明：我们的感觉经验总是（或者永远是）具有图像的或者形象的特性，对事物的知觉意味着头脑中没有意象（声音、气味、味道），或者认知活动是一种语言现象。语言的习得（acquisition）可能对一个有机体具有将感觉经验转换为数字形式的这种能力（因此，具有信念和知识的能力）是必不可少的，但是如果是这样的话，这就是一个经验问题了，一个我将在第三部分回答的问题。目前，我只想阐明下述思想：我们的知觉经验，即由我们看事物和听事物所构成的那个经验——和通常随着这个经验而出现的知识（或者信念）之间的不同，归根到底是编码的不同。在这方面，感觉过程和认知过程之间的这个关系，就像是在图6.1中描述的初步的模拟表征和随后的数字表征之间的关系一样。那个速度计携带着该车辆以介于25到50公里每小时的速度行驶这一信息，而且还是以模拟形式携带着这一信息的（被嵌入在该车辆以43公里每小时的速度行

第6章 感觉和知觉

驶这条更详细的信息中），但是，携带着该信息的这个系统的这个特殊状态（指针的位置）并不是用图画来表示该车辆的速度。这个状态并不类似于它携带着关于其信息的这个事态。而且，第三个音调，即（以数字形式）携带着该车辆以介于25到50公里每小时的速度行进这一信息的那个音调，并不是该车辆速度的一个陈述或者语言表征。从模拟形式到数字形式的这个信息转换，可以牵涉到从图像到陈述的转换，但它并不需要这样。从神经学上的观点来看，从感觉编码到认知编码的这个转换，完全是在既没有图片又没有陈述的情况下发生的。

然而，不像图6.1所描述的那种简单的、机械的转换，有生命的系统（总之是它们中的大多数）都是有能力修改他们的数字转换单元的。随着一个有机体的需要、目的和环境的改变，它必然要改变数字转换器的这些特性，以便利用更多的或者不同的被嵌入在诸感觉结构中的诸条信息。注意的变化不需要（虽然可以）牵涉到在感觉表征中取得的这种信息的改变。在对事物看、听或者闻的方式上不需要任何改变。可能唯一牵涉到的改变就在于：哪几条信息（以模拟形式被携带）从感觉表征中被抽取出来。

与此类似，学习概念也是一个过程，在这个过程中，对于一个系统从感觉存储中抽取被模拟编码的信息的能力，存在着一个大致持续的修订。已经描述过的那个简单的机械系统所缺少的是下述这种能力：即改变其反应特性，以利用速度记的指示中所包含的更多的或者不同的诸条信息。那个简单的机械系统不能够学习。当且仅当该车辆以介于30到35公里每小时的速度行进时，它没有办法修订它对信息进行数字化的方式，来对音调3（或者一种完全不同的音调）做出反应。这条更详细的信息正被收集、加工并流入转换器（通过速度计），但是这个系统没有能力"注意"这个事实，没有能力抽取这一信息并据以"行动"。将这个系统与一个幼童相比较，幼儿的感受器系统是完全成熟的而且处于正常工作状态，会学习辨认并识别其周围环境中的诸事项。比如，学习辨认并识别水仙花，是一个不需要收集更多的来自于（或者关于）这些水仙花的信息的过程。鉴于这名儿童的敏锐视力，相比于她的经验更丰富但却近视的老师，她可能已经（在学习之前）从水仙花那里接收到更多的信息。然而，这个老师知道这花是一朵水仙花，这名儿童却不知道。这名儿童仅仅知道它是某种类型（或许甚至这也不知道）的一朵花。这个小学生需要的不是通过使用放大镜来提供更多这种类型的信息。在知觉上，她没有缺陷。需要的信息（将该花识别为水仙花所需要的）获得了。现在缺少的是抽取这个信息的能力，解码和翻译这个感觉消息的能力。这个儿童需要的不是关于这朵水仙花的更多信息，而是改变她一直具有的这个信息的编码方式。在这个信息（即它们都是水仙花）以数字形式被重新编码之前，这个儿童看见水仙花，但却既不知道也不相信它们都是水仙花。

　　这个数字化的过程，以及它一般如何关系到学习和认知活动，将在第三部分中以更大的篇幅进行研究。目前我们关注的是知觉传输系统——这些系统的功能就是要在感觉经验中抽出这样一个认知活动所依赖的信息。

第6章 感觉和知觉

或许值得注意，我大大简化了这样一个过程，利用这个过程，感觉信息从物理刺激中被抽取出来，与附属信息结合在一起并且以感觉形式被编码。我忽视这个过程的细节是为了突显这个信息被编码的方式上的一种重要不同：感觉（模拟）形式和认知（数字）形式。尤其是，我完全忽视了这样的事实，即包含在感觉表征（我们的感觉经验）中的大量信息都是时间整合（temporal integration）的结果：

> 进化已经协调了人类的知觉系统，不去记录瞬时视网膜图像中的低级信息，而是记录序列图像（我的强调）或者同时发生的一些复杂图像中的高真度信息，即由运动视差和双眼体视差给予的那种类型的信息。[9]

詹姆斯·吉布森（James Gibson）曾令人信服地指出：我们设法从我们的环境中抽取的大量信息，都取决于对诸信号的一个时间序列中的高级不变量的研究策略——我们通过来回走动并指示样式、结构和相对位置中的系统变更而能够收集的那种信息。[10]要理解某种信息如何被指示，重要之处就在于理解一个感觉表征可以由于诸信号的时间积累而产生的方式。就在一个特定时间包含在那个刺激中的那种信息而言，要静态地考察感觉信息的加工，就是要完全忽视：随着时间流逝，我们的感觉表征对整合过程依赖的程度。甚至一个简单的血流计（就像它依赖脉搏的频率）都能够被用来阐明这个现象的重要性。

我还忽视了这样的事实：我们的感觉表征常常携带源自

于大量不同感觉信道的信息。如果我们只考虑到达眼睛的刺激（即便相对于某个时间间隔，能够被理解），那么结论必然是：这个刺激（至少经常）是模糊的。然而，由此断定这个信源的感觉表征本身是模糊的，却是错误的。因为，没有理由认为，我们对这个信源的视觉经验唯一地依赖于光线到达我们视觉感受器时接收到的那个信息。恰恰相反。关于诸对象的重力定向的信息，在感觉经验中是可以利用的，因为这个视觉输入是连同来自于本体感受信源的身体倾斜信息一起被处理的。与重力相关的头的位置，与头相关的眼睛的角位和运动，以及其他所有相关身体部位的相对位置和运动：对上述内容进行详细说明的诸信息，在确定我们如何经验我们所经验的东西时发挥了作用。在我们的感觉经验中可用的大量信息，至少部分上，要用以下事实来解释：这个经验包含随着时间流逝从各种信源中收集到的信息。

理解我们的感觉经验赖以产生的这些实际过程，以及对出现在这里的信息负责的各种机制，这是很重要的，[11]这些细节并不直接关系到我们描述这个结果——即感觉经验本身以及它编码信息的方式。为了澄清知觉对象的本质，特别是，澄清有助于确定我们看到什么、听到什么、闻到什么的那些持久机制的方法，本章稍后有必要更详细地考察传递信息的这个系统。但是，对于当前的目的而言，这些细节可以被放在一边。我们现在关注的是我们感觉经验的模拟特性。

考虑一下视觉。你正在看一个相当复杂的场景——一群少年在玩耍，一整架书籍，一面星条旗。典型的这样一些不

第6章 感觉和知觉

期而遇的反应——尤其当这些遭遇都很短暂时,一个人所看到的东西就要(或许会)多于其有意识地注意到的东西。有(结果显示)27名儿童在操场上,虽然你或许看到了全部这些儿童,但是你并没有意识到你看见了多少个儿童。除非你有时间去数,否则你不会相信你看到了27名儿童(虽然你当然可能会有所相信,但却没这么详细——例如,你看到了很多儿童,或者超过一打的儿童)。你看到了27名儿童,但是这个信息,即精确的数字信息,并不被反应在你知道或者你相信的东西当中。没有关于这个事实的认知表征。说一个人看到了这么多儿童(而没有意识到它),就是暗示着存在有对每一个事项的某种感觉表征。这个信息到达了,在知觉上被编码了。不然为什么要说你看到27名儿童而非26名或者28名儿童是真的呢?因此,在认知上从感觉表征中抽取出来的这个信息(即在院子里有很多儿童或者有超过一打儿童这个信息),是这个感觉结构以模拟形式编码的信息。你关于这些儿童的经验和你关于这些儿童的知识之间的关系,和图6.1中那个速度计和音调之间的关系是一样的。

我不打算要认为:包含在物理刺激(或者一个时间序列的刺激)中的信息和包含在该刺激所产生的感觉经验中的信息之间存在有心理物理的对应。在感受器的表面和内部表征之间明显有一个信息的损失。而且相反地,某种被称之为"复原"的东西出现在这里——将一些在物理刺激中没有对应物(阈值的闭合、缺失声音的复原)、在表征上有意思的特性插入感觉经验。[12]例如,如果一个人看到了全部27名儿童,但是他看到的仅仅是他们中身处外围的那些（或者是在黄昏时刻），那么关于他们衣服颜色的信息在这个视觉经验中似乎是不可能得到的。如果包含在这个刺激（到达视网膜的光线）中的这种颜色的信息，不落入视网膜中央窝的感色灵敏的圆锥细胞，那么这种颜色的信息在作为结果而发生的感觉经验中就明显是得不到的。[13] 但是，甚至对那些在外围被看到的儿童来说，关于他们的（大概的）相对位置、大小、间距以及数量的信息，也会在知觉上被编码。我们可以跟很多心理学家一样假定，与那些预注意过程联系在一起的初步操作，仅仅产生一些分离的形象单元，这些单元在被给予注意的那部分视野中缺乏丰富的信息。[14]当然，与我们通常抽取的——关于这些被表征对象的间距、相对大小和位置——的信息相比，当然有更多的信息包含在"形象单元"的这个构造当中。这些感觉系统一般都会使我们的认知机制的信息处理能力超过载荷，以至于不是所有在知觉中被给予我们的东西都能够被消化。被消化的都是零碎的东西，即感觉结构以模拟形式携带的信息。

有一种与七有关的法则，该法则告诉我们：人类主体能够处理信息的速率存在着一个限度。[15]当信息以超出这个"容量"的速率到达时，有机体就无法处理这个信息。我们已经知道（第2章，信息的适宜量度中），"信道容量"不直接适用于能够被一个特定信号携带的信息量。它只适用于全部信号能够携带的那个平均信息量。尽管按正确的方式理解，这个法则似乎具有某种粗糙的经验上的有效性。然而，它的重要性不应被误解。如果这个法则完全适用，那么必定可以认为，它适用于我

第6章 感觉和知觉

们在认知上处理信息的能力。它不适用于，而且没有证据表明它适用于（正相反），我们对信息的知觉编码。这个法则描述了某种限度，即我们能够从我们的感觉经验中抽取多少信息，而不是有多少信息能够被包含在这个经验当中。它为我们从模拟形式向数字形式转换信息的能力划定了一个限度。回想一下那个速度计-蜂鸣系统。一个类似的限制适用于这个被视作整体的系统。虽然输入包含6.65比特的关于该车辆速度的信息，但输出则最多包含3.32比特的信息。平均输出比这个还要低。但是，这个系统信息处理能力上的这个限度，是由于这个模拟向数字转换机制而产生的一个限度。全部6.65比特的信息都到达了。一直都有关于该车辆速度的一个内部表征。然而，为了在输出中获得关于该输入的某些相关特性的数字表征，这个信息是有选择地被利用的。如果这个与七有关的法则完全适用，那么它就适用于这种输入-输出关系。在这个过程中，它不适用于在数字转换前发生的那个阶段。它不适用于信息的这种感觉编码。

皮尔斯（J.R. Pierce）在探讨人类主体的信息处理能力时持同样的观点：[16]

> 米勒（Miller）的定律和阅读速率实验有一些令人困窘的推论。如果一个人从一张图片得到仅仅27比特的信息，那么当这张图片闪现在一个屏幕上时，我们能够凭借27比特的信息来传输一张图片（即令人满意地精确复制任何图片中的一张）吗？正如阅读速率实验显示的那样，如果一个人仅仅能够传输大约每秒

知识与信息流

钟40比特的信息,那么使用每秒钟仅仅40比特的信息,我们能够传输质量令人满意的电视或者声音吗?我认为,在任何情况下答案都是否定的。问题出在哪里?问题就出在:我们量度了出自于人的东西,而非进入人的东西。或许在某种意义上,一个人能够只注意每秒钟40比特的有价值的信息,但是他有一种去注意什么的选择。例如,他可以注意这个女孩或者他可以注意这件裙子。或许他会注意更多,但是这些却在他能够作出描述之前,就离开他了。

皮尔斯给出的观点是:要量度能够流经一个主体的信息量,就是要量度在知觉机制和认知机制(更不用说行为机制)的联合操作上的那个限度。由此方法得出的一切限度,都不会告诉我们关于我们的感觉机制的这些信息限度的任何东西。它最多会给予我们通信链中最弱环节的这个能力,而且没有理由认为感觉就是这个最弱连接。正如皮尔斯指出的,我们不可能用仅仅27比特的信息复制一张图片,即便27比特的信息是一个人在认知上能够处理的几乎最多信息了。我们自己的知觉经验证实了这样的事实:与我们能够设法输出的信息相比,有更多的信息输入。

一系列关于短暂视觉显示的实验启发性地阐明了同样的观点。[17]一个短暂的周期内(50毫秒),主体会看到9个或者多于9个的一组字母。结果发现,在将这个刺激去除之后,仍然有这个"视觉意象"的持续。主体的报告显示,在这个刺激去除之

第6章 感觉和知觉

后，在一个色调出现150毫秒的时候，这些字母似乎是在视觉上在场并且清晰可辨的。耐赛尔（Neisser）曾将这种影像记忆称为——感觉信息以知觉形式的临时存储。[18]然而，我们不必把这看作是意象的持续。持续着的是一个结构，在这个结构中，关于一个图像排列的输入信息在知觉中被编码，以备其认知之用。因为原来，虽然主体在短暂的显示中能够识别三个或者四个字母，而他们成功地识别哪些字母取决于后来刺激的本质，即在起初那组字母去除之后仅仅150毫秒出现的那个刺激的本质。这个后来的刺激（出现在不同位置的一个标记）具有"将主体注意在延迟图像的不同部分转换"的作用。这个后来的刺激改变了模拟向数字转换的过程：不同的几条信息从这种延迟的感觉表征中被抽取出来。

这些实验所表明：虽然在认知上主体能够处理信息的速率有一个限度（识别或者辨认这个刺激组中的字母），但是，同样的这个限度似乎并不适用于感觉过程，借助这个感觉过程认知中心可以利用的这个信息。虽然这些主体能够识别仅仅三个或者四个字母，但是，关于所有那些字母（或者至少是多于这几个字母的）的信息都被包含在这个持续的"影像"当中。[19]这个感觉系统具有关于该组中所有九个字母的特性的信息，而这个主体只具有关于最多四个字母的信息。这个信息的可用性由以下事实表现出来：在这个刺激去除之后，这个主体仍然能够（取决于后来刺激的本质）抽取关于该组任一字母的信息。因此，关于该组所有字母的信息在这个延迟影像中都必定可以得到。这个视觉系统在处理并利用的信息量的数量要远远超过这个主体的认知机制能够吸取的信息的数量（即转换到数字形式）。我们的感觉经验在信息上是极其丰富的，而在某种意义上，我们对此信息的认知利用则不是这样。相对于我们设法从感觉表征中抽取的这个信息（因具有这种感觉经验而引起的无论任何信念），这个感觉表征本身有资格成为这个信源的一个模拟表征。正是这种事实，使得这个感觉表征更像关于这个信源的一张图片，使这个随之而来的信念更像关于这个信源的一个陈述。[20]

最后，考虑一下发展研究中的一个例子。埃莉诺·吉布森（Eleanor Gibson）在报告克鲁瓦（Klüver）对猴子的研究时描述过一个案例，在这个案例中，动物们受训对两个方框中较大的那一个作出反应。[21]当这些方框在大小上改变时，这些猴子继续对两者中较大那个作出反应，无论这些方框的绝对大小碰巧是什么。用克鲁瓦的话说：

> 如果一只猴子会对（能够被描述为是）隶属于许多不同维度的一个刺激作出反应，并且如果在这样做时，它始终如一地就一种关系作出反应，那么就让我们说，它在就"比……更大"这种关系进行"抽象"。

克鲁瓦的猴子成功地抽象了"比……更大"这种关系。但是，在它们学会抽象这个关系之前，我们如何描述这种知觉情况呢？这些方框在猴子们看来是不同的吗？如果是不同的话，猴子们最终如何学会把这些方框区别开来呢？什么强化程序可能

第6章 感觉和知觉

会使它们对知觉上不可区别的要素作出不同反应呢？似乎最合理的说法就是，在这种情况下（而且一般这种情况是典型的学习情况），在学习之前，在这种适合的关系被成功抽象之前，这只猴子的知觉经验就包含了它只有后来才成功地进行抽象的这个信息。我认为：在反复呈现之后，这些方框对这些猴子们而言，可能仅仅开始看起来不一样；这个强化程序可能实际上导致了知觉（还有认知的）变化。[22]那么这就是知觉学习的一个显著案例（由于训练而在感知或者感觉表征中发生的变化）。[23]知觉学习当然可以发生，尤其是对非常年轻的、重见光明的人，以及在面对二义性图形的成熟主体当中，[24]但是没有理由认为它会发生在成熟主体的每一个学习情境当中。这里发生的东西，非常类似于那个幼童在学习辨认水仙花时所发生的东西。这些花看起来没有任何不同；这个主体仅仅是学习如何组织（重新编码）在其感觉经验中已经得到的那个信息。

如果我们呈现给这些猴子们三个方框，并试着让它们抽象"大小居间的"这种关系，那么这个情况甚至会变得更加明显。对这个更困难的问题，黑猩猩们有能力解决，但这些猴子们却感到极为困难。[25]让我们假定，这些猴子们对这种更复杂类型的学习无能为力。关于这些猴子们的知觉情况，我们能说什么呢？既然它们已经抽象了"比……更大"这种关系，那么我们就可以认为它们在接收，并且在知觉上编码了下述这个信息：即方框A比方框B更大，而且方框B比方框C更大。通常而言，这是说出下述内容的一种方法：即居间的方框（B）看起来比大些的方框（A）更小，并且比小些的方框（C）更大。但是，关于

152

哪个方框是居间的信息,尽管明显(以模拟形式)套叠在这个知觉经验本身当中,但却并不(而且明显不可能)在认知上被这种动物抽取。因此,说这只猴子不能抽象大小居间的这种关系,并不是要对它在知觉上编码关于图形的信息的这种方式有所言说。确切地讲,它要说的是关于猴子的认知限度的某种东西。在这个动物所具有的关于这三个方框的这个经验当中,这个信息可以以模拟形式得到,但是,这个动物不能对这条信息产生适当的开关反应,即辨认或者识别所特有的这种反应。这个动物不知道(认为、相信、判断)B是大小居间的,即便这个信息在它关于A、B和C的感觉表征中是可以得到的。[26]

虽然我们的速度计-音调系统不能够学习,但是它的限度能够被用来对照这只猴子的限度。这个简单的机械系统能够接收、处理并产生关于下述事实的内部(模拟)表征:该车辆以介于30到35千米每小时的速度行进。这个速度计对(比如)32千米每小时的指示,是这个信息的模拟编码。然而,正如起初认为的,这个系统整体上不能对这条信息作出"反应"。无论该车辆是否以介于30到35千米每小时的速度行进,或快(低至25千米每小时)或慢(高至49千米每小时),我们都获得同样的音调。问题就在于这个系统从模拟形式向数字形式转换信息的固定限度。它能够将一个速度"辨认"成是介于25到50千米每小时之间,这是因为:这个速度在此区间之内这个事实,就是这个系统被设计要转换成数字形式的信息(一个不同音调)。[27]但是这个系统不能"辨认"更多细节,不能作出更细微的区别。它没有关于某种东西正介于30到35千米每小时之间的概念,没有具

第6章 感觉和知觉

有此内容的信念，没有具有此种意义的内部结构。

那么，总而言之，我们的知觉经验（我们通常称之为对事物的看、听和感觉的东西），就被等同为一个携带信息的结构，在此结构中，关于一个信源的信息以模拟形式被编码，并可以被一个类似于数字转换器（第三部分更详）的东西获得，以作认知之用。这个感觉结构或者表征据说是对输入信息的一种模拟编码，因为，嵌入在这个感觉结构中的信息（嵌入在一个更丰富的信息母体之内）总是受到这些认知机制所特有的数字化过程支配。在信息从这个感觉结构（数字化）中被抽取出来之前，没有任何相当于辨认、分类、识别或者判断的东西发生——也就是说，没有任何具有知觉或者认知意义的东西。

如果知觉被理解成为是一个造物关于他周围环境的经验，那么，知觉本身在认知上就是中立的。[28]然而，虽然一个人能够看到（听到等）一个是F的s（在感觉上编码关于s的信息，而且尤其是，s是F这一信息）而不相信或者知道s是F（甚至不具有这些信念所必备的概念），但是知觉本身却依赖于一个认知机制的存在，这个认知机制能够利用包含在这个感觉表征中的信息。在这个意义上，一个系统不能知道，就不能看到；但是，如果这个系统有能力知道，如果这个系统具有这些必备的认知机制，那么它就能够看到而不知道。[29]携带着s是F这一信息的一个感觉结构，不能混同于关于s的一个信念，即大意为s是F的一个信念，但是，要有资格成为关于s的一个感觉表征（关于s的一个经验），这个结构就必须在这个更大的信息处理机构中发挥某一作用。这个结构必须使一个合适的转换器可以得到这信息，以作可能的认知利用。

知觉的对象

154　　据争论，知觉是一个过程（或者，如果你愿意，一个过程的结果），在这个过程中，感觉信息以模拟形式被编码，以备认知利用。感觉形态（看、听等）不是由什么信息被编码所决定的，而是由信息被编码的这种特殊方式所决定的。我能够看到现在是中午12点（通过看一块表），但是我也能够通过听觉方式（听到正午哨声）获得这种信息。使一个事物成为看的实例而另一个事物成为听的实例的东西，不是由这两种感觉表征所携带的信息（在此案例中这个信息是一样的），而是该信息被传递所借助的媒介的那些差异，即这些表征中的差异（不同于被表征的东西）。

　　此外，我已经指出，从知觉状态到认知状态，从看到赫尔曼到辨认赫尔曼，从听到正午哨声到知道现在是正午，从闻到或者尝到摩泽尔酒到识别它是摩泽尔酒（通过它尝起来或者闻起来的样子），是牵涉到此信息被编码的方式转换（从模拟到数字的转换）的一个过程。认知状态，无论明显还是含蓄，总是有一个明确的命题内容。我们知道（或者相信，或者判断，或者认为）s是F（将s识别、分类或者归属为F）。我们有很多方式来描述我们的认知状态。赫尔曼认识到这酒已经坏了，看出他需要一个新的打字机色带，而且能够听出有一个键更换了。命题内容并不总是明确地呈现在动词之后的名词表达式当中。例

第6章 感觉和知觉

如，我们可以说，赫尔曼觉察到了这两种口味之间的不同，辨认出了他的叔叔，或者识别出这个对象。在这些案例的每一个当中，命题内容都是尚未指明的，但是如果正被讨论的这些态度取得认知资格的话，就必定总会有某种明确的内容。如果赫尔曼觉察到这两种口味之间的不同，如果他能够区别它们，那么他就必定知道这两种口味在某些方面不同。如果他认出他的叔叔，那么他必定知道这个男人因为具有"如此这般"的某一价值，所以是某某（他的叔叔，带给他糖果的那个男人，亲了妈妈的那个陌生人）。而且，如果他识别出这个对象的话，那么他一定要将这个对象识别成为是某种东西——因为它具有"如此这般"的某种价值而将它作为是（并因此相信它是）某某。

我们的知觉诸状态是不同的。我们知觉（看见、听见、闻见、尝到以及摸到）诸对象和事件。我们看见这个人，闻见烤面包，尝到这种酒，摸到这种织物以及听到这棵树倒下。决定我们知觉到什么（什么对象或者事件）的，并不是我们相信（如果有的话）我们所知觉的东西。因为正如我们已经争论的，一个人能够看见（比如）一个五边形并认为它是一个正方形，尝到勃艮第并把它当成是基安蒂红葡萄酒，听到钟声并认为自己是在幻听。或者一个人可能完全没有关于被知觉的事物的相关信念。那么，是什么决定了知觉对象呢？当我把赫尔曼误认作是我的叔叔埃米尔时，或者是在我甚至未能注意赫尔曼的情况下看见赫尔曼时，是什么造成了我看见赫尔曼呢？[30]

假定你正坐在火车上而且有人告诉你火车正在移动。你不能感觉到它动，看到它动，或者听到它动。你是通过被告知它正在动而获悉它正在动。这火车正在动这一信息，是在听觉上获得的。然而，我们并不说，你听见了这火车在动。这火车，或者这火车的移动，不是你知觉状态的对象。我们能说，你听说了这火车正在动——通过对词句的这种选择来指示这一信息是由听觉手段接收到的——但是，你实际上听到的，是你的朋友说"这火车正在动"，或者有这种意思的话。这火车正在动是你的认知状态的命题对象，但是这火车的移动却不是你知觉状态的对象。

所有的感觉形态都表现出类似的模式。当你在报纸上读到一起事故，你能够得以知道一个特殊事件发生了。信息是通过视觉手段被接收到的，而且我们特别通过动词"看到"来对此进行表达——你能够看到（通过报纸）曾有一起悲惨的事故。然而，你并不曾看到这起事故。我们被告知K通过看、听、闻或者尝获悉了s是F，并没有被告知K曾看到、听到、闻到或者尝到了什么。

那么，什么决定着我们看到、听到、尝到、闻到和摸到的是什么东西呢？什么决定着知觉的对象，即我们的感觉经验作为一种经验所关于的那个对象呢？

对这个问题有一种常见的回答，如果算不上合格的回答的话。知觉的因果理论告诉我们，我们会看到并听到在因果上对我们的知觉经验负责的那些对象（或者事件）。我看到这个人（而不是他拿在背后的那本书），因为这个人（而不是这本书）直接卷入了诸事件的一个因果序列（牵涉到光线的反射），这使我产生了这种适合类型的视觉经验。因为这本书没有卷入这个

第6章 感觉和知觉

因果序列，所以我们看不到这本书。而且如果我把赫尔曼误认作是我的叔叔埃米尔，那么造成我看见赫尔曼（而不是我的叔叔埃米尔）的，是下述这个事实：赫尔曼在因果上对我的感觉经验负责。[31]

与此分析联系在一起的那些困难是众所周知的。为了有资格成为一个经验的对象，X必须怎样"在因果上卷入"以感觉经验告终的诸事件的这种序列呢？假定赫尔曼听到门铃响并到门口看谁在那里。为了便于说明，我们假定赫尔曼知道（至少是相信）有人在门口。我们具有诸事件的下述这个序列：（1）有人按门钮，由以闭合电路；（2）电流通过门铃的电磁体；（3）铃舌被扯向铃铛（同时中断电路）；（4）作为结果而发生的铃舌向铃铛的振动产生声波撞击赫尔曼的耳膜；（5）赫尔曼耳膜上压力的模式产生一系列的电脉冲被传输到赫尔曼的大脑；而且最终（6）赫尔曼经历了我们通常通过说他听到门铃响来描述的一种经验。

我们说他听到铃铛，或者铃铛响。为什么他不是听到被按下的门钮？为什么他不是听到他耳内薄膜的振动？这些事件中的每一个事件，都在因果上卷入了最终导致赫尔曼的听觉经验的这个过程，而且这些事件中的每一个事件，都是普赖斯（H.H.Price）称之为可微分条件的东西。[32]什么使得这个铃铛如此特殊，以至于我们指定它作为被听到的事物？如果这个铃铛不曾响，那么赫尔曼就不会具有他已经具有的这个听觉经验，这当然是真的；但是如果这个门钮不曾被按下（如果他的耳膜不曾振动），那么他也不会具有这个经验，这当然同样是真的。

157

不能说在这样一些情况下，听不见对这个门钮的按压。如果我们相信我们关于能被听到的东西的通常直觉，那么这毋庸置疑就是真的。但是我们现在面临的问题是，这些事件的可闻与不可闻，如何能够在纯粹因果的基础上加以解释。

我认为，因果分析不能对我们的感觉经验的这些对象作出令人满意的说明。因果分析无法辨别众多符合条件的候选项。我认为，这其中所欠缺的是领会这些信息关系如何运作以确定我们所知觉的东西是什么。关于因果关系和信息关系之间的这个不同，有两个基本事实对于正确理解这个问题必不可少。第一，（正如我们在第1章中看到的）C能够引起E，而不需要E携带关于C的任何重要的信息。第二，由于携带关于其他东西的信息，E能够携带关于它的某些因果前项的信息。这些事实，放在一起，就把某些因果前项看成唯一的并将之挑选出来，并且我认为，正是这些对象（和事件）构成了我们知觉状态的这些对象。

让我们首先以一种高度图示化的方式考虑一下某些（但不是全部）信息传输系统的一些相关特性。考虑一下图6.2表示的这种情况。在信源存在某一事态c之作为B，而且这引起了d成为E。这第二个事件进而产生了我标记为S的这个状态（结构、信号）。实线指示这个因果链的线路。然而，有时c之作为B，会引起d成为F而非E。这个可选择线路对S没有影响；无论d是E还是F，在接收者那里产生的是同样的事态。虚线指示一种可选择的因果序列，即偶尔（百分之四十的时候）出现的这样一个序列。

第6章 感觉和知觉

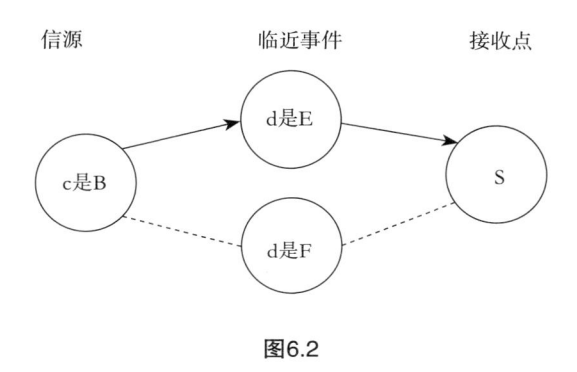

图6.2

这个图引人关注之处（对于我们的目的）在于它图解了信息传递的样式，在这个样式当中，一种情况（S）携带着关于一个远端因果前项（c之作为B）的信息，而不携带关于这个因果链的更邻近的一些项（即d之作为E）的信息，而正是通过更临近的这些项（关于c的）这个信息得到传输。为了表征（携带关于）其更远端的因果前项（的信息），S好像略过了（看穿了）这个因果链中的这些中间环节。之所以如此是因为，携带c是B这一信息的S的这些特性（一个人能够从中获悉某物是B），并不携带d是E这一信息（一个人不能从它们获悉d是E）。因为S出现（携带某物是B这一信息）的时候，d是E的可能性只有百分之六十，所以S"说"c是B，而没有"说"d是E。

在此情况下，被指定为S的这个事态，携带着关于属性B的信息（某物，事实上即c，是B这一信息），而不携带关于这个属性（即E）的信息，这个属性的例示（由d所例示）是关于c的这个信息由以被传输的因果媒介。

这是因果关系和信息关系之间差异的第一个要点。如果我

207

们将自己局限于因果分析，那么就没有任何固定的方法把S的这些因果前项中的一个看作比其余诸项更特殊并将之挑选出来。它们全部一样地卷入到这个最终状态（S）的产生当中。这些因果前项中的某些比另一些更远，但是这明显是一个度的问题。为什么这些（更远的）前项中的某一些就应当被当作我们感觉状态的对象挑选出来，而排斥另一些呢？从信息论的观点出发，我们就能够开始明白为什么应当是这样。在我们头脑中发生的诸事件，在因果上对众多不同的前提事件的依赖方式，可能并没有不同，但是，在这些感觉状态携带的关于这些因果前项的信息上却可能有重大不同。

然而，关于信息传输还有第二个事实，它涉及理解知觉对象的本质。回想一下我们门铃的事例。这个听者的听觉经验据说携带了关于这个铃铛的信息，其大意为铃铛正在响。但是，既然这个在响的铃铛携带大意为门钮正在被按下的信息（这是为什么当我们听到这个铃响的时候，我们知道某人在门口），那么这个听觉经验也就携带这个门钮被按下这一信息。值得注意的是，这是关于一个因果前项的一条特殊的信息。然而，正如我们已经明白的，这个门钮正在被按下，并不是我们感觉状态的对象。我们听不到这个门钮正在被按下。我们听到这个门铃响（并由此得以知道这个门钮正在被按下——听到有人在门口）。为这个区别提供的信息论根据是什么呢？当这个听觉经验（假设）携带关于两者的特殊信息时，为什么一个是对象，而另一个却不是呢？

如果我们像在图6.3中一样，对图6.2进行补充，那么这种情况就可能变得更清楚一些。

第6章 感觉和知觉

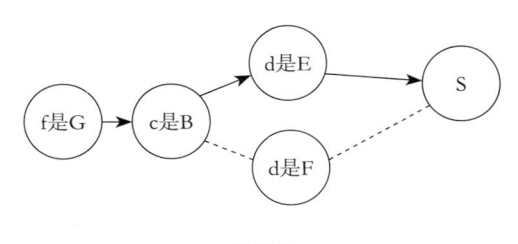

图6.3

这一次S仍不携带d是E这一信息（虽然这是S的最近的一个原因）。尽管如此，它却携带c（这个门铃）是B（正在响）这一信息，以及f（这个门钮）是G（正被按下）这一信息。为什么这个知觉对象是c（这个门铃）而不是f（这个门钮）呢？

c和f之间的区别仅仅就在于：S对c的这些属性而非对f的这些属性给予了我要称之为第一性的表征（primary representation）的东西。S携带关于c的信息（即c是B）以及关于f的信息（即f是G），但它却是通过表征c的诸属性来表征f的诸属性。也就是说，S对f之作为G的表征依赖于f和c之间的信息环节，而它对c的诸属性的表征却不依赖这个。

> S对属性B给予第一性的表征（相对于属性G）＝S对某物之作为G的表征依赖于B和G之间的信息关系，但反之则不然。

我们的听觉经验表征铃响并且表征这个门钮被按下。但是，只有前者被给予了第一性的表征，因为这个经验所携带的关于这个按钮被按下的这个信息，依赖于按钮和铃铛之间的信息环节，

209

而这个经验对这个铃响的表征则并不依赖这个关系。如果我们使门铃导线短路（造成没有人在门口的时候，这个铃铛会周期性地响），那么这个铃铛和按钮之间的信息纽带就被破坏了。当这个纽带被切断时，这个听觉经验继续表征（携带关于）这个在响的铃铛（的信息），但是它却不再携带关于这个按钮被按下的信息。

如果与这个假设相反，即便当这个听觉经验与这个在响的铃铛之间的信息连接被破坏时，这个听觉经验继续表征这个按钮被按下（继续携带这个按钮被按下这一信息），那么，我们就要说在这个主体的听觉经验中这个按钮被按下本身受到了第一性的表征（至少相对于这个铃铛）。这个按钮的表征将不再依赖于它与这个在响的铃铛之间的关联。但正是在这个情况下，我们要说到我们听到这个按钮被按下（或许还有这个铃铛在响）的能力。例如，如果这个按钮生锈的厉害，并且无论何时它被按下都会发出响亮的吱吱声，那么我们或许就能够听到这个按钮被按下，无论它是否与这个铃铛联系在一起。对这一事实的解释就是，在这些改变的条件下，就这个铃铛的响声而言，这个按钮被按下不再被给予第二性的表征。

通过一个通信系统到达的这些信号总有它们专门的质，即它们对之给予第一性的表征的这些量值。电压计、压力计和速度计都有它们专门的质。我以此意指：鉴于这些装置的本质，无论这些系统传递什么信息，某些属性或者量值总是会被给予第一性的表征。电压计能够告诉我们A点和B点之间电压差（在一个外电路中），但是它这样做借助的是指示这些外部电压所产

第6章 感觉和知觉

生（当这个仪器被正确连接时）的电流（通过这个仪器本身）。电流的流动构成了这个仪器的专门的量值。一个高度计能够告诉我们所处的高度，但是关于高度的这个信息是以压力的形式被传递的。压力是这个仪器专门的质。而且，（某些）转速计能够告诉我们引擎运转得有多快，但是它们这样做借助的是表征点火线圈点火的频率。这个仪器对这些脉冲的频率敏感，并且它能够传递碰巧被嵌入在这个量值即它的专门量值中的任何信息。如果信息要被这样一些设备分程传递、传输或者携带，那么这个信息必须首先被传输到这个适合的量值当中，以便这个仪器能够处理它。除了电压差之外，电压计还被用来携带关于大量事物的信息（温度、重量、电阻、深度等——事实上，任何东西都能够被一个专门的转换器转换成与电有关的形式），但是只有当这个信息首先被转译成这个仪器的语言，只有当这个信息被转换为一个专门的维度，电压计才能够这样做。

我们的感觉系统是类似的。它们具有它们专门的对象，即它们对之给予第一性的表征的这些质和数量。如果关于温度的信息要在视觉上被编码，如果允许我们看到这个温度正在升高的话，那么这个信息必定是以一种适合视觉收集和处理的方式被转换或者编码的。当然，温度计实现了这样的转换。如果现在是午餐时间这一信息要在听觉上被表征，那该信息必须要被给予一个听觉的具身。铃铛（音调、敲钟装置、蜂鸣器或者诸如此类的东西）恰好做到了这一点。石蕊试纸是把关于酸性的信息编码为视觉上可处理的形式的一种方式；而为了将任何一则信息转换成听觉形式，言语是我们主要的手段。

162

那么，假定我们的感觉经验确实携带关于我们周围环境的信息（也就是说，假定我们具有这些经验，就能够获悉关于我们周围环境的某些东西），那么正在被讨论的这个经验的对象（我们看到、听到、闻到和尝到的东西），就是这个经验以第一性的方式来表征其属性的那个对象（或者一系列对象）。一个经验不必（而且明显不）携带关于这个知觉对象的所有属性的信息。尽管如此，在这个经验确实携带着关于其信息的所有这些属性当中，偏偏有一些构成了这个感觉道的专门的质。知觉对象就是具有这些质的东西。我们之所以听见铃铛而非按钮，原因就在于：虽然我们的听觉经验携带着关于这个铃铛（铃铛正在响）和按钮（按钮被按下）两者的这些属性的信息，但是（这个铃铛的）响声以第一性的方式被表征，而（这个按钮的）按下则不是这样。[33]

第一性的表征和第二性的表征之间的这个区别，有助于解释为什么我们听到这个门铃响，而听不到这个按钮被按下。但是它无助于解释为什么我们听到门铃响，而听不到，比如说，我们耳膜的振动。相对于我们耳膜的行为而言，这个铃铛的响声不是被给予了第二性的表征吗？由于（或者凭借）获得关于我们耳朵中正发生的东西的信息，我们难道没有获得关于这个铃铛正在做的东西的信息吗？如果是这样的话，我们不会（由于这个原因）听到这个铃铛。我们会听到我们的耳膜（的振动），或者或许是我们大脑中神经元的放电。

一般而言，有机体编码感觉信息的方式，把知觉的对象置于这个知觉有机体之外。其原因应该在图6.2和我们称之为恒定

第6章　感觉和知觉

机制的东西的运作当中是显而易见。例如，我们的视觉经验携带关于诸对象的这些属性（它们的颜色、形状、大小、运动）的、高度详细的信息，而不携带关于该信息的传递所（在因果上）依赖的更近的（比如，在视网膜上的）那些事件的、同样类型的详细信息。大小、形状和色感一致性证实了如下事实：在正常观察的情况下，我们的视觉经验所表征的，是诸对象的这些属性，而非（比如）视网膜刺激（或者神经细胞放电）的这些属性。构成我们对关于普通物理对象的信息的感觉编码的这个视觉经验，作为对完全不同的近端刺激的反应，能够而且一般都会保持不变，而且这样一个信息传递的模式例示了图6.2中所表示的东西。我们的感觉经验易感受的（并因而携带其信息的），不是我们的感受器的行为或者神经通路，而是这个原因链中更远端因素的行为。因为一个经验的这些临近的（神经末梢区域的、神经中枢的）前项，（一般而言）完全不在这个经验中被表征，所以它们没有被给予第一性的表征。因此，它们没有资格成为这个经验的对象。

　　例如，在日光下看起来是白色的一个对象（比如，一张纸），在剧烈减弱的光照下仍旧看起来是白色的，即便（在临近黑暗处）这个对象反射的光的强度要弱于一个黑色的对象在正常日光下反射的那个光的强度。因此，关于白的这个经验携带着关于这张纸的反射能力的信息，但不携带由这张纸所反应的关于（局部的）视网膜刺激的强度的信息。与此类似，随着我们（或者诸对象）来回移动或者改变诸对象的方位，诸对象看起来并不改变大小和形状，即便视网膜投射（并且因此，神经系统放电的样式）正在持续地改变。关于一个圆形对象（它看起来是圆的）的视觉表征，携带着关于这个对象的形状的信息，而不携带关于被投射在视网膜上的那个意象的形状的信息（这能够是圆形的或者不同的椭圆形的）。我们经验到对象的运动，而不管对象的视网膜投射是否有任何运动。当我们改变我们注视的方位（即视网膜图像的运动）时，静止的对象看起来并不运动，但是当我们"追踪"一个运动的对象时（当这个视网膜图像没有运动时），我们经验到运动。那么，要经验到运动，就是要接收信息，不是关于在视网膜上正发生什么的信息（这里可以有也可以没有运动发生），而是关于更远端的信源正在发生的信息。

伍德沃思（Woodworth）很好地提出了这个观点：

> 视网膜图像持续地改变，而无须很大地改变诸对象的样子。一个人外观上的大小并不随着他远离你而改变。一个圆环在不同角度的光线下转动，并因此在视网膜上被投射成不同的椭圆，但它看起来仍旧是圆形的。一堵墙的一部分矗立在阴影当中，它的颜色看起来和在良好光照下的那一部分墙的颜色是一样的。当我们不停地围着一个房间移动并从不同角度观察它所容纳的东西时，视网膜意象中所发生的这些改变会更彻底。不管视觉流量怎样，这些对象看起来仍然在同一个地方。[34]

感觉经验携带的信息（并因此表征的），不是关于它在因果上所

第6章 感觉和知觉

依赖的那些临近事件，而是关于这个原因链中更远端的那些前项。而且，既然这些临近事件都没有被表征，那就更不用说它们以任何第一性的方式被表征了。这确实就是为什么我们看不到并且听不到那些临近事件的原因了。通过那些临近事件，我们才看到（并且听到）。

对这个恒定现象的一种似乎有道理的解释是：我们的感觉系统对局部刺激（例如，来自对象X的反射光）不敏感，而对整个刺激模式的一些更整体的特性（例如，来自X的反射光和来自X周围环境的反射光之间的这些不同）敏感。[35]对此进行描述的一种方法就是说：我们的知觉系统敏感于这个刺激阵列中的"高阶"变量。视觉皮层中的那些神经回路，不敏感于局部刺激x（从Y到达视网膜的光）和局部刺激y（从Y到达视网膜的光），但却敏感于处在远端刺激的局部（临近）诸对应物当中，或者介于它们之间的不同比率、斜率和变化率。那么，例如，对亮度恒定性负责的，不是（正好）来自X的光的强度（这个能够彻底改变，而无须亮度的任何明显改变，）而是来自X以及它周围环境（附近诸对象）的光的强度比率。对大小恒定性负责的是，（在其他诸事件中）被这个对象所遮蔽的（在这个背景中）纹理细节的相对量。因为在这个纹理域中有一个斜率，所以被遮蔽的纹理量会在对象离开时保持恒定。除了这些高阶变量以外，我们的感觉经验至少部分上是由来自于其他感觉到的信息决定的，这似乎也是显而易见的。[36]也就是说，知觉系统会"考虑"关于身体的倾斜（相对于重力）、眼睛、头、躯体等的位置和运动的信息。[37]

这样一些解释很是似是而非，而且我不想就此进行争论。这些问题应该留给科学家们去解决。在此我关注的唯一要点是：无论对恒定现象的正确解释可能是什么，这些现象都肯定存在。而且，知觉对象的客观性所依赖的正是这些现象的存在（而不是对它们的正确解释）。我们的感觉经验对远端诸对象的属性，而不对它（在因果上）所依赖的这些更临近的事件的属性给予第一性的表征：对上述事实负责的正是恒定性这个事实，而不是这个事实的心理学或者神经学基础。正是这个事实解释了为什么我们看到诸物理对象，而看不到这些对象对我们知觉系统施加的影响。

我们是否看到普通的物理对象是（由于这个原因）一个经验问题，即必须通过考虑包含在我们感觉经验中的这种信息才能决定的东西。正如我试图指明的那样，有大量经验上的证据来支持如下观点：我们的视觉经验（而且，在较少的程度上，别的感觉通道）携带关于普通对象属性的、高度详细的信息，而不携带关于对该信息的传递负责的那些居间事件的、相同类型的详细信息。因此，有大量证据支持如下常识观点：我们看到树、猫、人和房屋，而看不到在我们经验的产生中同样（在因果上）被"卷入"的那些神经学上的事件（边缘的或者中心的）。

这应当并不暗示着：我们处理感觉信息的模式不能够被改变，以至于产生不同的知觉对象。心理学家吉布森（J.J.Gibson）曾指出过视觉世界和视域之间的区别。[38]根据吉布森的观点，视觉世界由我们日常世界的凳子、树、建筑和人构成。这些是我

第6章 感觉和知觉

们在正常的知觉条件下看到的事物。然而，我们能够使自己卷入到一个不同的心灵架构当中——即有时被称之为心灵的现象学架构的东西，或者我们能够将自己置于异常的知觉条件之下（在所谓的"知觉还原"中，大量信息都远离刺激），在这些条件下，我们（根据吉布森的观点）知觉到一个不同的对象丛。在这些改变了的状态下，我们看到的不再是一个稳定的对象世界，而是持续变化的诸实在的整体——持续改变着其亮度和颜色（随着照明的改变），大小和形状（随着我们和它们的移动），位置和方向的诸事物。在这些被改变了的（或者被还原的）知觉条件下，说主体看到诸物理对象，就不再为真了。一个人的视觉经验仍然携带着关于诸物理对象的信息，但是这些对象的属性在感觉经验中不再被给予第一性的表征。在这些条件下，物理对象最终处在我们关于门铃的事例中那个被按下的门钮的地位。

面对一个视域而非一个视觉世界这样一种可能性，引发了关于婴儿和动物知觉到什么这一问题。它们和我们面向同一个世界，而且毋庸置疑它们接收到很多信息和我们相同，但是它们怎样在知觉上编码这个信息呢？或许是这样的：随着成长，我们发展出了一种不同的方式来编码感觉信息，以至于（参考图6.2），我们从编码d的这些属性（例如，d是E）开始起步，而且只有到了后来，即在持续地与诸信号携带的信息相互作用之后，我们才开始给予更远端的诸属性（例如B）第一性的表征。也就是说，我们的知觉经验通过向外推进知觉对象，即远离知觉有机体，而发展起来。与这个物种的成年成员们相比，婴儿们的确可以看到一个不同的世界。[39]

尽管这听起来可能似是而非，但在我们对信息的听觉处理中，我们却能够见证某些相似的东西。在听一种不熟悉的语言时，我们听到（像我们常常对它的表达那样）的是声音，而不是语词。不能说既然我们听到的这些声音是语词，所以听到这些声音就是听到这些语词。声音具有某种音质和响度，而"熊"这个语词则这两种属性都不具备。而且，我们听到声音"熊"还是语词"熊"这个问题，是关于我们的听觉经验对这个声音的属性还是对这个语词的属性给予第一性的表征的问题。研究表明，当我们听到一种熟悉的语言时我们编码信息的方式，是不同于我们听到一种不熟悉的语言时我们编码信息的方式的。对于一种熟悉的语言，即便当这个声音是连续着的时候，我们也会听到语词之间的间歇（声能中没有落差）。我们听到与话语的语法结构和意义联系在一起的一些细微之处，而话语的语法结构和意义在到达这些听觉感受器的声音振动的样式中是完全没有的。[40]要学习一种语言，至少在某种程度上，就是要开始听到与语词和句子联系在一起的诸属性，而且不再听到声音的诸属性。

我不知道当一名婴儿"学着"去看这个世界时，是否会有与此相似的什么东西发生。我们的学习大多数都包含着我们对信息——即在知觉上已经从某个确定的感觉表征中抽取的信息——的更大的认知利用（例如，从看到一朵水仙花向看出它是一朵水仙花的这种转换）。在这种学习中，没有重大的知觉变化，在我们看到的东西上没有变化。仅仅在对我们所看到的东

第6章 感觉和知觉

西的知道上面有一个变化。但是下述这种可能性是存在的：正常成熟不仅牵涉到我们的认知资源中的变化，而且牵涉到事物在知觉上被表征的方式上的变化。这是否会发生，而且如果发生的话，它在何种程度上是一个科学问题而不是一个哲学问题。

然而，在结束关于知觉对象的这场讨论之前，有一个观点应该强调。动物成功地避开障碍和捕食者，它有效地确定食物和配偶：上述事实对于动物看到、听到、闻到和尝到什么东西没有确定的导向。在这些实践获得中的成功，告诉了我们关于这个动物的认知能力的某种东西，但是它并没有为确定它在知觉上表征它周围的这些要素的方式提供绝对可靠的标准。例如，为了通过视觉手段获得有关狐狸所在位置、运动和身份的详细而准确的信息，一只兔子不必对狐狸给予第一性的视觉表征，不必看到这只狐狸。每次有人按按钮的时候我就应门，我对按钮的位置格外敏感：上述这些事实并不意味着我能够听到（或者以某种方式感觉到）按钮被按下。它表明的只是：我确实听到某种东西携带着关于这个按钮的状态的准确信息。说我知道这个按钮正在被按下（指明我的认知状态的对象），而且我是通过听觉手段知道这一点，并不是说我听到了什么。众所周知，我实际上听到的是门铃。正是这一点"告诉我"有人在门外按按钮。在回应某人出现在我的门前时实际的成功（即便这个成功要通过听觉解释），并不意味着我能够听到有人在我的门前。而且，出于同样的理由，兔子在躲避狐狸时的成功不能暗示这只兔子能够看到、听到或者闻到这只狐狸。当然，有可能会，但是这需要更多关于这只兔子认知能力的事实，以确立此结论。

168

第三部分
意义和信念

第7章　编码和内容

　　我们已经暂时用信念这个概念把真正的认知系统和单纯的信息处理器区别开来。一台磁带录音机会接收、处理和储存信息。但是与接触到相同声音信号的人类主体不同，电子仪器没有能力将这个信息转换成具有认知意味的东西。这个仪器不知道我们通过使用它得以知道的东西。磁带录音机不知道的原因就在于，它接受的信息既不产生也不维持一个适合的信念。

　　但是，什么是信念？什么使得一些系统有能力占有信念状态，而另一些则不行？计算机能够具有信念吗？青蛙呢？扁虫呢？当一台恒温器"发觉"室温下降并通过向家具发送信号来做出适当的回应时，我们并不说这台恒温器具有一个信念。然而，如果是我在这样做，如果我注意到房间正在变冷并有所作为以使房间变暖一些，一丛信念就会被归属于我——房间正在变冷的信念，在火上多加一些木柴会使房间变暖一些的信念，等等。为什么呢？区别是什么呢？

　　只要知识的信息论说明缺乏对信念的说明，它就仍然是很不

172　完整的。一种特殊的能力把真正的认知系统与诸如恒温器、电压计和磁带录音机这样的一些信息导管区别开来。我们如何称谓这种特殊的能力，并不特别重要。重要的是，我们有一种方法把两种类型的信息处理系统区别开来：一种类型有能力把它接受的信息转换成知识，而另一种类型则不能。我们需要的是找到一种方式说出：在第一种系统中具有，但在第二种系统中不具有的什么东西，使得第一种系统具有认知特性的资格——我们身上，或许甚至是我们的猫身上的什么东西使我们能够知道房间正在变冷，而恒温器尽管收集到同样的信息却对这种类型的东西一无所知。说我们相信房间在变冷而恒温器不相信房间在变冷，这是不够的。这当然是真的，但这最终归结到什么上面呢？

从之前的章节中我们知道，所有的信息处理系统都具有某种低阶的意向状态。把一个物理状态描述成是携带着关于一个信源的信息，就是要把它描述成是具有与此信源有关的某个意向状态。如果结构S携带t是F这一信息，那么它未必携带t是G这一信息，即便没有不是G的F。具身化在一个结构中的信息，界定了具有意向特征的命题内容。

但是，要具有认知特性的资格，一个系统就必须有能力具有高阶的意向状态。为了方便起见，而且为了有助于澄清这个要点，我们确定了意向性的三个级别：

一阶意向性

（a）所有F都是G

（b）S具有t是F这个内容

第7章 编码和内容

（c）S不具有t是G这个内容

当这一组的三个陈述一致的话，我就说，S（某个信号、事件或者状态）具有呈现出一阶意向性的一个内容。那么例如，即便埃尔默的所有孩子都有麻疹，而且S携带t是埃尔默的孩子之一这个信息（具有这个内容），S也可以不携带t有麻疹这个信息（具有这个内容）。所有的信息处理系统都呈现这种一阶意向性。

二阶意向性

（a）F都是G，这是一条自然规律
（b）S具有t是F这个内容
（c）S不具有t是G这个内容

当这一组的三个陈述一致的话，S的内容呈现出二阶意向性。例如，一个人能够相信（知道）水正在结冰，而不相信（知道）水正在膨胀，即便（让我们说）水结冰而不膨胀在法则学上是不可能的，即便有一条自然规律告诉我们水在结冰的时候会膨胀。

三阶意向性

（a）F都是G，这在分析上[1]是必然的
（b）S具有t是F这个内容
（c）S不具有t是G这个内容

当这一组的三个陈述一致的话，S的内容呈现出三阶意向性。一个人可能知道（相信）一个方程式的解是23，却不知道（相信）这个解是12167的立方根。在数学上（分析上），23不可能不是12167的立方根，这是一个事实，这一事实有可能让一个人知道（因此处于具有t=23这一内容的认知状态）t=23，而不知道（处于具有t=12167的立方根这一内容的认知状态）t=12167的立方根。

正如上述事例所表明的，知识和信念具有一种高阶意向性。我们所相信的东西，并因此诸信念本身，都必定是可区别的，即便当它们的内容是相互依赖的。我将所有呈现出三阶意向性的命题内容，都称为语义内容。

一个信号（结构、状态、事件），并不拥有关于其信息内容的这个高阶意向性。如果F这个属性和G这个属性在法则学上是相关的（有一条自然规律，大意为，任何东西无论何时具有了F这个属性，它也具有G这个属性），那么，携带t是F这一信息的任何结构，也必然携带t是G这一信息。确实，t是G这一信息，将会依照——信号不携带一条信息就不能携带另一条信息——这种方式，被套叠在由"t是F"所描述的这种情况当中。

对法则蕴含适用的东西，对分析蕴含更适用。如果"t是F"在逻辑上蕴含"t是G"，那么任何信号或者状态，都不可能携带t是F这一信息，而不因此携带t是G这一信息。信息处理系统没有能力把t是F这一信息和被套叠在t之作为F中的这个信息分离开。例如，不可能设计出一个过滤器，使其在阻塞t是G这一信息的同时，让t是F这一信息通过。

因此，与一个结构关于其信息内容所呈现的意向性相比，一

第7章 编码和内容

个信念会呈现出更高阶的意向性。可以说两者都具有一个命题内容，这个内容即t是F，但是，信念将此作为它的排他性内容（至少，排除在法则学上和分析上相关的诸条信息），而信息结构则不然。一个物理结构不能将t是F这一事实作为它的信息内容，而不将套叠在t之作为F中的所有信息作为其信息内容的一部分。由此原因，一个物理结构不具有可确定的或者排他的信息内容。具身化在一个物理结构中的诸条信息，虽然有资格成为呈现出（一阶）意向特性的命题内容，但却没有资格成为信念所特有的这种语义内容。要想具有一个信念状态，一个系统必须以某种方式，对具身化在一个物理结构中的诸条不同信息进行辨别，并且选出其中一条信息特别对待，即把这条信息作为这种高阶意向状态的内容，这种高阶意向状态会被认作是这个信念。

先前在本书中（第2章，在信息的通常概念里面），我们曾把信息这个概念和意义这个概念区别开来。玛格丽特的话"我独自一人"，意指她独自一人（这是她说出的这些语词所意指的东西），即便她的话未能携带这条信息（例如，当时她不是独自一人）。而且，当她的话携带着她独自一人这一信息时，也必然携带着她没有与亨利·基辛格（Henry Kissinger）在一起喝马提尼酒这一信息。然而，虽然她的话，无论何时携带第一条信息时，都必然携带第二条信息，但是，她的话意指她独自一人，而不意指她没有与亨利·基辛格在一起喝马提尼酒。亨利·基辛格并没有舒适地安坐在她的公寓里拿着酒，这是一个事实，这一事实当然就是由玛格丽特所说的话所暗指的东西，但它不是她所说的东西的本身部分，不是她的话语的意义部分（虽然它可能是她在说这话的时候意图告诉我们的东西的一部分）。与此类似，一个信号（例如，"水正在结冰"这句话）能够意指水正在结冰，而不意指水正在膨胀，如果这个信号不携带第二个信息的话，也就不可能携带第一个信息。这只是说，与和一个结构的信息内容联系在一起的意向性相比，意义就像信念（以及其他的认知状态）一样，呈现出更高阶的意向性。既然信念和意义似乎具有相同的，或者至少是类似的意向层级，既然它们两者都有一个语义内容，那么，指望对信念的令人满意的说明会为更深刻地理解意义提供一把钥匙，或许就不算是太不切实际。

那么，首要工作就是要理解，诸高阶意向结构如何可能从诸低阶意向状态中被产生出来？这个任务就是要描述，具有语义内容的诸结构（三阶意向性）能够从承载信息的诸结构中被发展出来的方式。

一旦这一点完成了，我们就能够在下一章中描述信念的结构了。为了完成对知识的信息论分析（通过提供对信念的一种信息论说明），为了澄清简单的信息处理机制（录音机、电视机、电压计）和真正的认知系统（青蛙、人和或许某些计算机）之间的不同，并且最终为了揭示出那组心灵主义属性（这些属性将语义内容归因于一个人的内部诸状态）的这个潜在自然主义基础，这样一种说明是必需的。

假定，结构S构成了对t是F这一事实的模拟表征。说S以模拟方式携带这个信息，就是说（正如我们在第6章所见），与t是F这一简单事实相比，S携带更详细、更确定的关于t的信息。S携带t

第7章 编码和内容

是K这一信息,在这一信息中,t是F这一事实或者合法则地或者分析地被套叠在t之作为K当中(但是反之则不然)。例如,S通过携带t是一个老妇人这一信息,以模拟形式来携带t是一个人这一信息——t的一张图片通过把作为一个老妇人的t呈现出来,以携带t是一个人这一信息。并不是说一个人(这个人是一个老妇人)的一幅图片,必定显示出这个人是一个老妇人,但是如果它是一个人的一幅图片,那么它就必定显示出比它是一个人更详细的关于这个人的东西(姿势、大小、衣着、方位等)。

如果我们试图去确定(界定)一个结构的语义内容,即呈现出更高阶意向特性的、在某种程度上唯一的命题内容,而且我们试图在该结构的那些信息成分当中定位这个内容,那么,在该结构以模拟形式携带的诸条信息当中找到这个内容的机会就很渺茫。就S是t之作为F的一个模拟表征而言,S必定携带更详细的诸条信息,这些条信息与t是F这个事实相比,或者或许更有资格充当S的语义内容。因为,如果S以模拟形式携带t是F这一信息(例如,t是一个人),那么,从把t识别为一个人的这种观点来看,S必定携带过量的信息(例如,t是一个老妇人)。然而,这条过量的信息和具身化在S中的任何其他一条信息一样有权利被称为S的语义内容。它看起来似乎更有权利。它的资格更充分一些。因为,如果t是一个人这一信息被指定为S的语义内容,以排除掉套叠在t之作为一个人中的信息(例如,t之作为一个哺乳动物,t之作为一个动物),那么为什么不把S的语义内容等同于t是一个老妇人这一事实,以排除掉套叠在它里面的这个信息——特别是,以排除掉t是一个人这一事实呢?

知识与信息流

这个观点不过是：如果我们试图识别S的在某种程度上唯一的信息成分，即似乎真的可以充当S的语义内容的某种东西，那么任何一条以模拟形式携带的信息都会直接被剥夺资格。因为，如果信息I以模拟形式被携带，那么I连同许多别的信息（包括所有套叠在I中的信息）一起或者合法则地或者分析地被套叠在更深一层的某条信息I'中。这是由I以模拟形式被携带这一事实造成的。因此，I没有任何特别之处，没有任何东西把I与套叠在I'中的其他诸条信息分离开来，没有任何东西可以使I有资格成为S的内容（因此，语义内容）。

如果我们试图识别S的一个唯一的信息成分，那么我们最好着眼于I'，即所有别的信息都被套叠于其中的那个成分。至少它看起来是唯一的。S以数字形式携带的正是这一条信息。

我打算在本章的剩余部分逐步阐明的正是这个意见。一个结构的语义内容，就是该结构以数字形式携带的那条信息。S以数字形式携带t是F这一信息，当且仅当这是S携带的关于t的最详细的那条信息。[2]正如我想要表明的那样，相比于一个结构包含的其他信息所呈现的意向性，这个结构以数字形式携带的这个信息，会呈现出一种更高程度的意向性。它确实呈现出一个真正的信念的大多数信息特性。[3]这个事实将与对它（或者推定事实，见注释3）的一种数字化表征一起构成我们对t是F这一信念的最终辩明的基础。信念，是由信息被一个系统编码的这个方式产生的，而不是由如此这般被编码的这个信息产生的。

那么，作为一个初步的尝试（这个尝试最终必定要做些修订），让我们说：

230

第7章 编码和内容

结构S把t是F这一事实作为它的语义内容=S以数字形式携带t是F这个信息。

```
t是一个正方形 ─────┐
t是一个矩形 ──────┤
t是一个平行四边形 ──┤
t是一个四边形 ─────┘
            → S
```

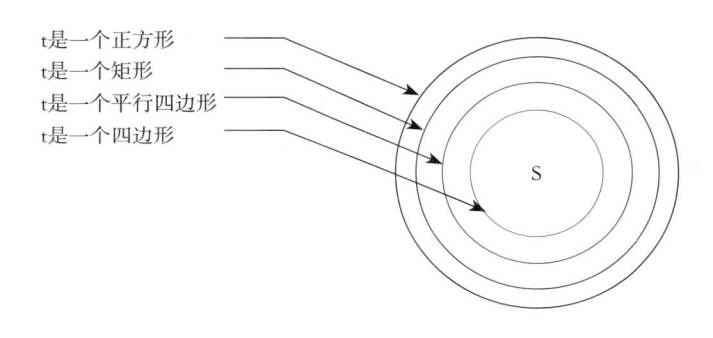

图7.1

那么例如，如果一个信号携带t是一个正方形这一信息，但是没有携带关于t的更详细的信息（红色正方形、蓝色正方形、大正方形、小正方形等），那么，S就以数字形式携带t是一个正方形这一信息，并因而将此作为它的语义内容。要注意，在S以数字形式携带这一信息时，它还以模拟形式携带了大量别的信息：例如，t是一个平行四边形这一信息，t是一个矩形这一信息，t是一个四边形这一信息。这些条信息分析地套叠在t之作为一个正方形当中（图7.1）。当然，也有这样的可能性，即某些条信息合法则地套叠在t之作为一个正方形当中。这种情况在图7.1中描述出来。S携带这四条信息，而且大概还携带大量别的信息。上述建议表明，我们把S的语义内容等同于它最外层的信息壳，即所有其他被S携带的信息都（或者合法则地或者分析地）套叠于其中的那条信息。当然，这只是用另一种方法说：S的语义内容要被等同于S以数字形式携带的那条信息。因为，每一个内部信息壳都表征一条以模拟形式被携带的信息。那么例如，既然S携带关于t所是的这种平行四边形（即一个矩形）的、更详细的信息，那么S就以模拟形式携带t是一个平行四边形这一信息。

值得注意的是，上述的"语义内容"定义为我们提供了一个拥有高阶意向属性的概念。如果S携带t是F这一信息，而且t是G这一信息被套叠在t之作为F当中，那么其结果就是：S携带t是G这一信息。如果不把第二个信息作为其信息内容的一部分，S就不可能把第一个信息作为其信息内容的一部分。但是，一个重要的事实是，S把第一个信息作为其语义内容，而不把第二个信息作为其语义内容，之所以如此是因为，S以数字形式携带t是F这一信息，而不以数字形式携带t是G这一信息。在这方面，S的语义内容是唯一的，就像它的信息内容不是唯一的一样。而且，这个唯一性是由如下事实产生的：我们已经把语义内容等同于以一种特殊方式被编码的信息。抛开细节（暂时），一个结构，在其信息内容中只能有唯一的一个成分以数字形式被编码，只能有唯一的一个最外层信息壳，而这就是它的语义内容。

这表明，正如我们已经界定的那样，语义结构和信念具有相同的意向性等级，因此语义结构是信念的理想的信息论模拟。信念都是具有语义内容的结构，而且这个语义内容界定了信念的内容（什么被相信）。我希望最终会认可这个等式，或者某种与它非常接近的东西，但是现在这个证实还为时尚早。例

第7章 编码和内容

如，应当指出，信念（不管怎样，它们中的大多数）都是能够为假的那种东西（一个信念的内容能够为假），而一个语义结构不可能具有一个假的内容（因为一个语义结构的内容是依据该结构所携带的那个信息界定的）。还有一个到现在为止都一直被隐匿着的观点：有时t是G这一信息不被套叠在t之作为F当中，t是F这一信息也不被套叠在t之作为G当中，但是，这些条信息（在逻辑上或者法则学上）都是模糊的。这些信息壳重合了。例如，考虑一下，t是一个正方形这一信息和t是一个等角等边的四边形这一信息。我们可以假定，既然这些条信息是对等的，那么对这一条信息的任何数字编码都自动地是对另外一条信息的数字编码。因此，任何将一者作为其语义内容的结构，必定也会将另一者作为其语义内容。但是，对信念我们能够同样这么说吗？如果有人相信t是一个正方形，那么他必定相信t是一个等角等边的四边形吗？在此问题上可能会有分歧意见。然而，关于合法则的对等，我们能够提出同样的问题。假定属性F和属性G以这样一种方式被自然规律联系在一起：所有具备一种属性的东西，都具备另一种属性，反之亦然。那么，任何具有t是F这一语义内容的结构，必定也具有t是G这一语义内容（而且反之亦然）。不过，一个人却能够相信t是F，而不相信t是G。这个相信的人可能不认为它们在法则学上是对等的属性。

不久我会重新回到这些重要的观点。现在我认为有必要在更细节的方面，来描述一下语义结构所具有的这些特殊的并且非常有启发性的属性（=诸结构被认为是具有与这些结构以数字形式携带的那个信息相对应的一个内容）。

180　　首先要注意，诸语义结构对于一条特殊的信息，即界定了这些语义结构的（语义）内容的那条信息不敏感或者不易作出反应。让我们假定，承载着t是一个红色正方形这一信息的一个信号到达了。此外，假定一个系统以这样一种方式处理该信息：该系统的某个内部状态称作S，构成了对t是一个正方形这一事实的一个数字表征。那么，S就把t是一个正方形这一事实作为它的语义内容。很明显，S并不敏感于这个输入信号携带着t是红色的这一信息的那些特性。携带着t是一个蓝色正方形这一信息的一个信号也能够产生S。如果它不能的话，那么，与假设相反，S就不会成为对t是一个正方形这一事实的一个数字表征（因为S要是携带了关于t的颜色的信息，这就会造成对t之作为一个正方形的一个模拟表征）。这个信号携带着关于t的颜色的信息的这些特性（如果有的话），与S的产生在因果上是不相关的。S好像忽略了这些特性。对关于t的所有这些方面——即与t之作为一个正方形（在分析上和法则学上）无关的所有这些方面（例如，它的大小、方向、位置）——的信息，S同样不易作出反应。这是由于如下事实：S是对t是一个正方形这一信息的一个数字编码。

　　此外，S对套叠在t之作为一个正方形中的这个信息（例如，t是一个平行四边形这一信息）也不敏感。在因果上对S的产生负责的这个信号的那些属性，并不是携带t是一个平行四边形这一信息的那些属性。因为，携带了这条信息但不携带t是一个正方形这个信息的一个信号，将不会有能力产生S（如果它产生了，或者能够产生S，那么，与假设相反，S就不会携带t是一个

234

第7章 编码和内容

正方形这一信息）。因此，虽然携带t是一个正方形这一信息的任何信号，都会携带t是一个平行四边形这一信息（一个矩形、一个四边形等），但是，在因果上对S的产生负责的只会是前一条信息。在由一个输入信号所携带的所有那些信息当中，一个语义结构在因果上偏偏对这个输入信息的一个唯一的成分敏感。它对这个输入信息中界定这个结构的语义内容的那个成分敏感，（如果你愿意说的话）有选择地敏感。这个有选择的敏感，对于理解语义结构的（而且，最终，在对诸信念的）本质是至关重要的。

由于语义结构编码信息的这个单一（singular）方式，由于它的有选择性，语义结构可以被视为对承载信息的诸输入信号的一种系统的解释。这个结构在下述意义上就是一种解释：在包含在这些输入信号中的信息的众多成分当中，这个语义结构偏偏特写或者凸显这些成分中的一个，而不及其余。这是对内容的分解，对一物而非他物的聚焦。例如，假定我们有一个系统，这个系统有办法对诸条不同的信息进行数字化，而且比如，这个系统有一种切换机制来确定，当两条信息在同一个信号中到达时，哪条信息要被数字化。承载着t是一个红色正方形这一信息的一个信号到达了。让我们说，根据包含在这个信号中的这个信息，这个系统产生了对这个红色正方形的某种内部模拟表征。当然，这旨在与整个知觉-认知过程中的知觉阶段相符合。具身化在这个内部（模拟）表征中的这个信息，现在能够以不同的方式被数字化。取决于这个"内部切换"的位置，诸多不同的语义结构能够得以产生。当这个切换处在一个位置时，这个系统对t是一个正方形这一信息进行数字化。也就是说，将此作为其语义内容的一个结构被产生出来。这个系统已经从输入信号中抽取了这条特殊信息，并且涉及内部表征。另一方面，当这个切换处于一个不同位置时，这个知觉表征会产生具有如下内容的一个语义结构：t是一个矩形。[4]这样，这个系统就把这个信号仅仅翻译成了t是一个矩形这一意义。它抽取了这条不太详细的信息。这个系统已经看到了一个红色正方形，但是它只知道它是一个矩形。

刚刚描述的这个过程，即从一个而且是同一个内部模拟表征中产生出不同语义结构的这样一个过程，旨在对应：依靠背景、经验、训练和这个主体的注意，对一个红色正方形的知觉（对这个红色正方形的内部第一性表征），怎样能够产生关于这个对象的不同信念（不同的语义结构）。由输入信号引起的这种语义结构，决定了这个系统如何解释它所知觉的东西——解释成一个正方形，一个矩形，或者别的某些东西。从对这个正方形的模拟表征到数字表征的这个转换，还揭示了（我们之前在第6章见过）在何种意义上，某种形式的刺激类化卷入了从看到发展到知道。在从对t是F（比如，一个正方形）这一事实的模拟表征转换到对这同一个事实的数字表征时，造成该转换的这个系统，必然要进行抽象和概括。这个系统要归纳并分类。确实，对于概括、分类或者抽象是什么的另一种描述方式，就是说：它们每一个都涉及信息从模拟形式向数字形式的这种转换。因为，如果t是F这一信息以模拟形式到达，那么这个信号必定携带t是K这一信息，在此，某物之作为K暗指该物是F和G（对

第7章 编码和内容

于某个G）。要对t是F这一信息进行数字化，这个系统必须从t是G这一事实中进行抽象。这个系统必须把这个K归类为F。它必须通过把F的这个实例和不同于该实例的其他一些实例（不是K的一些实例）看作是相同种类的事物，来进行概括。在数字化发生之前，不会有任何概念统摄下的类似分类（resembling classification）或者归类出现。看到（听到、闻到等）是F的一个t与相信或者知道t是F之间的不同，在本质上是t是F这一事实的模拟表征和数字表征之间的不同。

这就是为什么一台电视接收机，尽管事实上接收、处理并显示关于广播室里（和别的地方）的诸事件和对象的大量信息，但是却不知道和相信任何东西。这个电子奇迹没有资格成为一个认知系统的原因就在于：它没有能力对通过它的信息进行数字化。天气预报员正在指着一幅地图这一信息，就是这个仪器的确有能力收集、处理并传递给观众的信息。如果这台电视机不能够传递这种信息，那么我们作为观众就无法通过观看得以知道广播室里曾经正在发生什么。人类观众和这个仪器之间的关键不同就在于：这个仪器没有能力以一名人类观众的方式对这条信息进行数字化。这台电视接收机刻板地把取自电磁信号中的信息转换成屏幕上的图像，而从来没有将一个认知的、高阶的意向结构加之于任何信息之上。一个认知系统并不是在其输出中呈现其输入的忠实再现的过程。恰恰相反。如果一个系统要表现出真正的认知属性，它必须将相同的输出指派给不同的输入。在这方面，一个真正的认知系统必须表征其输入和输出之间的信息损失。[5]如果没有信息损失，那么就没有信息被数字化。如果在输入和输出中用到的信息相同，那么，处理该信息的这个系统就未曾对该信息有任何作为（或许除了把该信息转换成一种不同的物理形式），它没有认识到不涉及本质上的相同的一些不同，它没有将通过它的这个信息范畴化或者概念化。

那么，借助一个过程，承载信息的信号被转换成为某种具有语义意味的结构（一个结构，像知识或者信念，具有呈现出三阶意向性的一个命题内容），这个过程——除了其他方面——还包括一条信息被编码的方式上的改变，即从t之作为F的模拟表征向数字表征的转换。我们在不同层次的描述上全都熟悉这个过程。反映在一个人看到什么和他获悉（关于他看到的）什么之间的这个差异当中的，正是同一个不同（正如我们在第6章看到的）。

我们将（下一章我们将）在信念的分析中试着利用语义内容的这个特性，但在此之前，关于该特性，有一个存在于技术上、但是仍然重要的观点应当注意。结构S不携带比t是一个正方形更详细的关于t的信息，这是一个事实，这个事实并不自动地意指：t是一个正方形这一信息就是S的最外层信息环。它并不意味着，没有这条信息被套叠于其中的更大的一些信息壳。由此出现的结果只能是：没有更大的一些信息壳表征着关于t的更详细的信息。例如，或许结果是：S携带关于其他对象r的信息，而且t是一个正方形这一信息被套叠在关于r的这条其他信息中。如果是这样的话，那么t是一个正方形这一信息，虽然是S携带的关于t的最详细的那条信息，但却被套叠在S携带的关于r的这一信息当中。而且，关于r的这一信息可以被套叠在关于u的信息当中。如图所示，我们可以有图7.2所描述的这种情况。

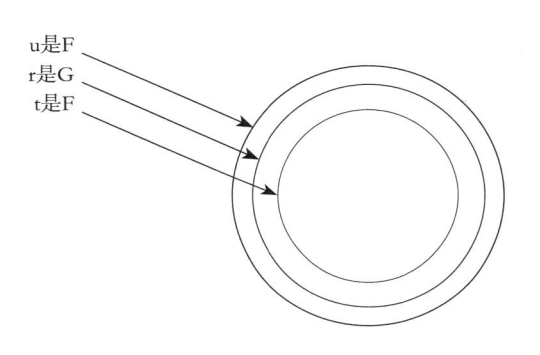

u是F
r是G
t是F

图7.2

如果最内层的信息壳是S携带的关于t的最详细的这条信息，那么（按照我们的定义）S就以数字形式携带t是F这一信息。因此，这条信息有资格成为S的语义内容。但是，如果r是G和u是H这些事实碰巧成为S携带的关于r和u的最详细的几条信息，那么S也以数字形式携带r是G和u是H这一信息。它们也有资格成为S的语义内容。与先前所断言的相反，一个结构的语义内容不是唯一的了。

通过紧缩我们的定义，我们能够避免这个危险扩散，而且确保一个结构的语义内容所需要的这个唯一性。对于一个结构的语义内容，我们所需要的不是该结构以数字形式携带的那个信息（因为可能有很多条这样的信息），而是它的最外层信息壳，即所有其他信息都（或者合法则地或者分析地）被套叠于其中的那条信息。到此为止，我们已经设定了：一个结构的最外层信息壳就等同于它以数字形式携带的那条信息。现在我们明白，这种等同无效了。鉴于这个事实，我们把一个结构的语义内容重新界定成为：该结构以（我称之为）完全数字化形式携带的那条信息；即

185　　结构S将t是F这一事实作为它的语义内容＝

（a）S携带t是F这一信息，而且

（b）S不携带另一条信息r是G，而r是G使得t是F这一信息（合法则地或者分析地）被套叠在r之作为G当中。

这个定义暗指：如果S将t是F这一事实作为它的语义内容，那么S就以数字形式携带t是F这一信息。但是，相反的暗指则无效。一个结构能够以数字形式携带t是F这一信息，但却不将该事实作为它的语义内容。在图7.2中，如果我们假定没有更大的信息壳，那么S就将u是H这一事实作为它的语义内容。这是被完全数字化的唯一一条信息。

为了阐明对我们的定义的这个修订的重要性，试考虑下述这种案例。你在报纸上看到埃尔默死了，并且没有被给予更多细节。让我们假定，这是关于埃尔默的状况被传递出的最详细的那条信息。关于埃尔默的这条信息，被套叠在报道他死亡的这个新闻纸的轮廓当中。也就是说，正是"埃尔默死了"这个句子在报纸上的出现，携带着埃尔默死了这个信息。那么，如果一个结构（例如，与看到报纸上的这个句子联系在一起的这个视觉经验）携带这一信息——即"埃尔默死了"这个句子出现在报纸上，那么这个结构也就携带埃尔默死了这一信息。确实，这就是让在报纸上读到这个句子的某人得以知道埃尔默死了的东西。但是我们不想说：与在报纸上看到"埃尔默死了"

第7章 编码和内容

这个句子联系在一起的这个视觉经验，将埃尔默死了作为它的语义内容。这当然是这个视觉经验携带的关于埃尔默的最详细的那条信息，而且在这方面它以数字形式携带该条信息，但是它并没有资格成为这个视觉经验的语义内容，因为这个信息并没有被这个视觉经验完全数字化。这个视觉经验的语义内容，只通过描述这个新闻纸详细外观的一个复杂句子被表达出来。虽然与看到这个新闻报道联系在一起的这个视觉经验包含埃尔默死了这一信息（假定这个新闻报道携带这一信息），但是这个视觉经验还具有（关于埃尔默的）这个信息被套叠于其中的、许多更大的信息壳。如果我们把图7.2看作是由这一报纸的读者的（很明显，当他看到"埃尔默死了"这些语词时）视觉经验所携带的信息的一个表征，那么埃尔默死了这一信息就是那些内部信息壳中的一个。外部信息壳表征着这个视觉经验中关于这一页新闻纸（包括"埃尔默死了"这些语词）的、高度详细和具体的信息。如果我们要具有带有埃尔默死了这一语义内容的一个结构，那么这一信息必须要从感觉结构中抽取出来，并被完全数字化。一个新结构，即把埃尔默死了这一事实作为其最外层信息壳的一个新结构，必定会浮现出来。当然，这个相当于埃尔默死了这一信念的产生。只有这时，这个读者才获得了埃尔默死了这一信念，或者，正如我们有时表达的那样，（通过报纸）看到埃尔默死了。

不能阅读或者不能阅读英语的人，能在新闻页面上看到"埃尔默死了"这些语词。因此，他们能够获得埃尔默死了这一信息（这个信息被套叠在他们看到的一个事态当中）。他们不能做的是：当这个信息以这个感觉形式被传递时，对埃尔默死了这一信息进行完全数字化。看到新闻纸的这个样式，并不能产生将埃尔默死了这一事实作为其语义内容的一个结构。文盲不是知觉缺陷。确切地说，它是编码缺陷——没有能力从感觉形式向认知形式转换信息，没有能力（完全地）数字化在对这个印刷好的新闻页面的（以数字形式）这个感觉经验中获得的这个信息。

这就是为什么简单的机械仪器（电压计、电视机、恒温器），对于它们传输的关于一个信源的信息，不具有语义结构（第三层次的意向性）的资格。它们好像总是在读取关于这个信源的报告。例如，电压计上的指针携带关于通过它的导线的电压降的信息。如果我们假定，这个指针携带的关于这个电压的最详细的那个信息是7伏特，那么这个信息就以数字形式被携带。但它绝对没有被完全数字化。（关于通过这些导线的这个电压的）这个信息被套叠在这个指针所"读取"的、别的更邻近的诸结构当中（例如，通过这个仪器的电流的量，围绕这些内部线圈产生的磁流的量，在可动衔铁上施加的转矩的量。）由于携带着关于这些更临近事件的、精确而且可靠的信息，这个指针就携带着关于电压的信息（以同样的方式，我们的感觉经验通过携带关于一张报纸页面上油墨的轮廓的、精确而且可靠的信息，来携带关于埃尔默死亡的信息）。这个指针的位置从来不把电压是7伏特这一事实作为其最外层信息壳。鉴于这些仪器的特性，关于信源的这个信息，总是被套叠在一些信息壳当中，这些更大的信息壳描述了该信息的传递所依赖的那些更临近事

第7章 编码和内容

件的状态。基本上，这就是为什么这些仪器没有能力持有关于这些事件（即这些仪器携带关于其信息的这些事件）的信念，没有能力具有更高层次的意向状态——即我们（仪器的使用者们）通过收集这些仪器所传递的信息就能够得以占有的一些意向状态。我们而非这些仪器有能力完全地数字化流经该仪器的信息。在我们身上而非在这个仪器当中被激起的诸结构，将关于远端信源的诸事实作为其语义内容。

　　系统的可塑性赋予这个系统一种能力来具有一种状态，即把关于某个远端信源的诸事实作为其语义内容的状态。而系统的这个可塑性就在于：从众多在物理上不同的信号中抽取关于一个信源的信息。为了回应由那个信媒所传递的信息，这个系统好像忽视了这个特殊信媒。如果一个结构将埃尔默死了这一事实作为其语义内容，那么即便这个特殊结构是由看到报纸上"埃尔默死了"这个报道产生的，即便这个特殊结构是这个信息到达所凭借的媒介，这个结构本身也不携带关于其产生的那些手段（关于信媒）的信息。如果它携带了，那么与假设的相反，它就不会成为具有埃尔默死了这一语义内容的一个结构（因为，将会有一个更大的信息壳，即表述信息的这个媒介的一个信息壳，而关于埃尔默的信息被套叠在这个信息壳当中）。如果产生这个结构（该结构将埃尔默死了这一事实作为其信息内容）的唯一方法就是要凭借（这一次）产生它的这种视觉经验，那么这个结构（与假设相反）就会携带关于其产生手段的信息。特别是，它会携带"埃尔默死了"这个句子在报纸上出现这一信息。因此，正是如下事实对它具有这个语义内容作出了解释：

243

知识与信息流

作为对众多不同信号的反应,这个结构能够得以产生。

一个语义结构对于其特殊的因果原点的不敏感性,对于信息(构成这个语义结构的语义内容)到达的这个特殊方式的缄默,不过是反映了关于信念的一个重要的事实。我们的信念状态自身并不证实其因果原点。某人相信埃尔默死了,这个事实丝毫没有告诉我们他是如何得以知道这一点的,丝毫没有告诉我们是什么引起他相信这一点。他可能在报纸上读到这一点,或者可能有人告诉了他;他可能曾看到埃尔默死亡,或者他可能以某种更间接的方式发现这一点。一个结构将其最外层信息壳作为其语义内容这一事实暗指:该结构像信念一样对其特殊的因果原点是缄默的。它确实携带这个信息,但对这个信息如何到达,它却一言不发。

大多数信息处理系统都缺少可塑性,这个可塑性是从众多不同信号中抽取信息时的可塑性,是对一个系统的产生下述内部诸状态的能力负责的可塑性:即,将关于一个远端信源的信息作为其语义内容的内部诸状态。电压计的指针携带关于一个信源的信息(通过这个仪器的导线的电压降),但是它做到这一点是通过携带关于这个信媒(这个信息借以被传递的手段)的、准确而且详细的信息。关于电压差的信息能够到达这个指针的唯一方法就是通过电流,感应磁场,随着衔铁而发生的转矩,以及作为结果而发生的衔铁和指针的旋转。因为,鉴于这个仪器的构造,这是指针的位置能够指示电压的唯一方式,是指针的位置携带关于所有这些居间事件的唯一方式。因为正是这样,指针的位置才不将电压是如此这般这一事实作为其语义内容。

第7章 编码和内容

它不能完全地数字化这个信息。[6]这就是为什么电压计不会相信什么东西。

有了关于一个结构的语义内容的这个观点,我们最终能够说明信念。虽然我们不能简单地把一个信念,(比如)t是F这个信念,等同于将此作为其语义内容的一个结构,但是我们离目标很近了。在有关语义结构的观点中,我们已经具有了带有适合的意向性层次的某种东西。剩下要做的就是表明,这些结构如何能够发展成某种东西,这种东西具有我们与信念联系在一起的全部属性。这是随后这章的任务。

第8章 信念的结构

一个结构的语义内容已经被等同于这个结构以完全数字化形式携带的这种信息。既然一个结构携带的信息不能是错误的,那么一个结构的语义内容也不能是错误的。但是,我们当然能够有错误的信念。因此,信念不是语义结构。至少,如果这需要把这个信念的内容(被相信的东西)等同于这个结构的语义内容的话,信念就不是语义结构。

当然,可能会有一些自洽的信念,即鉴于其内容的本质,不可能为假一些信念,但是,我们当然不想要这样一种关于信念的说明,这种说明使得任何信念都不可能为假。我们想要为我们有信念这一信念和明天郊游会天气晴朗这一信念都留下机会。出于这个原因,一个信念的信息论模拟必须有能力具有一个错误的内容。它必须有能力错误表征关于它说到的问题实际情况如何。

考虑一下诸如地图、图表和轮廓图这样的人造物,可能是有帮助的。地图上带颜色的线、点和区域是何以可能错误表征一个区域地理的某些特性的呢？什么能使这个地图（视具体情况而定）真实地或者错误地显示：有一个公园在这里，有一个湖泊在那里呢？这些制图符号表征和错误表征一个区域地理的这种能力，在根本上依赖于它们的信息携带作用，这似乎是相当清楚的。这些符号被用来传递关于街道、公园和城市中名胜景点的位置的信息。使这个地图成为一种约定图案的东西在于：这些符号或多或少是专断的（水域会由红颜色而非蓝颜色的区域所表征）；因此它们的信息携带能力必须由绘制地图者的意图、诚实和执行精确度来担保。这个信息流（从物理地形到纸张上标识的排列）中的一个关键环节，是这个地图绘制者自身。地图绘制者就是这个通信链中的一个环节，在这个环节中，信息能够通过忽视、粗心大意和欺骗而被损失掉。除非这个环节是牢固的，除非经由这个环节关于一个区域地理的信息能够传递（而且通常确实会传递），否则这个地图就既不会表征也不会错误表征街道、公园等的位置和方向。除非我们假定，至少在理想条件下，纸张上这些标识的轮廓是关于一个区域地理的信息的传播者，否则作为结果的这个地图就既无力表征又无力错误表征实际情况如何。它不能表明什么是错误的，更不要说表明什么是正确的了，因为它什么都表明不了。

如果两副扑克牌被各自独立洗好，第一副牌中牌的位置既不表征也不错误表征第二副牌中牌的位置。即便梅花K（完全偶然地）出现在两副牌的最上面，它出现在第一副牌的最上面，也并不表征关于其在第二副牌中位置的任何东西。它并没有"说"梅花K在第二副牌的最上面。然而，如果我们假定存在一

第8章 信念的结构

个机制,每当(比如)一张黑花色牌出现在第一副牌的最上面时,该机制都会使梅花K出现在第二副牌的最上面,那么,在第一副牌最上面的一张黑花色牌就会指示一些东西。它会指示梅花K在第二副牌*的最上面,即便该机制中的一个错误导致了红心J出现在那里。

与此类似,如果一张地图上各种各样的线、点和带颜色区域的外观,遵照一个城市的地理,就像一副洗好的扑克牌遵照另一副扑克牌一样,那么无论这张"地图"可能多么准确地对应于(鉴于标准的制图约定)这个城市的街道和公园的位置,它也既不表征又不错误表征它们的位置。这张地图不能"指示"在这个公园里有一个湖,更不要说正确地指示它了,因为原本就没有机制将这个信息套叠到纸张上这些标识的样式当中。我们的第一幅扑克牌的表达资源受到下面这种信息的限制:它能够携带的关于第一副扑克牌中牌的排列的这种信息。与此类似,一幅地图的表达能力,并因此,它错误表征实际情况如何的能力,都受限于:在正常条件下,这幅地图所携带的关于它被设计要表征的这种地形的信息。这就是为什么一幅地图上一条蓝色的波状线不错误表征水的颜色。在制作地图的正常约定中,这不是这条线的颜色被设计要携带的这种信息。

那么,从这个关于地图的表征能力的、简短的离题段落中,我们能够获悉什么呢?它有助于我们理解一个语义结构可能得

---

* 此处的"第二副牌"在原文中写作"第一副牌",应系作者笔误或印刷错误。——译者

知识与信息流

以错误表征一个事态所用的方法吗？

回想一下，一幅地图的诸要素（不同的带颜色的标识）被视为具有一种意义，该意义在任何给定条件下，都与这些要素成功地携带信息无关——仅仅就此而言，这幅地图能够错误表征一个区域的地理。诸标识的一种特殊轮廓能够指示（意指）有一个湖泊在这公园里，而无须实际上有一个湖泊在这公园里（无须实际上携带这一信息），因为轮廓的一般类型确实具有这个携带信息的功能，但诸标识的这个特殊轮廓，只是轮廓的一般类型中的一个实例（个例）。这个符号个例从它作为其一个个例的这个符号类型中获得其意义；而且这个符号类型具有一个携带信息的作用，这个携带信息的作用与该符号类型的诸个例成功地携带这个信息（如果有的话）无关。就一个制图符号（和通信的其他约定媒介）来说，这个携带信息的作用通常被地图的生产者指派给符号类型。地图带有一个索引，这个索引将携带信息的作用指派给不同的符号类型，而且这与下述内容并不矛盾：这些类型的诸特殊个例未能起到它被指派的作用——也就是说，未能携带其功能要求携带的信息。这就是使得一张地图有可能错误表征诸事物的原因所在：由于它作为其一个个例的这个类型，该符号个例未能携带其职责要求携带的这个信息。

但是，相对于这些我们意在将之等同于生命有机体的诸信念的这些神经结构而言，什么充当这个索引发挥作用呢？谁或者什么将诸意义，或者携带信息的这种作用指派给这些结构呢？

第8章 信念的结构

假定在L这个时间段，一个系统接触到各种各样的信号，其中有些信号包含某些事物是F这一信息，有些信号包含另一些事物不是F这一信息。这个系统有能力以模拟形式收集并编码这个信息（即给予它一个知觉表征），但是，在L初期时，这个系统没有能力数字化这个信息。此外假定，在L期间，这个系统发展出了对某物是F这一信息进行数字化的一种方式：由有选择地敏感于s是F这一信息的、某一类型的内部状态演化而来。作为对这一系列承载信息的信号的反应，这个语义结构在L期间发展出来（大概通过某种形式的训练或者反馈的帮助）。一旦这个结构被发展出来，可以说，它就获得了它自己的存在方式，而且有能力将其语义内容（它在L期间获得的内容）赋予其并发的诸个例（这个结构类型的特殊实例），而不管这些并发个例是否真的将此作为其语义内容。简言之，这个结构类型，从导致其发展成一个认知结构的这种信息中获得其意义。[1]这个结构类型的诸并发个例，从它们作为其诸个例的这个类型中获得它们的意义。当然，这意味着，这个结构类型的诸并发个例能够意指s是F，能够具有这个命题内容，尽管事实上它们未能携带这个信息，尽管事实上s（它引起了诸并发个例的发生）不是F。一个结构的意义源自于该结构的这些信息原点（origins），但是一个结构类型能够在关于诸事物的这个F性的信息中具有其诸原点，而无需该类型的每一个（确实，无须任何）并发个例都将这个信息作为其原点。[2]

我刚刚用信息论的话语描述的，就是概念形成的一个简单案例。[3]通常，一个人习得F这个概念，习得一个F是什么，靠的就是接触到（在学习情境中：L）各种各样的事物，其中有些是 F，有些不是F。一个人不仅要接触到诸F和诸非F，而且诸F是F 和诸非F不是F这一事实在知觉上要显而易见。换句话说，学习情境就是这样一种情境，在该情境中，主体出于引导其分辨和识别反应的行为进程的目的而利用某物是F（或者不是F，视具体情况而定）这一信息。至少在现在所讨论的这个简单的案例中，当一个人在学习F是什么时，被塑造的是一个内部结构，这个内部结构有选择地敏感于关于诸事件的F性的信息。要发展出这样一个内部语义结构，就是要获得一个简单的概念，这个概念对应着如此这般被发展出来的这个结构的语义内容。

在教授某人红色这一概念时，我们要在合理的距离和正常的光照下向小学生出示不同的带颜色的对象。也就是说，我们在如下条件下展示这些带颜色的对象：在这些条件下，关于这些对象的颜色的信息被传输、接收并（有希望）在知觉上被编码。这就是为什么，如果我们把这些对象放在400码以外，我们就不可能向某人教授这些颜色；即便这个主体能够看到这些带颜色的对象，关于这些对象的颜色的信息也是无法（或者不可以）利用的。这就是为什么这个方法对色盲无效；因为我们不能使这个信息进入（其内在）。这就是为什么我们不在黑暗或者不正常的光照下实施这种训练（下一章中，我会讨论在不正常的照明条件下教授某人颜色概念的可能性）。如果这个主体要获得红色这一概念，那么，他或者她不仅要被出示红色的事物（而且大概还有非红色的事物），而且他们还要接收这些对象是红色的（和不是红色的）这一信息。其原因应该很明显，这

第8章 信念的结构

个对象是红色的这一信息，是形成下述这种内部结构所必需的：即最终有资格成为这个主体的红色这个概念的这个内部结构。我们需要信息来制造意义（概念），因为信息需要被用来使具有这种适合的语义内容的一类结构成形。

在学习情境中，要特别注意留心：输入信号要有足够的强度、力量以向学习主体传递必需的那条信息。如果光线太暗，就要调亮些。如果这些对象（是F的那些对象和不是F的那些对象）太远，就要移近一些。如果主体需要眼镜，就给他们眼镜。在学习情境中（L期间）采取这些预防措施是为了确保：带有这种适合的语义内容的一个内部结构——即构成s是F这一信息的（完全）数字化的一个内部结构——会被发展出来。如果s是F这一信息遗漏了，那么很明显，就不会有带有这种适合的语义内容（x是F）的内部结构能够演化出来。

但是，一旦我们具有意义，一旦主体形成一个结构，即有选择地敏感于关于诸事物的这种F性的信息的一个结构，那么，这个结构的诸实例，这个类型的诸个例，就都能够被缺乏这条适合信息的诸信号所引发。当这个发生时，这个主体相信s是F，但是因为这个结构类型的这个个例，不是由s是F这一信息所产生的，所以这个主体并不知道s是F。而且，如果事实上s不是F，那么主体就会错误地相信s是F。我们有错误表征的问题，即一个结构的个例带有错误的内容。一句话，我们具有意义，但不具有真理。

在概念获得的一些简单案例中，我们能够看到这个过程发挥作用。在学习期间，主体对某种类型的信息发展出一种有选择地敏感。除非这个小学生能够显示出具有适合的数字化水平的分辨反应模式，否则我们不会认为他或者她能够掌握这个概念。而且，我们认为这个主体具有什么概念，是由我们认为什么信息有助于相关语义结构的形成（什么语义结构实际上被发展出来）所决定的。例如，考虑一下，一名儿童被教授辨认和识别鸟。这名儿童在近距离内被出示了大量的鸟，而且以这样一种方式这些鸟的独特斑纹和轮廓都清晰可见。几只蓝松鸦被拿来作为对比。对于这些知更鸟和所有其他"不是知更鸟"的鸟（蓝松鸦），这名儿童都被鼓励说"知更鸟"。经过一段令人满意的训练期之后，这名儿童在附近的树上发现一只麻雀，兴奋地指着它说"知更鸟"。当然，这名儿童所说的是错误的。这只鸟不是一只知更鸟。但是，现在我们感兴趣的不是评价这名儿童所说的东西的真或者假，而是这名儿童所相信的东西的真或者假。要确定这个，我们就必须知道这名儿童相信什么，而这名儿童用"知更鸟"一词正在正确地表达他相信什么，这是完全不清楚的。

这名儿童相信这只鸟（麻雀）是一只知更鸟吗？或者他多半只是相信它是某种褐色的鸟（非蓝色的鸟）吗？鉴于这名儿童在训练期间接触到的相当有限的对比范围（只有蓝松鸦），当他成功地确定所有知更鸟在样本种类中的位置时，他正在对什么信息作出反应，这是不清楚的。因此，这名儿童用"知更鸟"一词正在表达的是什么概念，当这名儿童指着那只麻雀说"知更鸟"时他具有的是什么信念，这都是不清楚的。如果，与预料的相反（鉴于严格的学习条件），这名儿童实际上发展出了带

第8章 信念的结构

有x是一只知更鸟这一语义内容的一个内部结构,[4]如果在训练期间,他就变得有选择地敏感于这条信息(而且,这解释了他起初成功地在样本类别中将知更鸟和蓝松鸦区别开来),那么,当他指着这只麻雀说"知更鸟"时所表达的那个信念,就是一个错误的信念。因为,这名儿童相信这只鸟是一只知更鸟,所以,这个当前刺激对不是一只知更鸟的一个s(这只麻雀)正在产生带有"x是一只知更鸟"这一语义内容的一个结构类型的一个实例(个例),而这个信念是错误的。另一方面,如果这名儿童仅仅对这些鸟的颜色作出反应,称不是蓝色的这些鸟为"知更鸟",那么当这名儿童指着这只麻雀说"知更鸟"时,他的信念就是正确的。因为他相信的是这只鸟不是蓝色的,而这是真的。

这个例子意图阐明的是诸概念、诸信念和诸语义结构被关联的方式。下一章会更多地讲到诸概念的本质。在当前,只要注意到,根据有关语义结构的思想,而且根据结构类型和结构个例之间的区别,我们有这些信息论的资源来分析诸信念以及它们的相关诸概念,这就足够了。我们已经明白(第7章),一个语义结构具有差不多唯一的一个内容,这个内容具有堪与一个信念的意向性等级相比的一个意向性等级。那么,如果我们把诸信念等同于这些抽象的语义结构的这些特殊实例(个例),那么我们就解决了本章开始时提出的那个问题,即如何(就诸信息结构而言)说明诸信念有可能错误的问题,亦即错误表征的问题。解决此问题的方法就是通过认识到:结构的类型(概念)可以有信息原点(在这种意义上:结构的这个类型作为一个系统编码某种信息的方式发展出来),而无需该结构的(并发的）诸实例具有类似的信息原点。

然而，诸信念还有另外的一个维度，一个不同于但却又相关于它们的意向结构的维度。在拉姆齐（E.P.Ramsey）之后，阿姆斯特朗（D.A.Armstrong）也把信念看作是我们据以行进的一种（内部）地图。[5]当然，这不过是一种暗示性的隐喻，但是它确实反映了通常被认为是一个信念思想所必不可少的两种属性：（1）带有某种表征能力的结构（因此，一幅地图），和（2）一个结构能够控制这个系统（即该结构是这个系统的一部分）的输出（因此，我们据以行进的某种东西）。到此为止，我们仅仅只集中在信念的第一个方面。我认为，在信念和地图的隐喻性等式当中，关于语义结构的这个思想把握了所有值得把握的东西。正如一幅地图表征了一个区域的某些地理特性，一个语义结构的一个特殊实例也表征了（或者错误表征了——视具体情况而定）关于一个给定信源的实际情况。但是，我们也必须注意诸信念的第二个属性，即事实上这些结构为了有资格成为信念，必定会引导或者有能力引导这个系统（这些结构是这个系统的一部分）的行为的进程。

例如，考虑一下一个普通的家用恒温器。这个装置的一个内部双金属条会通过其弯曲程度来指示房间温度。这个组件的物理状态在整个系统的表现中发挥着作用。这个恒温器的表现至少部分地依赖于这个组件的表现。当这个双金属条弯曲到足以触碰到一个可调节接触器时（可调节到符合需要的房间温度），一个电路就会闭合，而且一个信号就会被发送给暖气炉。用信息论的话说，这个双金属条就是一个温度探测器：它的弯

第8章 信念的结构

曲依赖于周围的温度,并携带关于周围温度的信息。这个恒温器的反应(向暖气炉发送一个信号)是由这个探测器控制的。然而,如果我们机械地移动这个可调节接收器,以至于作为对温度的反应,无论这个双金属条怎样弯曲,都不能造成电接触,那么恒温器本身就变得没有活力了。没有信号会被发送给暖气炉。于是关于房间温度的这个信息仍然到达这个恒温器,这个恒温器仍然在"感觉"室温的下降(它的组件,温度探测器仍然携带这个信息),然而,总体上,这个信息状态对这个系统已经失去了它的功能意义。具身化在这个双金属条的弯曲中的这个信息,现在无力影响这个恒温器自身的输出。我们仍然有一幅内在的"地图",但是这幅地图已经不再掌舵了。

信念就像是正常发挥功用的恒温器中的一个双金属条的构造(configuration):它是一个内在状态,这个内在状态不仅表征它周围的环境,而且作为这个系统对周围这些环境的反应的一个决定因素发挥功用。[6]信念都是语义结构,但这不是信念的全部。信念是在一个系统的功能机构中占有一个执行办公室的语义结构。除非一个结构占有这个执行办公室,否则它就不会有资格成为一个信念。从现在开始,具有执行功能的、有助于引导系统输出进程的这些语义结构,将被称作是它发生于其中的这个系统的认知结构。

这并不是说,一个认知结构必须在实际上决定某个并行的行为。它甚至不意味着:这个认知结构有时必须决定某个行为。构成一个结构的语义内容的这个信息(或者推定的信息)可能只是被归档以备将来之用,即为了决定将来的输出而以某种可进入的形式被储存起来。当然，这就是记忆——一个非常庞大的课题，对此我不会有太多涉及。但是我希望，对于作为知识和信念之基础的这些认知结构，我所讲的，会非常自然地有助于以类似的话语来说明记忆。

当我说到决定着输出的一个语义结构时，我意指：构成这个结构之语义内容的这个信息（我们的推定的信息[7]），是输出的一个因果决定因素。我已经（在第4章）解释过，一个结构或者信号中的这个信息引起某事物发生，这意指着什么。也就是说，S的这些携带这个信息的属性，是这样一些属性：（S）对这些属性的拥有，使这个信息成为E的原因。就此而言，（在一个信号或者一个结构S中的）这个信息引起了E。那么，例如，如果S携带s是F这一信息，而且这个信息是凭借S之拥有G这个属性而被携带的，这样我们就说：如果S之作为G引起E，那么s是F这一信息引起E。如果一个结构具有m这个语义内容，那么，S的那些给予它这个内容的属性，就是对S之引起E负责的属性，就此而言，m引起E。

这个观点之所以重要是因为，正是我们的诸信念的内容，即我们相信的东西，引导了我们的行为（我们所做的东西）的进程，而且我们想让这个事实被反映在语义结构的这个因果效用当中。既然一个语义结构的语义内容是这个结构发生于其中的这个系统（即这个语义结构发生于其中的这个系统）的输出的一个因果决定因素，那么，这个语义结构就有资格成为一个认知结构（而且，因此，我们要争论说，它有资格成为一个信念）。当然，一个结构可能由于具有诸属性而在因果上是有效

第8章 信念的结构

的,但它具有这些属性却与它所具有的这个特殊的语义内容完全无关。例如,如果我告诉你(通过一个预先安排的手势)我准备走了,那么我的姿势引起你相信我准备走了。我的这个姿势也可以吓走一只苍蝇。引起你相信你所相信的东西的,大概是我准备走了这一信息,但是,吓这只苍蝇的,并不是这个信息。在这两种情况下,这个姿势都是原因,但是,在因果上有效的,却是这个姿势的不同的特性。挠我的鼻子,就会吓走这只苍蝇,但它却不会告诉你,我准备走了。是不是我准备走了这一信息,引起你相信我准备走了,这取决于这个姿势携带这个信息的这些属性,是不是在你未来的相信中要发挥作用的这样一些属性。

因此,一个内在状态要有资格成为一个认知结构,不但必须具有一个语义内容,而且还必须得是这个内容在界定着这个结构对输出的因果影响。只有这样,我们才能够说,这个系统做了A,是因为它具有着带有s是F这一内容的一个内在状态,(换句话说)是因为它相信(知道)s是F。

这个观点对于理解下述问题也是很重要的:为什么虽然(以某种方式)由输出控制的某些语义结构在因果上是有效的,但其本身却没有资格成为信念。它们没有资格成为信念,没有资格成为带有认知内容的结构,因为并不是它们的语义内容决定着输出的。例如,一个人听到某些神经细胞(或者细胞网络)被描述成边缘检查器,运动检查器或者比例(斜率)检查器。在这个语境中,"检查器"这个语词可以表明,这些细胞或者网络本身有资格成为认知结构(首要信念),这个认知结构带有与这个被检查的特性相适合的内容（例如，s是一个边缘，s正在移动）。从这个观点来看，这个主体仅仅（有意识地）相信一辆卡车正在经过，但是他的神经系统充斥着大量更简单的信念，关于这辆卡车的这个更高层级的信念正是利用这些更简单的信念被加工出来的。整个这个过程看起来开始像，而且常常被描述成是一个复杂的归纳推理，在这个归纳推理中，最终有意识地被持有的这个信念，是以关于线、颜色、运动、质地和角度的一些简单信念作为开始的一个计算过程的结果（涉及假说形成和检验）。[8]

我认为这是一个错误，一个由下述混淆所造就的错误：即对携带信息的结构这一方面和真正的认知结构这另一个方面的混淆。即便我们承认，这些初步神经过程的输出有语义内容，但是这并不单独地使它们具有认知地位的资格。因为除非这些初步的语义结构在掌舵，除非它们的语义内容是系统输出的一个决定因素（当然，在这种情况下，这个系统将有资格成为一些信念，这些信念的大意是：这里有一个边缘、那里有一个角，左边有一个亮度斜率，等等），否则它们本身不会有认知内容。关于角度、线和斜率的信息明显被用于知觉信念的生产（例如，一辆卡车正在经过），但是这个信息会在最终的语义结构借以被合成的这个数字化过程当中（或者可以被）被系统地排除。具有"s是一辆卡车"这一语义内容的一个结构，不能够携带关于这些神经过程的信息，该信息（在因果上）导致了该结构的形成。如果它携带了，那么（与假设的相反）它就不会构成对s是一辆卡车这一信息的一个完全的数字化。因此，它就不会是一

第8章 信念的结构

个带有这个语义内容的结构。因此,既然来自这些初步过程的这个信息,在这个最终的、决定输出的结构中可能是用不上的,那么这些初步结构的语义内容也就可能不对输出进行控制。在这样一些情况下,这些初步结构就没有认知地位,没有资格成为信念。

对照一下一个图像辨认装置,这个装置能够在任何方位辨认类型T的诸样式。这样一个装置,在将这个特殊样式识别为类型T的一个样式时(比如,通过某种独特的输出标记),可能使用关于这个特殊样式的方位的信息。但是,这个输出标记将不会携带关于这个正被辨认的样式的特殊方位的信息。如果它携带了的话,那么这个装置(与假设的相反)就没有能力在不同的方位辨认这同一个样式(既然这同一个输出不是由类型T的不同方位的诸样式产生的)。关于方位的信息可以被用于完成识别,但是(关于方位的)信息在构成该系统的识别的这个状态中,可能是不可用的。

这也是为什么我们的感觉经验,即与(比如)看着一辆卡车经过联系在一起的这个经验,没有资格成为一个认知结构。它有一个语义内容(该内容可以被描述出这个视觉经验中携带的所有信息的一个复杂句子所表达),但是这个语义内容不对输出施加控制。决定着输出的是某个结构,这个结构把这个感觉经验以模拟形式携带的一条信息(一个内部信息壳)作为其最外层信息壳(语义内容)。在数字化发生之前,不会有任何有认知意味的东西出现;而一旦数字化发生,这些(因果上地)先在状态的语义内容(包括这个感觉经验)也就消失了。

对信念的这个说明，虽然仍是梗概的，[9]但却有原因论的倾向。也就是说，某一类型的结构凭借其信息原点获得其内容，即我们将之与信念联系在一起的这种内容。一个内在结构（在学习期间），发展成为对关于（比如）诸事物的F性的信息进行完全数字化的方式。编码信息的这个方式（作为决定着输出的一个结构的语义内容），使得如此这般被编码的这个信息涉及对该系统的行为进行解释。正是这个原点界定了这些内在结构的内容或者意义。它界定了：当这些结构中的一个后来相对于某个知觉对象被例示出来时，一个系统相信什么。一个系统相信某物，这部分地依赖于这些内在状态的（在系统输出上的）影响，因为一个内在结构要具有认知内容的资格，就必须具有执行职责。但是，这个内容完全是由这个结构的原点决定的，即是由这个结构的信息遗产决定的。

这并不是说输出能够被忽略。恰恰相反。出于认识论的目的，输出的这个特征（它的适合性、导向性和目的性），对于确定被相信的是什么东西而言，是证据而且常常是唯一可用的证据。如果我们正在和一个受造物打交道，这个造物被认为具有正常的欲望、目的和需要，那么行为的某些样式将会表明某一种类的信念，而且我们会把这个行为作为推断这些信念的内容的一个基础。然而，尽管通过研究一个受造物的行为，通常足够我们确定一个受造物相信什么，但是这些信念本身并不是由这个行为决定的。被相信的东西是由显示在行为中的这些结构的原因（etiology）决定的。

与信念或者信念内容的这个原因论说明形成对照的，是对

第8章 信念的结构

这同一个问题的一个结果导向的研究路径。根据后一种观点，转交输入和输出的这些内在结构，即被等同于一个系统的诸信念的这些内在结构，不是从它们的因果原点，而是从它们对输出的影响那里获得它们的内容。这似乎是与使用语言的动物有关的、特别有吸引力的一个研究路径，因为这些系统的输出或者某些输出，已经具有了语义维度，即意义，而这个意义恰巧类似于这种内容：我们想要将这种内容归因于产生它的这些内在状态（思想、信念）。这个思想大概就是：如果k说出"阳光正灿烂"这句话（或者在某些条件下，倾向于说出这句话），而且如果他这些话语的言说是由一个中枢神经状态以某种适当的方式所导致的，那么这个中枢状态就具有"阳光正灿烂"这一内容，而且可能因此被等同于k的信念即阳光正灿烂。[10]我们的言语输出的意义是第一性的。我们的认知状态的意向结构或者意义是第二性的，它不过是反映了这些内在状态（倾向于）所产生的这个言语行为的这些语义属性。我称这个观点为结果论。我认为，它是行为主义的一种形式。诸内在状态从它们对行为的影响那里获得它们所具有的意义。

当然，当我们转向不具有语言的诸有机体时，对意向性问题的这种研究路径就失去了它的某些可信性。然而，这同一个基本思想常常以一种略微修改过的形式得以被利用。[11]有些行为是适合于食物的，有些行为是适合于危险的。就像"阳光正灿烂"这句话对一事态（灿烂的阳光）适合，而非对另一事态适合一样，这些反应对一件事适合，而非对另一件事适合。把（各种）命题内容赋予那种行为的内在源头，正是这种适合性。

粗略地说，如果这只狗吃它，那么这只狗一定认为它是食物。然而，认为它是食物，不过是处于一个状态，这个状态促使这只狗表现出，或者使这只狗倾向于表现出适合于食物的行为，例如，分泌唾液、咀嚼、吞咽等。这些内在状态获得它们的语义属性，仅仅是由于它们导致了一种行为，这种行为具有不依赖于其信源的意义或者意思。我们的内在状态的这些意向属性，是它们所诱发的这个行为的那些意向属性的一个反映，但也仅仅是一个反映。说这只狗知道或者相信s是食物，不过就是说这只狗处于一个状态，这个状态使这只狗以一种适合于食物的方式对s做出行为。如果这同一个神经状态使这只狗倾向于跑着离开s，那么这个神经状态就会有不同的内容，例如，s是危险的，是掠食者，是有害的。

结果论者对所谓的命题态度（就像知识和信念这些具有命题内容的东西）进行分析的这个研究路径，具有一定程度的可信性。然而，这个路径却总是陷入循环，这个循环是依据下述这种东西对我们内在状态的这个内容作分析时所固有的：这个东西（输出、反应、行为）或者缺少必需的意向结构（即没有这种必需的意义），或者从它的内在原因的意义那里获得它具有的意义（产生这个东西的这些信念、意向和目的）。在前一种情况下，这个行为没有意义要给予。在后一种情况下，这个行为有意义，但这个意义却是从该行为的内在源头借来的。不管在哪种情况下，它都完全没有准备好充当意义或者内容的主要居所。

就我们的言语行为而言，当我们试图去理解我们的诸认知

第8章 信念的结构

态度的意向结构（信念和知识）时，这个循环最为明显。因为，对我们的言语行为有实质作用的，不是我们说话时设法产生的这些声音模式的频率、振幅和波期，而是在产生这些模式时我们设法要说出的东西，我认为这是很明显的。也就是说，正是我们言说的这个意义与这些内在状态的内容相关，而这些内在状态的内容在因果上对这些言说负责。信念的这个意向结构能够根据我们的语言行为的这个意向结构来被分析的唯一方法就是假定：这个言语行为已经具有了这个必要的意向性层级的一个语义内容，已经具有了其分析不依赖于意向和信念的一个意义。但是，似乎这样说是最合理的（根据保罗·格里斯[12]）：我们的符号行为的意向性——事实上某些言说、姿势和标记具有格里斯所谓的非自然意义（即具有语义内容的某种东西）——源自于产生该行为的这些内在状态（特别是那些意向和信念）的语义结构。如果，正如我认为的那样，这个研究路径恰好大致正确，那么，假定我们的诸内在状态从它们所产生的行为那里获得它们的内容，就是把问题完全向后追溯。正是我们的言语行为意指某物（在格里斯的非自然意义上的"意义"），因为言语行为是以一种既定的方式来满足带有某些信念的自主体们的交流意向。

正是出于这个原因，仅仅因为一台机器的输出是有意义的符号组成的，就把信念归属于这台机器（例如，一台数字计算机），这是愚蠢的。即便输出符号的意义对应着这台机器正在处理的这个信息，这仍然是愚蠢的。因为问题必定总是：这些符号的意义（语义意味）从何而来？我能够把门铃换成一台录音机，当且仅当有人按门钮时，这台录音机会发出声音"有人在门口"，但是这并不意味着：这个系统现在显示出了大意为有人在门口的一个信念。有人在门口这个信息正在被收集和加工。这个信息正在以声音形式（即"有人在门外"这个声音）被传递，这个声音形式据说可以意指：有人在门外。但是，这是这个声音模式对于我们所具有的意义，而非对于将这个声音作为其输出的这个系统所具有的意义。从这个系统自身的立场来看，这个输出和有人按门钮时一个正常门铃的响声一样没有意义（语义内容）。在格里斯的自然意义的"意义"上，这个输出据说可以意指有人在门口，但是，这仅仅是说这个输出（就像通常的门铃的响声一样）携带着有人在门口这一信息。这个输出（以无论任何形式）并没有语义内容。它并不呈现出语言的意义所特有的三阶意向性。这就是为什么它没有资格成为言语行为。

我们不可能挑出这个输出的一个意向属性（由一个系统产生的这些符号的意义或者语义内容）并将它指定为该输出的原因，因为除非这个原因有一个独立的语义内容，否则该输出就不具有这些相关语义属性的资格。它就没有必需的这种意义（语言的或者非自然的意义）。如果一个计算机要相信某种东西，那么它必须具有带有这个相关语义内容的内在结构。如果它具有这些内在结构，那么无论它的输出的这个约定意义（如果有的话）可能是什么，它都具有信念。如果它不具有这些结构，那么，这个输出（无论对我们而言它的约定意义是什么）与诸认知属性的分配就是不相关的。

即便我们撇开我们的言语行为（或者至少是与我们发出的

第8章 信念的结构

声音或作出的标记的约定意义相关的这个方面），结果论者也会以略有不同的形式遭遇这同一问题。我们的行为的这种适合性，并不是我们通过对产生这种适合性的这些内在状态的意义或者内容进行还原，就能够得到的。因为，除非产生那个行为的这些内在状态已经具有了与这些内在状态所产生的行为无关的一个意义，否则这个行为就既不能被认为是适合的，又不能被认为是不适合的。如果我想要在时间上误导我的盲人伙伴，那么当我知道（或者相信）现在是午夜时，我说"阳光正灿烂"就当然不会有任何不适合。至少在"适合"的任何意义上，告诉你有关我知道或者相信的任何东西，都没有任何的不适合。这只母鸡会远离那只狐狸，除非它想要保护它的小鸡。这样，这只母鸡有可能会卷入的这个行为，在我们看来可能更适合于一场有趣的遭遇。如果一个人想死，那么他吃下他认为是毒蘑菇的东西，这可能就是一件适合去做的事。如果他想活，那么这就不是一件适合去做的事。在我们知道一个人想要做什么之前，在我们知道他的意向、目的和信念是什么之前，他的行为既不能被认为是适合的，又不能被认为是不适合的。行为的这种适合性就是行为暴露出其意向来源的一种属性。同样地，这个属性不能够被用来分析产生行为的这些内在状态的意向结构。因为，除非这些内在状态已经具有了我们正在试着理解的这种语义内容，否则这个行为就不会具有这个属性。与以前一样，这还是在把问题完全向后追溯。

归根结底，什么是适合s是一株雏菊、一棵树、一条狗、一块石头、水、肝脏或者太阳这一信念的这个行为呢？什么反应适合这些信念不仅取决于你的意向和目的是什么，而且取决于你还相信什么。一头动物嗅了嗅这株雏菊而且毫不犹豫地吃了它；另一头动物嗅了嗅就走开了；第三头动物仅仅是对着雏菊不经意地一瞥。一名绅士剪下这朵花并把它放在他的衣领里，一个年轻人把这花踩碎，而园丁则为这花浇水。挑选出这些反应中哪一个是适合的（离开了这些自主体被认定的信念和意向），是一件愚蠢的差事。即便我想要毁掉所有的雏菊，而且我相信这是一株雏菊，我给这株雏菊浇水也没有任何不适合——如果我（错误地）相信水会害死它的话。

有一些我们用来描述信念的语词表明了具有该信念的这个自主体可能会如何反应。诸如掠食者、食物、危险、障碍、有害的、不安全的、庇护所、有用的、胁迫的、性感的和友好的这些词语都是例子。被告知这头动物相信s是危险的，就是被告知关于这头动物可能如何对s作出反应的某种东西。被告知这头动物相信s是食物，就是被告知关于这头动物（如果饥饿的话）可能如何对s作出行为的某种东西。但是，这不过就是一个联想。这个联想源自于如下事实：这些概念或多或少直接地关系到一个动物的正常需要和目的。而且，如果我们正在和一头动物打交道，这头动物的需要和目的能够被认为是正常的，那么我们就能够合理地预期某些突出的行为模式。丹尼特描述过：一条狗在被赐予一块牛排时，就会给这块牛排做一个窝——把牛排放在窝里并且坐在它上面。[13]这条狗认为这块牛排是一个蛋（而且它自己是一只母鸡）吗？或者这条狗认为它是一块牛排（或者食物），而且想要迷惑观察者吗？如果这听起来太怪

第8章 信念的结构

异,那么设想这条狗已经被训练成以这种不寻常的方式对待牛排。这样,这条狗的行为就是完全适合的,但是,我们现在正在明确地使用"适合"这个术语来描述这条狗的行为,即与这条狗在训练期间获得的不寻常的欲望有关的行为,这应当也是很清楚的。狗(正常的狗)不但吃食物,而且还藏食物、掩埋食物并在食物上撒尿。我能够明白为什么这个行为一直是适合食物的唯一原因就在于:(隐藏的)一些假定,这些假定是关于这条狗正在试着做什么——它的意向、目的和别的信念是什么。也就是说,这个行为可以分类为适合或者不适合,关系到导致该行为的这些内在状态的被认定的内容。因此,就像结果论者认为的那样,认为这条狗的这些内在状态的内容,可以根据这些内在状态所产生的这个行为的适合性来进行分析,这完全是循环论证。

我们做什么,不仅关系到我们相信或者意向什么,而且关系到对我们设法要做的这些事件的成功完成有影响的许多偶然情况。毕竟,我们并不总是成功地做我们想要做的事。我把水溅在脸上而没有喝到水,把花瓶打碎而没有放到架子上(如我意向的那样):上述事实可能并不指示关于我的信念或者意向的任何东西。它可能指示关于我的协调性的某些东西。至于有关于此的一个极端事例,考虑一下不幸的火蜥蜴的案例:不幸的火蜥蜴的左右前肢被互换,以至于每一肢都"面朝后"。火蜥蜴有充分的再生能力。被互换的肢会长到它们的新位置上,并且被脊髓神经支配。结果发现,这个被外科手术改变了的动物会完成前肢运动:这种前肢运动会使它远离食物,并接近危险刺激。[14]这个火蜥蜴的这些反应是适合的还是不适合的呢？的确，在某种意义上，这些反应不是适合的。这个动物尾巴和前后肢相抵触，而且它最终呆在原地。关于这个动物的信念，这样的行为告诉我们什么呢？告诉的很少或者一点也没有。如果这个动物有信念，那么我们很容易认为它相信这个食物是食物，这个危险刺激是危险的，即便这些信念绝不会被转换成适合的反应。即便这个动物从生下来开始就缺乏运动协调，我们也仍然能够认为，它识别了食物和危险刺激，尽管事实上它的反应绝不是（甚至原先就不是）适合的。[15]因为，把这是食物和这是危险的这种内容（这种内容是由把对食物和危险刺激的识别——即把食物辨认为食物和把危险刺激辨认为危险的——归属于这头动物所提供的）给予这些内在状态的，不是这些状态所激发的这个行为的这种适合性，而是这些内在状态对之敏感的这种输入信息。因为上面描述的这些火蜥蜴明显是在以正常的方式编码信息的，所以它们的内在状态具有一个与该信息适合的内容，无论这些状态所决定的这个行为可能会多么不适合。

通过把上面刚刚描述的这种案例与有关动物眼睛旋转实验的案例相对照，可能更能表明干扰正常输入—输出关系的含义。斯佩里（R.W.Sperry）报告了下述实验：[16]

> 我们的第一个实验是要上下颠倒地转动这只蜥蜴的眼睛——以发现眼球的旋转是否会产生上下颠倒的视域，而且，如果会的话，这个颠倒的视域是否能够通过实验和训练被纠正过来。我们切下没有眼睑和肌

第8章 信念的结构

> 肉的眼球,让视神经和主要血管保持完整,然后180度地转动这个眼球。组织迅速愈合而且这个眼球在新的位置被固定下来。
>
> 这样被进行手术的动物们的视域随后受到测试。它们的反应非常清晰地表明,它们的视域是颠倒的。当一个诱饵被安置在这只蜥蜴头的上方时,它会挖掘这个玻璃缸底部的石沙。当这个诱饵出现在它头的前方时,它会回头开始在后面搜寻。
>
> ……做了手术的这些蜥蜴在试验期间从来没有重新学会正常地看。有些蜥蜴保持它们的眼睛被颠倒长达两年之久,但却没有表现出重大的进步。

我们又一次使这个动物坚持做一种不适合的行为,但是不像火蜥蜴的那个案例,我们把这个案例看作是这个动物的不同的信念的结果。这只火蜥蜴知道食物在哪里,但是却不能够接触到食物。这个蝾螈是完全协调的,它能够接触到这个食物,但却不知道食物在哪里。似乎这样说是可以接受的:这个蝾螈具有错误的信念(但这个火蜥蜴则不具有),因为虽然这个蝾螈的反应像这个火蜥蜴的反应一样是不适合的,但是在蝾螈的这个案例中,我们有理由相信,这些反应是由一个内在结构产生的,这个内在结构错误表征了事物的位置,即带有错误的内容。也就是说,承载诱饵就在前面这一信息的诸信号,即从前(在眼睛旋转之前)以一种方式被编码的诸信号,现在(在旋转之后)被编码在一个结构当中——这个结构被设计成要携带诱饵

209

就在后面这一信息。诱饵就在前面这一信息，现在（作为眼睛旋转的结果）产生了具有如下内容的一个语义结构：诱饵就在后面。关于诱饵的位置的这个信息，在一个完全不同的结构中被编码——这个结构具有错误内容而且（由于旧有的、已被建立的传出神经联系）继续产生不适合行为。

我认为这些考虑因素表明，一个系统的诸内在状态获得其内容，靠的不是它们对该系统输出的影响的适合或者不适合，而是这些内在状态的信息携带作用——靠的是这些内在状态被发展出来（或者预先安排好[17]）要表征的那种情况。对于有正常机能的动物们，我们可以将它们的反应作为推断它们相信（想要或者意向）什么的一个基础，但是我们不应该把这个认识论的关系（就影响来说原因的决定因素）误认为是任何更实在的东西——例如，就像结果（行为）对原因（信念）本体论决定。诸内在状态（至少在第一个事例中）从它们的信息原点，而不是从它们的结果，获得它们的内容，尽管，除非这个类型的诸结构对行为具有某种有益的影响，否则（从进化的立场）就很难明白这个类型的诸结构为什么或者如何能够发展出来。

有一部分哲学家不愿意把信念归属于没有语言的动物，这是可以理解的。我认为这个忠告提得很好。我们要么不知道动物们的内在状态的语义内容是什么，要么揣想如果它们有一个内容，那么这个内容在我们的语言中可能是不可表达的。把这只猫描述为相信s是肝脏，这听起来有些奇怪（至少在我听来）；把它描述为相信s是食物（或者某种吃的东西），这听起来更自然一些。把我的狗描述为相信s是邮差，我可能会犹豫不决，但

第8章 信念的结构

是把我的狗描述为相信s是一名闯入者或者一个陌生人,我可能会少一些犹豫。"食物""闯入者"和"陌生人"这些语词与行为的突出模式有更紧密的关联(在具有正常的需要、欲望和意图的动物身上),因此我能够更心安理得地用这些术语而非别的术语来归属信念。尽管如此,我们中一部分人不愿意把一个更确定的内容归属于一个动物的诸内在状态,但这并不暗示着更详细的信念不在场。这只猫可能相信s是肝脏。这条狗可能相信s是邮差。一切都取决于:决定着它们对s的反应的这个状态(或者对反应的倾向),是否把这个或者别的一些东西(或者什么都没有)作为其语义内容。如果这只猫只吃肝脏,如果这条狗只咆哮和追赶邮差(不是这个邮差,而是所有送邮件的人),那么就有证据表明,这只猫把这个食物识别为肝脏(相信它是肝脏),而这条狗把这名闯入者识别为邮差(相信他是邮差)。因为这些突出的反应指示着,这些动物正在对诸条特殊的信息作出反应——即信息s是肝脏(不只是食物)和s是邮差(不只是任何一个陌生人)。应当注意,这些反应不是特别适合的(至少在有助于界定信念的内容的方式上,就不是适合的)。如果这只猫不愿意只吃肝脏,而且这条狗在邮差在场时(而且只有在邮差在场时)会摇尾巴,那么我们就能够做出关于它们相信什么的类似推论。它们相信什么的关键就在于,决定着它们对s的反应(无论这个反应是什么)的这些结构的意义;而且这些结构的意义就是它们的语义内容:即它们被发展出来要以完全数字化形式携带的这种信息。

有人可能会反对说,我们假定的猫和狗不值得相信。它们的分辨反应（对肝脏和这个邮差）仅仅表明，它们把肝脏辨认为食物，把邮差辨认为一名闯入者。此外，（无论出于什么理由）它们只把肝脏辨认为食物，只把邮差辨认为闯入者。因此，它们不相信s是肝脏和s是邮差。它们最多相信——是食物的——肝脏（而且仅仅肝脏），和——是一名闯入者的——邮差（而且仅仅邮差）。而且，因为（与食物和闯入者有关的）这些信念的内容，源自于这些信念所激发的这个行为的适合性，所以我们再一次回到了结果论者对信念的说明。[18]

对这个情况的这个描述当然是正确的描述。不过另一方面，它又可能不正确。这都取决于这只猫和这条狗。假定这只猫确实把别的食物（例如鸡和鱼）辨认为食物，但却不喜欢这些食物。如果你饿它的时间足够长，它就会吃鱼，但仅仅是被迫吃鱼。假定这条狗确实把别的闯入者辨认为闯入者（咆哮和追逐他们），但却对邮差们表现出特别强烈和突出的反应。我们如何说明这只猫对肝脏的特别反应，以及这条狗对邮差们的特别反应呢？仅仅通过说这只猫相信肝脏是食物，我们是不可能完成这个说明的，因为这并不是这只猫对食物的正常反应。它确实不吃大多数被它识别为食物的东西。仅仅通过说这条狗相信这个邮差是一名闯入者，我们也不可能说明这条狗对这个邮差的激烈反应，因为这不是这条狗对闯入者的典型反应。当然，为了说明这些特殊化的反应模式，我们必须把更详细的信念归属于这些动物。而且，还有什么比s是肝脏（对这只猫）和s是邮差（对这条狗）更好的信念可以利用呢？这些可能不是对这些动物们易对之作出反应的这个信息的准确表达。或许，这条狗只应

第8章 信念的结构

被描述为相信邮差——他带着一个大皮包并在信箱那里弄出声响。或许这只猫只应被描述为相信肝脏——它看起来和闻起来是一种特殊的样子（只有肝脏看起来和闻起来才有的样子）。然而，值得注意的一点是：如果我们要用认知的术语，（至少部分地）根据动物在想什么或者知道什么，来解释它的分辨反应，那么我们就必须把某种比诸如"食物"和"闯入者"之类的术语能够表达的内容更详细的内容归属给它们的内在状态。[19]而且，只有我们被提供了对这些动物的一种更全面的描述——包括对它们的过去的训练和经验的描述（而且因此，它们可能已经发展出什么种类的认知结构），这个是肝脏这一信念和那个是邮差这一信念，似乎才会和别的任何信念一样用于解释：为什么我们的猫吃这个，为什么我们的狗对那个如此激动。

本章和上一章中所提供的这个信念（或者信念内容）的原因论说明太过粗糙，对很多信念都不适用。前面主要是说明了一个系统获得和持有下述这种相当简单的一些从物信念的能力："这个是F"这种形式的诸信念，在这里，这个是知觉对象（被看到、听到、尝到的东西等），F是对通过实指而被习得的某个简单概念的表达式。我还丝毫没有说到过，一个人如何可以获得这个能力以持有具有"我的祖母死了"这种形式的诸信念（即某些从言信念），在这里，这个指称，即一个人所具有的这个信念所关于的东西，是以非知觉的方式被确定的。我也丝毫没有说到过，与这样的概念有关的信念——对于这个概念，一个人从未收到过关于其实例的信息，或者是因为被讨论的这个概念没有实例（例如，魔鬼、神迹、独角兽），或者是因为虽然有实例，但相信者（believer）还从来没有接触过。一个有机体何以可能发展出一个适合的语义结构，即意指s是F的某个东西，如果他或者她从来没有接收过某物是F这一信息的话？

虽然我们完全还没有说到过这些问题，而且在此程度上，我们的分析仍然是不完满的，但是我认为，关于认知结构和意义的这个信息论研究路径，我们所说的已经足以显示该研究路径会成功地解决这些问题。到此为止，我们已经分析了涉及原始概念的简单从物信念。[20]因此，通过把意义，即所需的意向性等级的语义内容归属给一个信息处理系统的这些内在状态，我们已经为思维和信念的内在语言提供了一门语义学。我们尚未描述的是这个内在语言的句法，即可以用来（或者可能有用）丰富这些内在语素的表达资源的这样一些组合和转换机制。我们会在最后一章说到这些东西。但是目前，我们必须满足于这样的观测结论：被提供的这种语义学，即归属于这些内在结构的意义和内容，是我们的信息理论有能力提供的东西。反过来，这暗示着：就意义问题涉及我们的认知态度的命题内容而言，意义问题能够被理解为仅仅使用物理学可以利用的这些资源的某种东西。信念（并因此知识）已经被等同于物理状态或者结构。信念由物理结构实现，或者在物理结构中实现。然而，信念的内容完全不同于它被实现于其中的那个物理结构。正如包含在一个振动膜片中的信息必定不同于振动膜片本身一样（因为别的地方，即在不同的物理结构中，能够发现同样的这个信息），一个信念必定不同于它在一个系统的硬件中的特殊实现。一个信念就是一个系统中既具有表征属性又具有功能属性的一

第8章 信念的结构

个物理结构——这个物理结构是这个系统的一部分。如果另外一个系统具有带有同样的这些表征属性（而且，或许具有某些不同的功能属性）的一个内在结构，那么该系统就具有带有相同内容的一个信念。因为这两个结构在数字表示上是有区别的，所以在某种意义上，物理上有区别而且物理上（更不要说在功能上）完全不同的诸结构，能够成为这同一个信念而同时又仍是有区别的信念。在杰克（Jack）的信念和吉尔（Jill）的信念是不同的（如果杰克死了，吉尔仍有她的信念）这个意义上，它们是有区别的信念；但是在杰克和吉尔相信的东西（例如，这山是陡峭的）是一样的这个意义上，它们是同一个信念。[21]

第9章 概念和意义

一个概念就是一个类型的内在结构：当该结构被例示的时候，其语义内容会对系统输出施加控制。当（具有可表述为"x是F"这一内容的）这个类型的结构相对于某个知觉对象s而被例示时，我们就具有带有s是F这一（命题）内容的一个（从物）信念。因此，信念需要概念，而概念暗示着持有信念的能力。如果概念被理解为是有意义的结构，那么概念就"在头脑当中"。然而，不要认为这暗示着：意义就在头脑当中。

一个系统的内在状态在输入和输出之间构成一种对位（alignment），即某种程度的协调（coordination），就此而言，这个系统有概念。但是，在输入和输出之间存在着这种类型的协调这一事实，并不决定一个系统具有什么概念。一个系统具有什么概念取决于这个协调所针对的是什么类型的信息。

只有一个语义结构的表征作用和功能作用之间存在一种对位（也就是说，只有这个语义结构已经变成了一个认知结构），这个语义结构才有资格成为一个概念，但是，它有资格成为什么概念是由它的表征（语义）属性决定的。在这个方面，一个概念就是一个具有两面性的结构：一面回顾信息的原点，另一面前瞻影响和结果。只有一个结构既具有回顾的即信息的方面，又具有前瞻的即功能的方面，这个结构才有资格成为概念。但是，给予这个结构其概念同一性的东西，使之成为此概念而非彼概念的东西，却是它的原因论特异性。

简单概念和复杂概念

迄今为止，我一直隐匿着语义结构的一个重要特性，这个特性对信念及其相关概念的这个说明而言似乎是一种困窘。考虑一下等同的两个属性——或者在法则上（F当且仅当G，这是一条规律）或者在分析上"F"和"G"意指的一样。如果F和G因此是等同的，那么携带着s是F这一信息的任何信号也都携带着s是G这一信息，反之亦然。这两条信息好像是不可分的。因此，如果一个结构构成了对这一条信息的完全数字化，那么它也会构成对另一条信息的完全数字化。具有x是F这一语义内容的任何结构，也都具有x是G这一语义内容。但是，鉴于根据结构的语义内容而对概念（和信念）进行的分析，这就造成了一个结果：如果不相信s是G，任何人都不可能相信s是F，反之亦然。结果证明概念F和概念G是同一个概念。但是，有人肯定会争论说，这些概念一定是可分辨的。我们把s是F这一信念和s是G这一信念区别开来，即便当这些属性，即F性和G性，在法则上是等同的，即便（有时）当这些表达式，即F和

第9章 概念和意义

G，是同义的。

对这个难题的解决方法就在于：认识到迄今为止被提供的这些分析的限制范围。我们主要关注的是简单的、原始的概念，即其本身不可分解为更基本的认知结构的概念。如果我们正在处理的是原始概念，那么，上述议论是很有根据，但却不再构成反对的理由。因为，一个系统能够具有可区别的概念F和G的唯一方式——当这些概念以上述的方式之一等同的时候——就在于假定它们中至少一个是复杂的，假定它们中的一个是由知觉元素构成的，而另一个则不是。那么，例如s之作为F（在分析上或者法则上）等同于s之作为G，但是某物之作为G是由它作为H和K构成的（对于被讨论的这个系统），那么，尽管这两个认知结构的语义等同（它们具有相同的语义内容），但它们仍然是有区别的认知结构。由于它们的构成不同，所以它们仍然是有区别的认知结构。带有s是G这一内容的一个认知结构，是一个合成结构，这个合成结构的每一个成分本身都是输出的一个决定因素。因此，这些在语义上等同的结构以不同的方式影响行为。无论被显现的这个信念是一个与简单概念（例如，s是F）有关的信念，还是一个与复杂概念（s是G）有关的信念，要单独区别出输出可能都是很困难的，因为这两个结构（一个在概念上简单，另一个则复杂）可能事实上造成同样的行为。然而，正如我们能够以一种适当的方式（例如，有选择的隔离）改变条件，将合力的影响和（构成合力的矢量和的）一个单独的力的影响区别开来一样，我们也能够查明语义上等同的诸信念在构成上的不同。通过一个行为，两个不同的个体可能都对

216

一个正方形作出反应，这个行为表明，这两个不同的个体都相信它是一个正方形（例如，他们都说"那是一个正方形"）。尽管如此，一个个体可能在表达一个复杂信念，即体现四边性（four-sidedness）这一思想的一个信念，而另一个个体则在表达一个（在概念上）简单的信念。后者可能连四边性这个概念都不具有。被说到的这个个体在将s识别为一个正方形时，必定明显依赖于s有四个边这一信息，但是如果该个体缺乏这个概念，它就没有带有四边性的认知结构作为其语义内容。因此，它就没有能力把正方形、矩形和平行四边形识别为同样类型的图形。这就相当于下述情况：一只鸽子或者一只猴子受到训练只去啄（推）正方形的目标。没有理由认为，仅仅因为我们选择把一个正方形看作是体现着四边性观念的一个复杂思想，所以这些动物具有四边形这个概念。对它们而言，正方形这一概念可能是原始的，是没有概念组成部分的某种东西。对一名尚未学会计算的二岁的儿童来说同样如此。

根据当前的分析，不可能有两个原始概念是等同的。如果它们是等同的，那么与它们一致的这些认知结构就具有完全相同的语义内容。而且，如果它们都是原始的，那么这个未被表达出来的内容在这两种情况下都是控制输出的东西。这是没有了不同的差别了。要成为既是原始的又是（在语义上）等同的，就是要成为同一的。[1]

我认为，这是恰如其分的。我们正在试着说明信念的意向性。我们已经成功地表明：s是F这一信念何以可能不同于s是G这一信念，（因此）概念F和概念G何以可能不同，尽管存在对

第9章 概念和意义

应结构的语义等同。这就把我们想要的意向性层级给了我们。要想更进一步，要想把原始的等同概念分别或者辨别开来，就是要在通常理解的认知结构之外寻找一个意向性层级。因为，除非至少这些概念中的一个是复杂的，除非我们能够根据这些信念的构成结构对这些信念（和概念）进行分辨，否则我们就分辨不了与语义上对等的诸概念有关的诸信念。例如，我们能够把s是一个正方形这一信念和s是一个直角等边形这一信念区别开来，只要我们能够把正方形这一概念看作被讨论的这个主体的一个简单（原始的）概念——或者，至少看作是与一个直角等边形相比具有不同（概念的）分解的一个概念。因为，只要我们能够把正方形这一概念看作是简单的，那么，s是一个直角等边形这一信念，就会给予这个相信者s是一个正方形这一信念所无法给予的某些东西，即s是一个等边形这一信念。而且，伴随着信念的这个不同，对s和其他图形的行为（或者行为倾向）也会有相应的不同。

考虑一下对光和电磁波的理论联系，声音和空气（或者介质）振动的理论联系，热和分子运动的理论联系，以及水和H_2O的理论联系。即便我们应当认为H_2O是水的一个本质的（而且是唯一本质的）属性，因此，即便我们认为某物之作为水和某物之作为H_2O之间没有信息的区别（携带一条信息的每一个结构或者信号，必然携带另一条信息），我们也仍然能够在以下两者间辨认出明显的不同：即带有x是水这一内容的一个认知结构和带有x是H_2O这一内容的一个认知结构这两者之间。只要我们把其中一个看作是在构成上有别于（并因此在功能上可区别于）另一个，那么这些认知结构就能够是不同的。具有同一的语义内容并不足以使两个结构成为同样的认知结构。这两个结构还必须在功能上对它们所处的这个系统是无差别的。而且，如果其中一个结构是一个合成结构，具有其本身就是认知结构的诸部分，而另一个结构则不是（或者是以不同的方式由更简单的认知结构构成的），那么这两个结构就是不同的概念，尽管它们的语义等同。正是这个事实使得有可能依靠纯粹的信息论基础对s是水这一信念和s是H_2O这一信念进行区别，尽管事实上s是水这一信息不可能和s是H_2O这一信息区别开来。[2]

正是这个使得大意为水是由H_2O分子构成的这一重要的信念成为可能，尽管事实上被相信的东西，即这个信念的内容具有一个为零的信息量度。因为，虽然没有与水是H_2O联系在一起的信息（或者甚至任何必然的真），但是水是H_2O这一信念却构成了两个不同的认知结构（就其内容的相同而言）的同化（assimilation）。如果我们只着眼于表征着水和H_2O的这些结构的内容，那么就很难明白水是H_2O这一信念如何不同于比如水是水这一信念。因为对应着该信念中的这两个概念（水和H_2O）的这些结构，具有相同的语义内容。然而，在使这些结构在功能上可辨识的意义上，这些结构在构成上是有区别的。它们功能上的不同在于如下事实：这两个结构是由功能上不同的单元（认知结构）构成的。要相信水是H_2O，就是要在诸结构的这些功能属性中达成一个会合点，而就其内容而言，这些结构已经是等同的了。

正是由于这个理由，一个必然真理的知识，尽管其实现并

第9章 概念和意义

不需要信息（因为已知的东西具有一个为零的信息量度），但却不是毫无价值的、自然而然的东西。即便我们认为知更鸟必然是鸟，是一只鸟是知更鸟的一个本质属性，知更鸟是鸟这一发现也可以是一个重要的认知成就。一个人确实不需要信息来促成这个发现，但是就发现暗指知识而知识暗指信念而言，一个人又确实需要知更鸟是鸟这一信念。而且，正如我们刚刚已经明白的，这个信念的获得并非是毫无价值的。它需要不同结构的这些功能属性中的一个重新组合，而且为了实现这个变化可能还需要调查。这个调查可能是必须的，它不是为了获得多于下述这种东西的信息：即在一个人得到被观察的这些对象是知更鸟这个信息时，这个人所具有的东西（因为一个人不可能得到s是一只知更鸟这一信息，而不得到s是一只鸟这一信息）。这个调查是为了导致一个人的诸表征结构的巩固。这项调查可能是必不可少的，也就是说，为了解答在根本上什么是编码问题：这个问题即是要确定哪些认知结构（如果有的话）会编码由别的认知结构在整体上或者部分上已经编码过的信息。[3]

我们已经说过，概念要在一系列最佳条件下获得——至少从信息的观点看最佳。一个人学习一个F是什么（获得概念F），要通过接触到各种各样的是F的事物和（通常）不是F的事物，而这种接触要在如下条件下发生：s是F这一信息和t不是F这一信息都是可以被学习者利用的。要表征某物之作为F、并将某物之作为F作为语义内容的这个内在结构，是作为对关于事物的F性的消息的反应而得到明确表达的。赋予这些内在结构这种适合的内容的东西，是这些内在结构对信息的一个特殊成分的敏感性（在学习期间被发展出来）。一个结构有选择地敏感于s是F这一信息，就是以另一种方法描述如下事实：在学习情境特有的这种条件下，这个结构发展成为对事物的F性的一个数字表征。一旦这个结构被形成，它的诸并发个例就意指s是F，而无论即时刺激是否承载关于s的这个信息。

在上一章中，通过描述某个假定的主体学习一只知更鸟是什么，获得原始概念的这个过程已经被阐明了。这并不是一个完全现实的例子，因为学习对鸟进行识别的大多数人在着手这项工作时，都已经在概念上十分复杂了。他们知道鸟是什么，而且知道能够飞翔意指什么。因此在学习一只知更鸟是什么时，他们能够利用这些先前获得的概念。例如，他们能够看知更鸟的图片，或者研究知更鸟的填充玩具。如果他们已经知道画眉是什么，那么他们就能够被告知：知更鸟就是橙胸画眉。在以这些或多或少间接的方式习得这个概念时，一个人当然没有获得大意为s是一只知更鸟的信息。但是，如果一个人已经知道鸟和图片是什么，那么这个人好像就能够用先前获得的这些概念资源和当前可用的信息制造出知更鸟这个概念。一只知更鸟就是带有这张图片上所呈现的这种独特斑纹和轮廓的一只鸟。在这种情况下，这个概念的获得缺乏适合的那条信息（即，s是一只知更鸟），但是我认为，这也明显不是某人获得原始概念的一个实例。因为对于以上述的间接方式学习一只知更鸟是什么的一个人来说，一只知更鸟这一概念会是一个复杂概念，即把鸟这一概念作为其构成要素之一的一个复杂概念。

然而，假定我们正在教一个完全幼稚的主体一只知更鸟是

第9章 概念和意义

什么。我们从零开始。我们的小学生既没有知更鸟这一概念，也没有鸟这一概念。如果我们假定，知更鸟就是有独特样子的鸟，这样子足以使它们能够只根据它们的轮廓和斑纹就被认出来，那么，教授我们的这个幼稚的主体一只知更鸟是什么，而不让她知道知更鸟是鸟，这应当是可能的。我之所以说这应当是可能的是因为：如果只根据轮廓和斑纹，s就能够被知道是一只知更鸟（被识别为一只知更鸟），那么使这个主体适应s是一只知更鸟这一信息，而不使她适应s是一只鸟这一信息，这应当是可能的。也就是说，我们应当能够发展出带有s是一只知更鸟这一内容的一个语义结构，而无须建立带有s是一只鸟这一内容的一个结构。即便s是一只鸟这一信息被套叠在s是一只知更鸟这一信息当中（假定知更鸟们的一个本质属性就是：它们是鸟），以至于我们不传输前一条信息就不可能传输后一条信息，但我们仍然能够建立数字化地编码后一条信息的一个结构，而无需建立数字化地编码前一条信息的任何结构。虽然在我们的主体获得知更鸟这一概念时，她（必然地）在接收着s是一只鸟这一信息（由于这一信息被套叠在s是一只知更鸟这条信息当中），但她并不数字化这个信息。通过一个仔细的强化程序，她成功地数字化了唯一这条更详细的信息。结果，她获得了知更鸟这一概念，而没有获得鸟这一概念。假如这个发生了，那么这个主体就能够相信特殊的鸟是知更鸟，而不相信——甚至不能够相信（因为缺乏相关的概念）它们是鸟。

对诸概念（以及相关这些信念）的信息论特性的这个特殊推论，可能会让一些读者感到似是而非。但这个推论不但不是似是而非的，而且它还阐明了关于概念本质的一个重要事实，即诸概念（或者意义）的一个特性，这个特性近来在索尔·克里普克（Saul Kripke）、希拉里·普特南（Hilary Putnam）和别的一些人的著作中已经变得更加清晰了。[4]一个人能够具有概念F，或者（如果一个人不愿谈论概念的话）一个人能够具有大意为这是F的诸信念，而不知道F的所有这些本质属性，不知道F的这些本质属性中的任何一个。一个人能够具有知更鸟这一概念，因此相信栖息在远处枝条上的这个受造物是一只知更鸟，但不知道某物之作为一只知更鸟的本质是什么，不知道知更鸟能飞或者知更鸟是鸟。确实，这就有可能使得：相信某物是一只知更鸟，但却仍然需要一个经验上的调查来发现知更鸟是什么。要相信一个人已经发现了黄金，这个人不必知道对某物之作为黄金而言是本质的所有东西或者任何东西。假如需要这个的话（假定对于黄金的本质属性而言唯一似乎可信的候选项是它的原子构成），那么早期的加利福尼亚投机者们就不仅不会知道他们已经发现了黄金，而且甚至不相信金子。

　　对一个概念的拥有完全不同于关于这些条件的知识，即对这个概念的运用来说，可能被看作是必要的、而且连带是充分的这些条件的知识。一个人能够具有一个概念，而且关于这个概念要应用于其上的那些事物，关于什么东西对一事物作为此概念的一个实例是必要的，这个人都仍然有很多东西要学习。我们不能再固守这个传统的观点：发现诸事物的偶然属性是科学的任务，而揭示诸事物的本质属性则是语言分析或者概念分析的任务。我们已经发现的东西是完全不同的。在分析一个特

第9章 概念和意义

殊系统的C概念时，我们可能找不到C的诸本质属性的认知表征。索尔·克里普克在他关于命名和必然性的演讲中已经对下述两者间的区别作了基本可信的划分：关于一种类型的事物，什么能够先验地被知道（通过某种形式的概念分析）和对一事物之作为该类型来说什么是必要的（本质的）（见注释4）。当前这个分析的新意，不在于介于一个F的诸本质属性和通过某种先验的方式（凭借概念分析）关于诸F什么能够被知道之间的这个区别，而在于这样一个思想：由这个区别所指示的这种不同，是在意义（概念）的信息论本质中有其源头的一种不同。

概念的信息原点

我已经指出，系统（对它而言概念是原始的）有能力接收到，并在事实上已经接收到（在学习期间），必备的这种信息，这对一个原始概念的形成是必要的。据断言，这个对那个适合的语义结构的发展是必要的。为了给正在被阐明的这个框架勾勒出一幅更完整的图景，也为了使读者更好地感受这个框架，我曾把针对该论题的一些反对意见推到了后面。现在是我们面对这些难题的时候了。我不可能指望避开每一个相关的反对意见。这里有根本无法回避的难题。尽管如此，通过探讨（在我看来是）这个研究路径的那些主要问题，我仅仅希望弄明白：在澄清概念的本质和相关的意义现象时，一个人能够取得多大进展。

在我们开始之前，应当牢记，至少目前我们在处理的仅仅是原始概念。一个原始概念需要拥有此概念的这个系统有能力接收到，并且在事实上已经接收到与此概念的意义（它的语义内容）适合的信息。当然，这对复杂概念并不适用。很显然，某人能够相信s是一个魔鬼，一个神迹或者一只独角兽，而根本未曾接收到某物曾是一个魔鬼、一个神迹或者一只独角兽这一信息。如果这些事物确实不（而且从来不）存在，那么就没有人曾经接收过这些条信息。然而，我认为这样一些概念总是复杂的。这些概念是由更基本的认知结构形成的。[5]既然我不打算为赞成此论断而辩论，所以我希望，这个论断看起来足够可信，不需要争辩。因为我假定必定存在有一些原始概念（而且零外延概念不在其中），所以我会把注意力局限于这样一些概念，这些概念在某个时间对某个有机体来说，貌似可以被看作是原始的。[6]关于诸信息前项的必要性的这个论题，就是关于这些概念的论题。

此外，除了暗中诉诸于复杂概念之外，还存在一种类型的学习情境，在这些情境中，可以认为，一个有机体能够获得一个原始概念，而没有这种必备的信息。这个想法是这样的。通过向某人展示红光下的一些白色对象来教授这个人红色这一概念。[7]或者，通过向某人展示完全像真正的知更鸟一样鸣叫和飞翔的一些精巧的机械模型来教授这个人：一只知更鸟是什么。既然这个主体没有被出示任何是红色的东西（是一只知更鸟的任何东西），所以他既不会接收到某物是红色（或者一只知更鸟）这一信息，又不会对该信息发展出一种有选择的反应。因此，带有"x是红色的"或者"x是一只知更鸟"这一语义内容

第9章 概念和意义

的结构不能够发展出来。然而，可能有人争论说，一个人能够以这种非正统的方式获得红色或者知更鸟这一概念。一旦训练期结束，这些异常环境就会被去除，而且我们的主体也会和我们其他人混在一起。如果他已经把他的课程学好了的话，那么他就会（在正常的照明下）把红色对象描述成是红色的，而且不会把这个描述给予不同颜色的对象。或者，如果这个主体碰巧是一只鸽子，那么这只鸟就会（在正常的照明下）啄红色的碎片，而拒绝啄其他颜色的碎片。甚至在异常环境下——这种环境具有我们的与众不同的受训主体的这个学习情境所具有的特征——也没有明显不同。假定没有人意识到这些异常环境，那么正常的受训主体和与众不同的受训主体都会把（在红光下的）白色对象表述为红色的。因此，好像是如果正常的受训主体们被认为具有红色这一概念，那么我们的与众不同的受训主体也必然如此。这就违背了当前正在辩护的这个论题：我们的主体并没有获得一个概念，作为对关于诸对象的颜色的信息的反应。他获得了响应错误信息的概念。

　　关于这个例子，第一点要注意的是，我们的主体受训用什么语词来作为对看起来是红色的事物的反应，这是无关紧要的。什么语词被用来表达一个人所相信的东西，这与评价某人事实上相信什么是不相关的（虽然在正常情况下，它肯定是一条相关的证据）。我们现在不是在追问"红色"这个语词意指什么。我们在追问的是，我们与众不同的受训主体在用这个语词表达什么概念或者信念。我们原本可以训练他说"六边形的"。但这并不表明，当他用"六边形的"描述（样子是）红色的对象时，

291

他就相信这些对象是六边形的。

如果，我们的主体（经过这种训练之后）所具有的这个概念，正确地适用于非红色的事物的话，那么这个概念就不可能是红色这个概念，这似乎是很明显的。既然如此，如果我们能够证明，我们的主体确实具有的这个概念，正确地适用于他据以受到训练的这些白色的对象，那么，我们也就能够证明他确实具有红色这个概念。

让R代表这个主体在上述训练期间实际上获得的这个概念，即他现在用"红色"这一语词来表达的这个概念。那么问题是：他在训练期间被出示的这些白色对象（在红光之下）是否真的是R。

当这个主体对这些白色的对象作出"红色"反应时——他受到训练去这样做——那么，在下述意义上，他的反应明显是不正确的：这个反应涉及到一个语词的用法——鉴于该词所在的这个公共语言中该词的意义——这个语词不能适用于他将该词用于其上的这些对象。但是，在评价这个反应的正确或者不正确时，我们不被容许使用这个事实。因为我们现在正试着确定，这个主体在用这个语词表达什么概念，他用"红色"意指什么，而且我们不能不提出这个问题就认为这就是红色这个概念。

那么，说这些白色的训练对象（在红光下）不是R，这意味着什么呢？如果我们假定，存在有正确使用R的标准，该标准与这个主体受训所用的标准无关，也就是说，如果我们假定，这个反应（或者产生这个反应的这个内在状态）具有的意

第9章 概念和意义

义与它在学习情境中获得的东西无关,这才说得通。但是,如果我们抛开"红色"这一语词的约定意义,这根本就是说不通的。正是这个主体在学习情境中对之易作出反应的这个信息,界定着什么是一个正确的反应——当然,不是对于这个主题受训要说出的这些语词(因为这些语词是具有独立使用标准的公共语言的一部分)来说的,而是对于他用这些语词来表达的这些概念(如果有的话)来说的。在这个主体获得了R这一概念之前,没有反应构成那个概念的不正确使用,因为没有反应构成那个概念的使用。而一旦这个主体获得了这个概念,那么,他获得了什么概念这一问题,并因此什么构成了这个概念的正确应用这一问题,就都是由这个概念被发展出来要表征什么属性所决定的。因此,这样认为是说不通的:如果这个主体受训对看起来是红色的白色对象作出"红色"的反应,那么该主体就是在受训将某个概念不正确地应用于这些对象。他不正确地受训去做的,就是要用"红色"这个语词表达他正在应用的这个概念。

那么,我要说,我们的与众不同的受训主体并不具有红色这个概念。他最多具有看起来是红色这个概念,或者无差别地适用于红色事物和看起来是红色的事物的某个概念(假定适用于知觉对象s的这个概念,如果它完全适用的话)。他用"红色"这一语词表达这个概念,而且他通常是在标准的照明条件下(在此条件下,白色对象看起来不是红色的)进行的:上述两个事实都要对探查他的古怪概念以及对应的诸信念时的困难负责。但是,在发现这个概念上的异常时遇到的这个困难,不应当混滞于这个完全不同的可能性：即存在这样一个概念上的异常。

用希拉里·普特南的一个例子能够更鲜明地说明这个观点。[8]假定存在着一个地方（称之为孪生地球），在那里有两种实体XYZ和H_2O，这两种实体在化学上完全不同但都具有水的表面属性。我用"表面"属性意指我们通常（在实验室外边）赖以将某物确定为水的那些属性。孪生地球上的一些湖泊和河流充满了H_2O；而另一些则充满了XYZ。一些家庭的水龙头里流出的是H_2O，另一些则是XYZ。在这个地方的某些区域降雨降的是H_2O，另一些区域降的则是XYZ，还有一些区域降的则是两者的混合。这两种实体都被孪生地球的人称作"水"，因为（离开详细的化学分析）它们是无法分辨的。这两种实体都能解渴，尝起来也一样，（几乎）在相同的温度沸腾和结冰，等等。

现在设想：某个孪生地球人（称其为汤姆）正被教授在孪生地球上的某个区域内水是什么，而在这个区域内H_2O和XYZ都可以得到。后来发现（完全是偶然地），他仅仅是通过接触H_2O来被教授对水（或者孪生地球人所谓的"水"）进行识别。在学习水是什么之后（完全达到了他的老师们满意），他移居到了孪生地球的一个区域，这里被发现存在的只有H_2O。或者（用更清楚的话来表明这个观点），我们可以假定汤姆不可思议地被传送到了地球上，这里被发现存在的只有H_2O。既然孪生地球和地球之间没有别的重大不同，汤姆就毫无困难地融入其中了。汤姆所说的关于水的一切（用"水"这一语词）都一致于他新交的朋友们所说的和所相信的关于水（也用"水"这一语词）的东西。

第9章 概念和意义

当然,问题不在于汤姆说什么,而在于汤姆相信什么。汤姆并不和他的地球人朋友们具有相同的概念。当汤姆说"这是水"时他所相信的东西,并不是他的地球人朋友们在说"这是水"时所相信的东西。汤姆用"水"意指的东西是H_2O或者XYZ。当然,这是我们(知道了这个案例的全部事实)对之进行描述的方式,而不是汤姆对之进行描述的方式。如果被问起的话,汤姆会说他用"水"意指水,而且他确实在意指这个。但是要点在于,与汤姆的地球人朋友们相比,对于汤姆,更多的事物有资格成为水。如果我们想象一些XYZ也被传输到了地球上,那么汤姆对于这个实体的信念——即它是水,就会是正确的,而他的地球人朋友的信念——即它是水,则会是错误的。

对于这个不同的信息论解释就在于:汤姆和他的地球人朋友们在他们各自的学习阶段对不同种类的信息作出了反应。即便(完全是偶然地)后来发现,汤姆和他的地球人朋友们在训练期间接触到的是同样的实体(即H_2O),那么它是H_2O这一信息也是地球人曾利用过,而汤姆不曾利用过的。[9]在孪生地球上,这个信息未被利用过,这是因为在孪生地球上(而不是地球上)诸信号携带的信息,不是s是H_2O,而是s要么是H_2O要么是XYZ。汤姆在训练期间变得对之有选择地敏感的,正是后面这条在本质上是析取的信息。既然在地球上不会发现有XYZ(而且现在我们假定,除了奇迹以外,任何东西都不可能把XYZ带到地球上),那么,地球人获得的就是一个不同的概念,因为他们的分辨反应是由一条不同的信息所引导的——即这是H_2O这一信息。既然在这两个世界发挥作用的这些规律性是不同的,那么在物理上不可分辨的诸信号中发现的这种信息也就是不同的。因此，作为对这些信号的反应而被发展出来的诸结构的语义内容也是不同的。这就是为什么，虽然汤姆的概念作为对相同种类的物理刺激的反应而被发展出来（与看到、尝到和感觉到水联系在一起的这种类型的物理刺激），虽然（事实上）汤姆的概念被发展出来与这同一个实体（H_2O）有关，但它却完全不同于地球人的概念。他们两者都用这同一个语词来表达他们所意指的东西，但是他们却意指不同的东西。至少他们的概念具有不同的外延。无法通过看"他们的头脑里面"，即通过检查他们的内在状态的这些物理属性，来发现这个不同。因为这些不同的外延（因此，不同的概念）是他们在学习期间接触到的不同种类的信息所造成的，而且这个不同不是在他们头脑中的不同，而是在信息上与支配他们的学习环境有关的诸规律性的不同。[10]

可以认为，普特南的这个例子是极为古怪的。我曾经听说，这个例子被蔑称为完全无关于我们形成概念的方法或者我们所具有的这些概念的应用。这是不对的。这个例子很遗憾地带有了科幻色彩，但它提供的经验教训却是非常实用的。它告诉我们，一个人不可能通过接触到下述诸信号就获得F这个概念：这些信号只携带诸事物是F或者G这一信息。或者，用信息论的话来表明同样这个观点，一个人所获得的这些（原始的）概念，受制于这些信号中可得到的这种信息：这些信号即是一个人对之发展出有选择反应的信号。而且，如此一般被获得的这些概念，其同一性（意义）是由这个信息所决定的。如果没有看起

第9章　概念和意义

来和听起来都很像知更鸟的鸟，那么我们就能够通过看和听诸多知更鸟来学习一只知更鸟是什么。我们的世界大概就是这样。但是，如果在正常的视听条件下存在别的鸟（或者机械复制品）无法与真正的知更鸟区别开来，那么我通过看和听诸多知更鸟所获得的东西就不会是知更鸟这个概念。它将是一个范围更广的概念——即在其外延中包含有别的这些鸟（或者机械复制品）的某种东西。而且，这个概念上的不同是由这些世界之间信息上的不同所造成的：在后一个世界中（但是，大概不会在我们的世界中），一个人不会通过不经意的看和听就获得远处的鸟是一只知更鸟这一信息。

汤姆在地球上的情况就等同于我们假定的主体（受训对看起来是红色的白色对象作出"红色"的反应）在脱离了人为设定的学习环境时的情况。他并不具有红色这一概念。他所具有的是适用于用来训练他的那些白色对象的一个概念。汤姆的概念，即他用"水"这一语词来表达的概念，适用于不是水的诸事物（即不是H_2O，不是我们用水所意指的东西）；而我们的主体的概念，即他用"红色"这一语词来表达的概念，适用于不是红色的诸事物。在正常照明条件下，他对诸红色对象的言语反应与受到正常训练的主体们的反应一样准确和具有识别力，这是一个事实，这一事实绝对没有说明：当他说到是"红色"的一个对象时，他正在应用的是什么概念。它只表明（正如在汤姆的案例中），他碰巧是在如下环境或者状态下运作的：即他具有的这个概念与他的朋友们具有的这个概念是共外延的。

这个讨论不应该用来暗示：一个人不可能按照大多数儿

228

童被教授他们的颜色语词的方式，通过接触各种颜色的对象来获得作为原始概念的红色这个概念。可以说，这个讨论并不意味着：我们不能用诸事物看起来是红色这一事实，来教授某人"是红色"意指着什么。它意味着：要获得作为原始概念的红色这一概念，一个人就必须在差不多正常的环境下运作，在此环境下，s之看起来是红色，携带着s是红色这一信息。为了发展出需要的这个必备的语义结构，即具有一个内容可表达为"x是红色"的语义结构，肯定必须使这个主体对关于诸事物所是的这个颜色的信息作出反应，而不只是对关于诸事物显现出的这个颜色的信息作出反应。这毫无疑问需要在各种不同的照明条件下（例如，日光下、昏暗中、人造光下）和各种不同的背景下（例如，不同颜色的背景下）来训练。这样一个（被正常训练的）主体，后来可以受到愚弄，认为仅仅被弄得看起来是红色的某物是红色的（通过选择红色的光照明），这一事实并不表明：他真的具有——看起来是红色——这个概念，而非红色这个概念。一个人还能够争论说：某人不具有知更鸟这个概念，因为他可能被一个精巧的机械复制品所愚弄；或者一个小孩没有距离的概念，因为他认为月亮很近。[11]

（前面谈到的）这个分析的结论就在于：如果C是一个原始概念，它就不可能具有一个空外延。它必定适用于（或者已经适用于）某个东西——只要在这个概念被获得的那个时段内，这些对象是可用的。此外，如果C对K是原始的，那么K必定已经接收到大意为某物是C的信息。我们对一个人如何获得一个原始概念的描述所暗示出来的就这么多。[12]这会造成一个颇为令人

第9章 概念和意义

惊诧的认识论后果。如果C是一个原始概念，那么一个人就不可能相信s是C，除非这个人现在（或者曾经）有条件知道诸事物是C。因为，一个人不可能相信s是C，除非这个人已经具有概念C。一个人不可能获得这个概念，除非这个人已经接收到、处理并编码过关于诸事物之C性的信息，也就是说，除非这个人已经发展出一种手段来数字化地编码关于诸事物之C性的信息。既然知识已经被等同于由信息所产生的信念，那么有能力相信某物是C的任何有机体，都必定具有（或者已经具有）这些信息处理手段来知道诸事物是（或者曾经是）C。离开了这个能力，一个有机体绝对不可能发展出C这个概念，（因此）绝对不可能具有大意为某物是C的诸信念。

这个经典公式（知识=被辩明的真信念）向我们保证：知识需要信念。然而，现在看起来，一些信念（涉及原始概念的那些信念）如果不需要知识的话，那就需要持有这些信念的这个系统所表现出的知识的这个可能性。当然，这个结果对传统的怀疑论的破坏有多大，要取决于一个人的信念涉及原始概念的范围有多广。但是，肯定能说：无物可知这一观点在论证上是错误的。这个观点的论证（除了需要接受关于信念和知识的现有观点外）需要的唯一前提是：我们具有信念。据我所知，大多数怀疑论者都没有质疑过这个前提。

推测起来，我们在对周围环境的描述中所运用的大多数概念都是复杂概念，即通过各种各样的方法用更原始的要素构成的诸结构。如果C_1是具有红色这一内容的一个原始结构，而C_2是具有正方形这一内容的一个原始结构，那么红色正方形这个概念就可以被看作是将C_1和C_2作为组件的一个合成结构。决定着诸复杂概念之构成的这些规则，即这个内在语言的语法，当然不可能是由这例子所表现出来的这种简单的东西。（1）红色和正方形，（2）红色或者正方形，（3）红色仅当正方形，（4）红色但非正方形：上述这些概念是完全不同的概念，但是它们都将红色和正方形作为成分。它们就好像是根据不同的（句法的）配方用相同的（语义的）配料制成的。这个内在语言的句法，即对复杂概念的形成负责的这种构成机制，必定极为复杂——如果它要对我们在一个成熟的概念系统中所见的这种细致性和多样性作出说明的话。当然，当我们着眼于使用语言的有机体时，这一点尤为真实。把负责复杂概念之形成的这种内在构成机制本身作为语言，即思维的语言，这似乎不太像是一个隐喻。[13]但是，这可能仅仅是下述事实的一种反映：这些内在概念机制，至少在部分上，是我们所学习的公共语言中所固有的构成策略和投射策略的一种内在化。随着我们学习语言，我们会学到用于构造复杂概念的更隐秘的配方，因为（或许）用于制造这些复杂概念的这些配方，是由下述网络提供的：与语言的获得相关的这种逐渐丰富和分化的反应（和分辨）网络。在获得一门语言时，我们自备了一个更丰富的系统，即在表征上可分辨的诸内在状态的一个系统，而且我们已经明白，这就是概念发展的本质。[14]

这些东西太过技术化，就不在这里讨论了。至少，它们超出了我的技术能力。与概念形成有关的问题，最好留给那些有能力研究它们的专家，尤其是当概念形成涉及下述方法时：即

第9章 概念和意义

语言使用者有能力用某种预先存在的材料产生出更复杂的概念的方法。对于我的有限的目的而言，注意到一门语言既具有句法学又具有语义学，这就足够了。无论这个内在语言的句法学可能是什么，本章（还有上一章）的目的都在于粗略地说明：这个内在语言如何获得它的意义或者解释，即它如何获得它的语义学。我已经指出，我们的诸内在状态依据信息获得其意义，而我们的诸内在状态最初形成功能单元即是对此信息的反应。正是具身化在这些最初的、关键刺激中的信息，为这些内在结构提供了内容——这些结构在随后被缺乏相关信息的刺激引发时，仍然保持这个内容。

天赋概念

我相当强调学习情境，因为一般而言，概念所特有的、信息和功能之间的这个对位，即协调，正是发生于此。一般地，正是在这个学习情境中，有机体们发展出带有突出语义内容的诸内在状态。尽管有此强调，但仍存在这样的可能性：一个有机体来到这个世界，可能就已经与某些信息"调谐一致"了。学习并非是必不可少的。有机体来到世间，好像与生俱来的一样，带有一系列的内在状态，这些内在状态既对在知觉上接收到的某些信息有选择地作出反应，又有助于形成输出。生存的紧迫性已经导致对下述个体们的选择：这些个体具有认知上的必要手段来有选择地反应从环境中获得的至关重要的某些信息。为了确定重要的反应（躲避、迁移、追逐、隐藏等），有的信息自动被数字化了。由于在功能上有影响的诸结构和这些结构在信息上的敏感性之间这个固有的对位或者协调，这些结构在实际接触到承载有相关信息的诸信号之前，就具有了意义或者内容。当然，我们正在讨论的就是天赋概念：在功能上有影响的诸内在结构，在学习之前，在接触到承载有s是C这一信息的的诸信号之前，就构成了这个系统数字化地表征某物是C这一事实的方式。

一个有机体是否具有一些天赋概念，如果有的话，这些天赋概念是否能够被等同于该有机体在完全成熟的状态下所具有的这些概念，这些都是与经验有关的问题。这里的这些问题造成了发展心理学中先天论者和经验论者的长期分化。我不想介入此种争论。但是，作为对这个传统问题如何表现的一个说明，如果我们转换成当前这项工作的信息论用语，我们就可能会注意到最近有关深度知觉的这些更引人瞩目的研究之一。吉布森和沃克的视觉悬崖实验表明：许多动物（包括人类）都具有很早就显现出来的深度概念。[15]当置身于一个视觉悬崖（关于一个向下距离迅速增加的信息）时，小鸡、小海龟、小老鼠、小绵羊、小山羊、小猪、小猫和小狗都表现出显著的类似反应。"在出生不到24小时的阶段，小鸡就能够在视觉悬崖上被测试。它绝不会［我的强调］犯'错误'，而且总是会从浅的那一侧跳下。"[16]此外：

> 小山羊和小绵羊就像小鸡一样，一旦能够站立，就能够在视觉悬崖上被测试。这些动物的反应是很容易预

测的。山羊和绵羊即便在出生一天时，也不会向玻璃板深的那一侧移动。当这些动物之一被放置在玻璃板深的那一侧时，它会表现出特有的刻板行为。它会紧张不安而且采取一种防守姿态，它的前腿绷直，后腿弯曲。[17]

这样一些实验表明，许多动物在学习发生之前，在它们对包含着关于深的信息的诸信号的反应被形成之前（通过各种不同的回馈过程——例如，跌下悬崖），就有能力把某种东西识别为深。它们带着一个制导系统来到这个世界，这个制导系统已经有选择地敏感于关于深的信息了。

不同的动物会在特有的不同年龄阶段表现出这个反应。一个动物表现出这个反应的年龄阶段与它的生活经历有关：

> 一个物种的生存要求该物种的成员到开始独立移动的时候就发展出对深度的识别力，或者是一天（小鸡和山羊），或者是三到四周（老鼠和猫），或者是六到十个月（人类婴儿）。这样一个至关重要的能力（对深度的辨认），并不依赖于在个体的生命中从可能致命的偶然事故中进行学习，这是与进化论相一致的。[18]

因此，要有资格成为一个天赋概念，在功能上相关的这个语义结构不需要在出生时就起作用。关键的问题是，这个结构是否会在正常的成熟期内不依赖试错法学习就突现出来。"一个行为在婴儿期之后出现，这个简单的事实并不一定意味着：这个行为是被习得的。它或许代表着，天赋过程的自然演变是和个体的心理发展一起发生的。我们称这个过程为成熟，而且我们可以将之归于一种特殊类型的天赋行为。"[19]而且同样地，我们也可以将下述这个内在结构称为天赋概念：这个内在结构会有选择地编码相关信息，而且（至少在部分上）对这个特殊类型的天赋行为负责。

当然，一个人一定不要把天赋概念和显示出这个天赋概念的行为相混淆。例如，结果可能是，一个有机体具有关于深度的一个天赋概念，即一个在功能上相关的结构，该结构有选择地敏感于关于诸事物深度的信息，但是由于运动障碍，发育迟缓或者是单纯的不成熟，这个有机体不能够成功地将这些信念转换为适合行为。如果你愿意的话，就回想一下有关前肢被互换的那只火蜥蜴的讨论：火蜥蜴相信它前面有食物，但是（由于完全可理解的理由）它的行为却完全不适合这一个信念。或者，为什么婴儿们典型地错够（misreach）附近的对象，试考虑下述这种似乎可信的解释：

> 婴儿们最初会错够这是一个事实，这一事实常常被用来表明他们不可能知觉深度。如果事实上他们能够知觉深度，那么错够就仍然是有待解释的。下述事实会给出一条解释的线索：随着婴儿的发展，在他身上最明显的改变就是大小的改变。似乎有可能：一个会错够的婴儿之所以如此，并不是因为缺乏深度知觉，而仅仅是因为他不知道他的手臂有多长。因为在发展期手臂长度将

第9章 概念和意义

会彻底改变，所以，如果运动知觉系统因特定的手臂长度而在出生时受到调整，那这将是一种浪费——肯定是不利于适应的。[20]

而且吉布森和沃克告诫说：无论婴儿对深度的识别可能有多好，都不应该把婴儿留在边缘地带，因为婴儿的深度的知觉明显比其运动能力成熟得更快。[21]婴儿们在笨拙地努力着要到达设备的浅侧时，却常常退回到了深侧。没有玻璃板保护的话，他们可能已经经历了一次痛苦的跌落了。

我们已经指出：一个个体拥有什么概念，是由这些（在功能上相关的）内在状态对之有选择地敏感的这种信息所决定的。就被获得的（被习得的）原始概念而言，这个概念的同一性（该个体具有什么概念），完全是由学习过程中他所利用的这种信息所决定的。既然天赋概念不是作为对——在这个个体的生活经历中——承载着信息的诸信号的反应而形成的，那么通过识别该个体在学习期间变得对之敏感的这种信息，来识别这个概念，这就是不可能的了。对天赋概念的识别（即一特定动物具有什么概念）必须要考虑到：在该动物所处的这个物种里，这个结构被发展出来所用的那种方式。对天赋概念而言，这个问题变成了：自然选择过程所设计的这个结构以完全数字的形式携带的是什么信息？这些认知结构由于其适应意义（adaptive significance），而被发展、保存并在遗传上传递，那么这些认知结构的语义内容是什么呢？正是后天获得的结构和天赋结构两者的信息遗产，决定着它们的概念同一性。就后天获得的概念而言，相关的那些信息前项，要到该个体获得此概念的学习阶段当中去寻找。就天赋概念而言，那些信息前项，就是在这些被遗传的认知结构的进化发展中起作用的那些东西。

既然一个结构应该将它的进化发展归功于它的适应效用，以及该结构对它所激起的这些反应的适合性的适应效用，那么一个天赋结构的意义，在这个程度上，就直接关系到它对输出的影响。然而，即便在这里，也并不是这些结构所产生的这种输出，决定着这些结构的意义或者内容。后天获得的认知结构和天赋的认知结构，两者都从它们的信息原点那里获得它们的意义。在信息上敏感的诸内在结构，如果在适应上没有有益的功能的话，也就是说，这些内在结构要是不导致某种类型的适合的行为，就几乎不可能存留和盛行，但是，一个结构并不是从反应的这种适合性中获得其内容的。适合的反应，就像好的政府一样，仅仅使得某种东西的存在和发展成为可能，而这种东西的意义要从别处获得。

注　释

第1章

1. 我会一直用"信息的数学理论"（或者，当有需要把它与第3章中要创立的信息的语义理论区别开来时，会用"通信理论"）意指与克劳德·申农于1948年7月和10月载于《贝尔系统技术杂志》(*Bell System Technical Journal*)上的《通信的数学理论》("The Mathematical Theory of Communication")（1949年，由伊利诺伊大学出版社以相同的标题再版，并附有沃伦·维纳的一篇介绍性的论文）联系在一起的这个理论。正如约书亚·巴尔-希勒尔（Yehoshua Bar-Hillel）指出的［《信息理论研究》("An Examination of Information Theory")，《科学哲学》(*Philosophy of Science*)，第22卷（1995），第86—105页］，在1928年到1948年的某个时候，美国的工程师们和数学家们开始谈论"信息的理论"以及"信息理论"，这些术语被近似地和模糊地理解为以哈特利的"信息量"为其基本概念的一个理论［见R.V.L.哈特利：《信息的传输》("Transmission of

Information"），《贝尔系统技术杂志》，第7卷（1928），第535—563页］。哈特利是申农的先驱，而且，他的"信息量"在未完成的形式上与申农的"信息量"是一样的。正如巴尔-希勒尔进一步指出的，到四十年代中期诺伯特·维纳和申农也都使用这个术语，虽然在大不列颠，形势在向不同的方向发展；然而，至少从1948年开始（可能是由于维纳《控制论》的影响）(*Cybernetics*, New York, 1948)，"信息的理论"这一术语开始在美国被使用；作为通信理论的某一个没有得到很好界定的科学分支，这个术语的英国用法抛弃了通信并开始了它与一般科学方法论的紧密联系。

当然，有很多名字与这些观点的发展联系在一起，而且用申农的名字作为这个理论的挂靠之处，我无意轻视其他的贡献者。除了哈特利和维纳，我们还要提到波尔兹曼（Boltzmann）、西拉德（Szilard）、尼奎斯特（Nyquist）和别的一些人。至于一个简明的历史，参见彻丽：《信息的理论的历史》（"A History of the Theory of Information"），《电气工程师协会学报》(*Proceedings of the Institute of Electrical Engineers*)，第98卷，第3期（1951），第383—393页；略作改动后再版为《信息的通信》（"The Communication of Information"），《美国科学家》(*American Scientist*)，第40卷（1952），第640—664页。

2. 见申农关于选择对数函数，特别是以2为底的对数作为信息量度的原因的讨论：《信息的数学理论》的第32页。

3. 见弗雷德·阿特尼夫（Fred Attneave），《信息理论的心理学应用：基本概念、方法和结果的简介》(*Applications of*

注　释

Information Theory to Psychology:A Summary of Basic Concepts, Methods and Results, Henry Holt and Company,New York,1959），第6页。硬币投掷的例子取自阿特尼夫。

4. 当每个可选择项的概率都相同时，公式（1.1）的使用既给出了与每个个别事件的发生联系在一起的盈余值，又给出了在这个信源产生的平均信息（熵），因为每个盈余都是相同的。当每个人都一样高时，他们的平均身高就等于每一个个体的身高。自此以后，当提到与一个过程联系在一起的平均信息时，我会用符号I（s）；当提到与某个特定事件的发生联系在一起的信息时，我会像在公式（1.2）中那样使用下标，例如，I（s_2）。

5. 乔治·米勒（George A. Miller）：《什么是信息量度？》（"What Is Information Measurement?"），载《美国心理学家》（*The American Psychologist*），第8卷（1953年1月），第2页。

6. 约书亚·巴尔-希勒尔：《语言和信息》（*Language and Information*）（Reading, Mass., 1964），第295页。

7. 沃伦·韦弗（Warren Weaver）：《对通信的数学理论的新贡献》（"Recent Contributions to the Mathematical Theory of Comunication"）作为介绍性的文章出现于申农和维纳的《通信的数学理论》，（University of Illinois Press,Urbana,Ill.），第14页。

8. 在最初的事例中，我们设定了一系列最佳条件——至少，从通信理论的观点看是最佳的。例如，员工们没有欺骗的意向（他们写在便条上的名字总是准确指示他们的当选者），信使是完全可靠的，等等。至于关于界定通信信道的更多条件，见第5章。

9. 噪音总是与某个特定信源相关的。那么，例如，在你的收音机上的"噼啪"相对于发生在电台工作室的那些听觉事件是噪音（因为这个声音的起源与播音员正在说的东西是无关的），但是相对于你的邻居的浴室里正在发生的东西它则不是噪音（它携带着关于他是否正在使用他的新电动剃须刀的信息）。总的来说，我不会费心来阐明这个观点。只要信源明确了，相关的噪音就总是会被理解为相对于该信源的噪音。

10. 这些图改编自米勒在"什么是量度？"中给出的一个图。亦见《信息理论的心理学应用》的第56页和58页，阿特尼夫的三变量图。

11. 给老板的这个便条（上边带有某个员工的名字）本身并不被看作是一种表述性行为，这个行为构成员工们对名字被写在便条上的这个人的选择，这对正确理解这个事例很重要。当然，这个便条旨在传达关于先前的一个独立选择的信息——即，关于谁输掉了这个硬币投掷游戏的信息。作为一个表述性行为来理解，送给老板的这个消息，既非准确，也非不准确；确切地说，这些员工们对赫尔曼的选择构成名字"赫尔曼"在这个便条上的出现。然而，作为关于谁输掉了硬币投掷游戏的一个通信来理解，这个消息是否能够正确，取决于便条上的这个名字是否符合与经投掷硬币而被选中者。这个情况应当以后一种方式来理解，因为只有在这个情况下，这个便条才包含关于某个独立事态的信息。

12. 一般而言，我遵从温德尔·加纳（Wendell R. Garner）对这些思想的发展（虽然我使用了一种不同的符号）；见他的

注　释

《不确定性与作为心理学概念的结构》(*Uncertainty and Structure as Psychological Concepts*)(New York, 1962)。

13. 此处应当注意，从技术的立场来看，我对"噪音"和"模糊"的讨论是非正统的。在通信理论中，这些数量在数字上总是相同的，因为I(s)和I(r)是相同的。因此，噪音的任何增加都自动构成模糊的增加，而且一个无噪音的信道，就是一个无模糊的信道。

噪音和模糊的等同是对信源和接收点的一系列可能性进行选择以使I(s)=I(r)的结果。我在正文中所做的就是设想(envisage)输出整体[界定I(r)的一系列可能性]中有变化，而输入整体[界定I(s)的这些可能性]中无相应的变化。反之亦然。如果这一点被容许的话，噪音和模糊之间就没有必然的等同。

14. 因为一个概率的对数一般是负的（因为一个小于1的分数的对数是负的，所讨论的这些概率一般都小于1），所以公式（1.6）的前面出现一个负号。因为ln 1/x= -ln x，所以我们能够通过取这个倒数概率的对数重写这个公式[即，$1/P(r_7/s_i)$]，但这只会使符号比现在更复杂。

15. 直观上，这对应于下述事实：在第一种情况下（图1.6），信号r_2"告诉"接收者在s处发生的东西（即s_2），而在第二种情况下则不是这样。在第二种情况下，这个信号仅仅"告诉"接收者或者s_1或者s_2或者s_3发生了，而且这表征着更多的信息。要表达这一点，我们可以通过说：第一个信号携带s_2发生了这一信息（2比特），而第二个信号仅仅携带或者s_1或者s_2或

者 s_3 发生了这一信息（0.4比特）。然而这还言之过早。我们还尚未确定任何东西可以被称为一个信号或者事态的信息内容。我们目前只处理数量的东西——一个信号携带多少信息，而非什么信息。

16. 有大量文献涉及有关量子理论的决定论含义或者没有决定论含义的争论。戴维·玻姆（David Bohm）是"隐含变量"观点的一个著名倡导者；见他的《量子理论》（*Quantum Theory*）(Prentice-Hall, Englewood, N.J.,1951)，而至于一种更具争论性的看法，见他的《现代物理学中的因果性与偶然性》（*Causality and Chance in Modern Physics*）(London, 1957)。亦见诺伍德·汉森（Norwood Hanson）的《正电子的概念》（*The Concept of the Positron*）(Cambridge University Press, 1963)，以及《科学哲学中当前的问题》（*Current Issues in the Philosophy of Science*）中保罗·费耶阿本德（Paul Feyerabend）和汉森之间的交流，赫伯特·费耶尔（Herbert Feigl）和格罗夫·马克斯韦尔（Grover Maxwell）编，(Holt,Rinehart and Winston,New York, 1961)。至于对该问题背景的一个学术性回顾，见马克斯·雅默（Max Jammer）：《量子力学的概念发展》（*The Conceptual Development of Quantum Mechanics*）(McGraw-Hill,New York, 1966)，特别是第7章和第9章。

17. 这是因果性的一个正统的经验论观点。该观点的最杰出的先驱当然是大卫·休谟，休谟的看法是，因果性仅仅是规则的连续性。但是我们不必接受休谟的看法来认可上述原则所表达的这个观点，即因果性至少涉及了规则的连续性。

注　释

至于包括详细陈述规则性原则在内的一本有益的文集，见汤姆·比彻姆（Tom L.Beauchamp）编，《因果关系的哲学问题》（*Philosophical Problems of Causation*）（Dickenson Publishing Co.,Encino, Calif.,1974）。

18. 对这样一种分析的详细思考见《因果的不规则性》（"Causal Irregularity"）载《科学哲学》，1972年3月，以及"因果充分性：对比彻姆的一个答复"（Causal Sufficiency:A Reply to Beauchamp），载《科学哲学》，1973年6月，作者是我自己和阿伦·斯奈德（Aaron Snyder）。

19. 至于新近的尝试，见麦凯（J.L.Mackie）：《宇宙的黏合剂：因果关系的一个研究》（*The Cement of the Universe:A Study of Causation*）（Clarendon Press,Oxford，1974）。

20. "当小于感受域的一个黑色对象进入该域，之后便间歇地停止和来回移动，此时这样一个神经纤维反应最佳。如果照明变化或者背景（比如一幅草花画）在动，该反应不受影响，而且只要背景还在该域中移动或静止，该反应就不受影响。一个人能够更好地描述出一个探测一只易接近的虫子的系统吗？"莱特文（J.Y.Lettvin）、麦卡伦（W.S.McCulloch）和皮茨（W.H.Pitts）：《青蛙眼告诉青蛙脑什么》（"What the Frog's Eye Tell the Frog's Brain"），载《无线电工程师学会学报》（*Proceedings of the IRE*），第47卷，第19页。

21. 《青蛙视觉》（"Vision in Frogs"）载《科学美国人》（*Scientific American*），1964年3月；再版在《知觉：机制和模型》中，并附有理查德·赫尔德（Richard Held）和惠特曼·理查兹

（Whitman Richards）的导论（W.H.Freeman and Company，San Francisco，1971），第157—164页。

22. 同上，第160页。

23. 这并不是一个不切实际的数字。"然而，视觉所需的光量子的最小数目并不大。在人的视网膜上发生作用的几个量子，就有能力给予一个人类观察者光感。通过激活视色素的一个分子，一个单独的量子就可以引起视网膜上适应黑暗的杆细胞的兴奋。而且，一个量子当然是可以被物质发射或者吸收的光的最小数量。"皮尔尼（M.H.Pirenne）和马里奥特（F.H.C.Marriott）：《光的量子理论与视觉的心理—生理学》（"The Quantum Theory of Light and the Psycho-Physiology of Vision"），载《心理学：一个科学的研究》（*Psychology:The Study of a Science*），西格蒙德·科克（Sigmund Koch）编，纽约，1959。

24. 这个假定似乎并不是非常可信，因为当这些感受器细胞的自发行为（"暗光"）在阈限水平（threshold levels）上运作时，就会偶尔产生一个反应，这个反应无法与低强度的试验刺激产生反应区别开来。也就是说，即使当这个灯关着时，在这个眼睛中的热源与血管中的活动偶尔也会使足够的感受器细胞冲动，以模拟视色素对四个光子的吸收。既然如此，说这个感觉在发生时，携带了满满1比特的关于这个试验光的信息，这是夸大之词。存在有一些模糊——模糊的量取决于一个人在离阈限多近进行运作。至于对这些问题的一个更丰富的讨论，见大卫·鲁梅尔哈特（David E.Rumelhart）：《人的信息处理导论》

注　释

（*Introduction to Human Information Processing*）（John Wiley & Son, New York, 1977），第1章。

25. 亨利·郭斯勒（Henry Quastler）：《信息理论术语和它们的心理学相关物》（"Information Theory Terms and Their Psychological Correlates"），载于《心理学中的信息理论：问题和方法》，亨利·郭斯勒编（Free Press, Glencoe,ILL.,1955），第152页。

26. 我想到阿尔文·戈德曼著名的文章《知道的一个因果理论》（"A Causal Theory of Knowing"）载《哲学杂志》，第64卷，第12期（1967年6月22日），第355—372页。

27. 这是戈德曼的样式2，即《知道的一个因果理论》的图3中阐明的因果关联类型。

第2章

1. 或许，巴尔-希勒尔和鲁道夫·卡尔纳普是作为语义研究工具的信息的统计理论的最著名的（哲学家）批评者。在他们的《语义信息理论概要》（"An Outline of a Theory of Semantic Information"）中，他们试图建立一种真正的信息的语义理论，电子学研究实验室的技术报告247，麻省理工学院，1952年；曾作为巴尔-希勒尔《语言与信息》（*Language and Information*）的第15章再版。亦见巴尔-希勒尔的论文《信息理论研究》（"An Examination of Information Theory"）和《语义信息及其度量》（"Semantic Information and Its Measures"），曾作为《语言与信息》（Reading, Mass.,1964）中的第16和17

章再版。亦见申农和韦弗《通信的数学理论》中沃伦·韦弗的介绍性论文；科林·彻丽（Colin Cherry），《论人类交流》（*On Human Communication*），麻省理工学院，1957年，第50页；亨迪卡·欣迪卡（Jaakko Hintikka），《论语义信息》（"On Semantic Information"），收于《信息与推论》（*Information and Inference*），J.欣迪卡和P.萨普斯（P. Suppes）（编辑），（D. Reidel Publishing Company, Dordrecht, 1970）；以及马克斯·布莱克《图画如何表征？》（"How Do Pictures Represent?"），收于《艺术、知觉与实在》（*Art, Perception and Reality*），冈布里奇（E. H. Gombrich）、朱利安·霍赫伯格（Julian Hochberg）和马克斯·布莱克，（Baltimore, Md., 1972）。

2. 《通信的数学理论》，第31页。

3. 同上，第8页。我认为，当肯尼思·塞尔（Kenneth Sayre）指出，虽然在这个术语的信息论意义上，语义内容的传输对信息的传输可能不是必要的，但是后者对前者则可能是必要的，他表达了同样的观点。"尽管事实上这种信息可能没有语义内容，但是此一种类的某些信息必定作为无论任何其他种类信息的必要条件被传输。如果一个通信系统不能以一种单意义的、可再现的方式传输确定的符号序列，那它就会因此没有能力可靠地传输具有语义意思的消息。"《辨认：人工智能哲学研究》（*Recognition: A Study in the Philosophy of Artificial Intelligence*）（University of Notre Dotre Press, 1965），第229页。

4. 同上，第8页。

5. 温德尔·加纳（Wendell R. Garner），《不确定性与作

注 释

为心理概念的结构》(*Uncertainty and Structure as Psychological Concepts*),第2—3页。

6. 彻丽,《论人类交流》,第9页。

7. 列哈伦·希勒(Lejaren Hiller)和伦纳德·艾萨克森(Leonard Lsaacson),《实验音乐》("Experimental Music"),收于《心灵的模型:计算机与智能》(*The Modeling of Mind: Computers and Intelligence*),肯尼思·塞尔和弗雷德里克·克罗森(Frederick J. Crosson)(编辑),纽约,1963年,第54页;再版自《实验音乐》(Experimental Music),希勒和艾萨克森,(McGraw-Hill,1959)。

8. 《信息论的历史》("A History of the Theory of Information"),《电气工程师学院学报》(*Proceedings of the Institute of Electrical Engineers*),第98卷,第3期(1951),第383页。

9. 诺伯特·维纳,《人有人的用处》(*The Human Use of Human Beings*),(Houghton Mifflin Company,Boston,1950),第8页(按巴尔-希勒尔在《信息论研究》中的引用,第288页)。

10. 当然,词语"意义"有一种接近于(如果不是等同于)"信息"的通常含义的用法。例如,当我们说,保险丝熔断意味着电路超负荷了,噼啪响的引擎意味着我们缺油了,玻璃杯上乔治(George)的指纹意味着他曾在现场,我们是在保罗·格赖斯(Paul Grice)所谓的它的自然意义上使用"意义"的。当我说,信息一定要和意义区别开来,我想到的是格赖斯的非自然意义,即与语言和语义研究相关的意义的含义。

斑点意指麻疹（自然意义）的方式是完全不同于"我有麻疹"意指他（说者）有麻疹（非自然意义）的方式的，而且我想要同信息区别开来的正是这后一种意义。见格赖斯的《意义》（"Meaning"），《哲学评论》(*Philosophical Review*)，第66卷（1957），第377—388页。

11.《哲学和控制论》，载《哲学和控制论》，肯尼思·塞尔和弗雷德里克·克罗森编，纽约，1967年，第11页。

12.《通信的数学理论》，第59页。如果C是信道容量（每秒比特），而且H是在信源处被产生的信息量（每秒比特），那么这个定理表明，通过设计专门的编码程序，有可能通过这个信道以接近C/H的一个平均律传输诸符号，但是无论这个编码多巧妙，这个平均律都绝不可能超过C/H。不那么技术地阐明这个观点：当信息被产生的这个速率低于信道容量时，有可能以这样一种方式编码信息，使带有任意高保真度的信息到达接收点。至于该定理的这个"非正式"表达，见马西（J.L.Massey），《信息、机器和人》（"Information,Machines and Men"），载于《哲学和控制论》，第50页。

13. 除非一个人将通信理论家们的那些不同的兴趣都牢记在心，否则他们的某些主张会显得夸张或者荒谬。例如，一个人会在很多信息理论的讨论中发现对有多少信息被包含在英语的一个样本文本（sample text）中的计算。这些计算是按照27种可能性进行的（26个字母和空格）。抛开每个字母的不同概率（即，i比x更有可能）以及一个高冗余度（一串字母降低了随后字母这些可能性并改变了随后字母的这些概率），据估计，在书

注　释

面的英语文本中每个字母都有一个大约1比特的平均信息量度。因此，每个5个字母的词有一个5比特的平均信息量度。见申农的最初估计（每个符号2比特），在《通信的数学理论》中第56页，以及他的降低了的估计（每个符号1比特），在《印刷体英语的预测和熵》（"Prediction and Entropy of Printed English"），《贝尔系统技术学报》，第30卷（1951），第50—64页。至于一个非技术的说明，见皮尔斯，《符号、信号和噪音》，纽约，1961年，第5章。

　　这些估计在两个方面与通常理解的信息无关：（1）它们关注平均值；（2）它们关注的不是一个表意的句子携带的关于其他某个情境的那个信息，而是由这一页上字母的那个特定序列的发生所产生的那个信息。就我们最初的事例来说，带有名字"赫尔曼"于其上的那个便条，会（根据通信理论家）包含大约6比特的信息（因为它由6个字母构成）。这个估计明显完全无视这样的东西：即我们通常将之视作由这个便条上的名字携带其信息的东西。在我们最初的事例中，名字"赫尔曼"在便条上的出现携带3比特的关于哪个员工被选中的信息。从通常的观点看，这是个重要的数量。工程师对于由一系列字母所产生的信息的关注仅仅激发了这样的观点（在精神上贬义的）：通信理论仅在句法的意义上关注真正的信息。

　　14. 限制该理论运用的那些条件至少有一个合理的近似值。在电信学中，一个人在涉及（或者至少是假定一个人在涉及）的是诸事件以某些确定概率发生于其中的随机过程。对于这些随机过程的特征——例如，它们是各态经历的或者"在统计上齐次的"，也被（或多或少合理地）做出假定。在考虑的这个过程中，以某个频率（然而很小）发生的诸事件被视为是"可能的"。至于对该理论的运用的这些限制的讨论，见申农，《通信的数学理论》，第45—56页。

15. 这不是要否认：在一些试验情境下，可能更适合根据主体所相信的可能的不同刺激的总数以及他对这些刺激各自的概率的估计，来界定信息。哈罗德·黑克（Harold W. Hake）描述了量度信息的两种方法："然而，当这个人类观察者是一个消息的接收者时，我们一定要意识到信息量度的两个范围（domains）。第一，存在以该消息发生的实际概率为基础的这个量度。第二，存在以这个接收者的主观观念为基础的这个信息量度，这个主观观念是这个接收者关于一系列的可能消息中的每一个的发生的可能性的观念，就好像这个接收者看到这些可能性一样。"《人类试验主体中发生的频率知觉与"期望"的发展》（"The Perception of Frequency of Occurrence and the Development of 'Expectancy' in Human Experimental Subject"），《心理学中的信息理论：问题和方法》，亨利·郭斯勒（编）（Free Press, Glencoe, Ill., 1955），第19页。

虽然我们将（在第3章）把信息相对于主体关于信源处这些不同可能性业已知道的东西，但是，界定模糊的一组条件概率却与这个主体对它们知道或者相信的东西无关。

16. 《人类理解研究》（The Open Count Publishing Co., LaSalle, Ill., 1955），第7节，第171页。

17. 《信息理论和现象学》（"Information Theory and

注　释

Phenomenology"），《哲学和控制论》(*Philosopgy and Cybernetics*)，第121页。

18. 如果一个人转而用认识论概念（诸如学习、识别或者正确解释）来分析信息的话，他就不能用信息这个概念来分析诸如知识、辨认和记忆这样的认识论概念。这会使整个过程成为循环论证。

肯尼思·塞尔将信息理论用于分析辨认的早期努力具有这个缺陷（《辨认》，第11章）。在试图区分辨认和无辨认的知觉时（例如，看见字母W而没有辨认它），西尔主张，辨认需要主体获得关于被感知实在的信息。这听起来好像有道理。如果当时有对信息是什么的某种独立的详细说明的话，这甚至会是有启发性的。然而，虽然塞尔使用了信息理论的技术资源（由此认为他在使用信息论概念），但是由于他坚持主张一个信号中包含的信息量依赖于接收者对该信号的正确识别或解释（第240—241页），所以他使他的理论黯然失色了。这不仅使信息成为无线电接收器接收不到的某种东西，它还将辨认牵涉到在信息上的增加这一理论，转换成辨认需要正确识别这一明显的真理。这不是一个非常新奇的结论，而且它肯定不是一个人需要信息理论获得的某种东西。

19. "假定在电报学中，我们让一个正脉冲代表一个点，让一个负脉冲代表一个长划。假定某个搞恶作剧的人颠倒这种关系以至于当一个正脉冲被传输时，接收到的是一个负脉冲，当一个负脉冲被传输时，接收到的是一个正脉冲。因为没有不确定性被引入［即，模糊保持相同］，所以信息理论显示信息的传输率完全和以前相同。"皮尔斯,《符号、信号和噪音》,第274页。

20. 这个观点与知觉哲学中的"颠倒光谱"问题明显相关。对于一个人,所有红色东西看起来都是蓝色的(而且反之亦然)。这个人获得了和正常观察者相同的、关于诸对象颜色的信息。这个信息只是以一种非同寻常的方式被编码了。然而,如果该颠倒被想象成是天生的,那么这个主体在"破开"这个编码(由此抽取相关信息)时,并不比正常的观察者经历的困难多。

21. 这个事例仅仅表达了一个常见的认识论观点——这个观点即,一个人能够从说P的某人那里获悉P,仅当那人之说P是对他知道的东西的一种表达(不仅仅是表达了他真的相信的东西)。从复制原则的观点来看,要求你的信息传达人知道P,仅仅是要求他的信念携带关于他所说的东西的信息。对此,后面会更多提到。

22. 至于这些损失如何能够被加在一起的一个事例,假定在A、B和C这三个位置有八种可能性。在每个位置的这八种可能性中的每一个都是同样可能的。c_2发生于C产生3比特的信息。B和C之间这些的条件概率会使得,b_2在B的发生将c_2发生的概率提高到0.9,并将其他可能性中的每一个发生的条件概率降低到0.014。根据(1.8)计算b_2和C之间的这个模糊显示:$E(b_2)$ = 0.22比特(大约)。因此,b_2携带大约2.78比特关于在C处发生的东西的信息。此外,假定连接A和B的这个信道是相同的:a_2发生了,由此将b_2发生的这个概率提高到0.9,并将B处所有其他可能性的概率降低到0.014。因此,a_2携带2.78比特的关于在B处发

注　释

生的东西的信息。然而，如果我们计算A和C之间的这个模糊，我们会发现E（a_2）=1.3比特（大约）。a_2携带仅仅1.7比特的关于在C处发生的东西的信息。

如果一个人假定一个3比特的消息不顾正模糊（比如小于0.25比特的模糊）而能够被传递，那么我们会得到一个自相矛盾的结果：b_2告诉我们在C处发生的东西（携带着c_2发生了这一信息），而且a_2告诉我们在B处发生的东西（即，b_2发生了），但是a_2则不能够告诉我们在C处发生的东西。这个同复制原则相矛盾。在信息内容的传达中（消息），一个人将能够被容忍的这个模糊设置得无论有多低（只要它大于零），一个类似的悖论都能够被构造出来。

23. 类似地，一个视觉信号可以携带足够的信息（数量上），以具有s是一个人这一内容，但却不足以有资格充任s是一个女人这一内容。因此，相对于"s是一个女人"这一描述，该信号具有正模糊。相对于"s是一个人"这一描述，该信号具有零模糊。凑近点看，把灯开亮，或者诸如此类，都是用一种方法来增加一个人接收到的关于s的信息量，以使一个人能够看到s是一个女人还是一个男人（即，获得s是一个女人这一信息）。

第3章

1. 在说s之作为F的条件概率（r一定）为1时，我的意思是说在这些事件类型之间有一个合法则（受自然规律支配的）的规则，即当s不是F时合法则地排除r之发生的一个规则。在有些对概率的解释（频率解释）中，当一个事件有一个为1的概率

323

时，该事件不能够发生（或者当它有一个为0的概率时，它发生了）。但这不是我打算在这个定义中使用概率的方式。s和r之间为1的一个条件概率，是对这种事件之间受规律支配的依赖性进行描述的一种方式，而且正是出于这个理由，我说（在文中）如果s之作为F的条件概率（r一定）为1，那么s就是F。稍后在本章中，我会更多地说到这些合法则的规则。

246　　2. 无论何时当s之作为F的条件概率（r一定）小于1时，这个事态可选择项的条件概率都大于0。因此，这个模糊是正的。结果［公式（1.5）］，$I_s(r)$小于$I(s)$。

　　3. 一般而言，我遵从泰勒·伯奇（Tyler Burge）对从物内容和从言内容之间区别的绝妙说明，见其《从物的信念》（"Belief De Re"），《哲学杂志》，第74卷，第6期（1977年6月），第338—362页。伯奇争论说，对从物/从言加以区别的习惯方法（依据共指称替换标准）并没有充分地把握这两种信念之间的直观区别。然而，在一个从物的内容（不管这个被看作是一个信念的内容还是一个信号的信息内容）和（共外延表达式）替换主项的自由之间，明显有紧密的联系。稍后在本章中，随着这个不透明性/透明性问题应用于信息内容，我还会更多地说到该问题。

　　4. 当然，这不是说：携带这两条信息的这些信号必定以某种方式携带它们是不同的几条信息这一信息——即此≠彼这一信息。

　　5. 由专门地集中于从物的内容而被避开的这种问题，不仅是与阐明一般的指称理论联系在一起的问题，而且也是与预

注 释

设和(我在别处称之为)对比聚焦(contrastive focusing)(的东西)有关的问题。那么,例如,我们可能想把"我的表兄吃了这些樱桃"这一内容(被理解成是传达了关于谁吃了这些樱桃的信息)和"我的表兄吃了这些樱桃"这一内容(被理解成是传达了关于我的表兄吃了什么的信息)区别开来,尽管它们具有相同的言语表达式。这个语义(由这些着重号标示出来,并且通常用重音或者不同的语调传达出来)聚焦具有如下作用:转换预设,改变某些短语的指称特征,并且通常变更整个表达式的断定内容。出于这个理由,一个人可能想把上述这两个表达式——尽管它们有相同的词汇成分——区别为表征着不同条的信息,并因此表征着信念和知识的可能不同的对象。我已经试着处理这些问题,见《对比陈述》("Contrastive Statements"),载《哲学评论》,1972年10月,和《知识的内容》("The Content of Knowledge"),载《表征的诸形式》(*Forms of Representation*),布鲁斯·弗里德(Bruce Freed)等(编),(North Holland,Amsterdam,1975)。

6. 信息的意向方面或者语义方面通常被下述事实掩饰或者限制在通信理论的技术运用当中:统计数据被用来确定这些相关的概率和可能性。那么,例如,如果F和G是完全相关的,那么,F一定,G的概率就要被设定成等于1。这个操作使介于F和G的一个纯粹(偶然)的相关性和一个受自然规律支配的或者合法则的依赖性之间的这个区别崩溃了,并且它还造成了这样的印象,即这个区别与信息流是不相关的,与界定E(模糊),N(噪音)和$I_s(r)$(被传输的信息量)的这些条件概率之确定是不相关的。

247 　　很明显这个印象应当是错误的。仅当诸相关性是潜在地受自然规律支配的诸规则的表现时，这些相关性与信息关系的确定才是相关的。在通信理论的大多数运用中（例如，电信），通常都是这样。实际上通常有一个详细的理论作为概率分布的指导原则。诸相关性会被用来界定这些相关的条件概率，因为这些相关性被看作是表示着诸合法则的依赖性。然而，对信息流意义重大或者对之负责的并不是这些相关性，认识到这一点很重要。对信息的通信意义重大的大概是由这些相关性所显现出来的这些潜在的受规律支配的规则。一个人一旦着眼于其中没有潜在的受规律支配的规则的诸案例时，这就变得显而易见了。文中的这个事例（两个独立的通信系统，A—B和C—D）就是一个恰当的例子。

　　只有当这些统计上的相关性是潜在的受规律支配的诸过程（这些过程具有约束可能性和概率分布的模态权威）的征兆时，真正的通信才会发生。只有忽视了下述这些事实，通信理论似乎才能够不受真正的信息的这些意向特性的影响：这些事实是关于暗含在通信理论的实际运用中的这些假定的。

　　7. 在《自然的规律》（"The Laws of Nature"）中我试着做了分析，《科学哲学》，第44卷，第2期（1977年6月）。

　　8. 出于这个例子的目的，假定这些壳下面有一个且仅有一个花生，而且这是所有相关的参与者皆知的。如果当时存在别的可能性（例如，这些壳下面没有花生），那么将会有一个正的信息量与——有一个花生在这些壳中的一个下面——这一事实联系在一起。这样，一个花生之处于花生壳4下面将会有大

注　释

于2比特的一个信息量度（因为存在多于四种同样可能的可选择项），而且一个花生之不在花生壳1下面将会有小于事例中宣称的一个信息量度（因为这个花生壳是空的概率将会大于0.25）。这些被改变的值准确地反映了如下事实：在这些改变了的条件下，一个人不可能通过发现三个空花生壳而获悉这个花生在哪里（例如，它在花生壳4下面）。

9. 丹尼特，《内容和意识》（Content and Consciousness）（Routledge & Kegan Paul，London，1969），第187页。

10. 在评论信息的这个相对特征时，唐纳德·麦凯（Donald M. Mackay）注意到："当然，这基本上并不造成概念客观性的任何减少，因为一个人总是能够预设一个'标准接收者'，而且通信理论中大体就是这样做的；但是它并不妨碍与它联系在一起的量值具有一个唯一的值。同样一个事项，对于不同的接收者能够具有完全不同的信息内容。"见麦凯的《信息、机制和意义》（Information, Mechanism and Meaning）（The M.I.T. Press, Cambridge, Mass., 1969），第96页（脚注）。

11. 在提出信息由于其意向特征而有资格作为一个语义观念时，我不打算暗示，信息的这些语义属性和意义的这些语义属性是一样的。在第三部分我们会看到，意义这个概念具有比信息这个概念更高阶的意向性，而且这个更高阶的意向性赋予了意义一系列不同的语义属性。虽然我们将继续坚持意义概念和信息概念之间的这个区别，但是我们随后会争论说，信息这个观念是更基础的。意义是籍由信息被编码的方式而产生的。

第4章

1. 辩明这个概念（或者某个相关的认识论观念）常被看作是原始的。那么，别的概念（包括知识）就在这个原始的基础上被定义。因为在确定这个原始术语是否适用于一个情况时，一个人很少或者没有得到过指导，所以这个人就唯有诉诸于其直觉，即关于某人何时并且是否被充分辩明以知道某物的直觉。结果当然是，一个人依赖其——关于何时并且是否某人知道某物——的坚定直觉，来确定何时并且是否某人具有一个令人满意的辩明水平。例如，见齐硕姆在《知识理论》(*Theory of Knowledge*)中的处理，第二版，(Englewood Cliffs, N.J., 1977)；还有马歇尔·斯温（Marshall Swain）：《知道的一个可选择分析》("An Alternative Analysis of Knowledge")，《综合》(*Synthese*)，第23卷（1972），第423—442页。

2. 对于与一个正信息量联系在一起的情况的这个限制，是对可以被称作经验知识的东西进行限制的一种方式，这个经验知识是关于原本可能不同的诸事态的知识（对这个事态，存在可能的可选择项）。下述这个分析的一种方式：对可能被称为经验知识（本可以不是这样的事态的知识）的东西的这个分析。随后我会更多地谈到我们的必然真理的知识。

3. 要注意，即便s是G这一信息被套叠（合法则地或者分析地）在s之作为F当中（就像某人已经到达这一信息被套叠在间谍已经到达这个信息当中一样），也不能必然断定：如果s是F这一信息引起E，那么s是G这一信息也引起E。因为，该信号之携带这个间谍（特别的）已经到了这一信息的这个特性，可能引

注　释

起E，而无须这个信号之携带某人已经到了这一（不太明确的）信息的这个特性引起E。这不过是说，某物之作为正方形，比如，能够产生一个特殊的结果，而无须它之作为矩形具有这个效果为真。

4. 既然这同一个信息能够被携带在很多在物理上不同的信号当中，那么就存在这样的可能性：就一信号的物理属性（携带这个信息的这些属性）而言，没有对该信号的结果的易于利用的因果解释。一个人可能不得不诉诸包含在该信号的这个信息来解释它的结果。例如，即便引起了E的是一信号之具有物理属性P（携带s是F这一信息），一信号之具有Q、R、S（携带这个相同的信息）也可以具有相同的这个结果。那么，如果我们想要说，是与这些在物理上不同的诸信号有关的东西（视觉的一个东西、听觉的一个东西、触觉的一个东西）解释了它们的共同结果（例如，s是F这一信念），那么，除了描绘它们共同的信息内容，我们可能别无选择。

当我们研究越来越复杂的信息处理系统时——这些系统具有用以从各种各样的物理刺激中抽取这个相同的信息的这些资源，根据这个信息（这些刺激是对这个信息的反应）来描述这些结果就变得越来越自然了。这个信号的这些物理属性，即携带这个信息的这些属性不参与这个场景。在第三部分，这些可能性会得到更详细的研究。

5. 至于在说明（阐述一个持续原因的一个一般令人满意的定义中的）这些技术困难时的一些有独创性的事例，见基思·莱勒（Keith Lehrer）的《知识》（Clarendon Press, Oxford, 1974），第122—126页。至于克服这些困难的一个尝试，见马歇尔·斯温，《理由、原因和知识》，《哲学杂志》，第75卷，第5期（1978年5月），第242页。我自己的说明与阿姆斯特朗在《信念、真理和知识》中的说明类似，剑桥，1973年，第164及以下诸页。

6. 我将此视为阿姆斯特朗对知识的规则分析的缺陷之一。K知道s是一条狗这一事实，并不意味着我们能够从K获悉s是一条狗。因为，如果K错误地认为狼是狗（并因此，会认为s是一条狗——如果它是一条狼的话），那么K的知识，即s（一条很容易辨认的达克斯狗）是一条狗，就不是他能够通过告诉我们s是一条狗来传递给我们的东西。见阿姆斯特朗的分析，《信念、真理和知识》，第三部分。我从阿尔文·戈德曼那里借用了狼—达克斯狗的事例，《分辨和知觉知识》（"Discrimination and Perceptual Knowledge"），《哲学杂志》，第73卷，第20期（1976）。

7. "s是热的"的热力学的对应物在意义上并不准备对等于原物。确切地说，它代表着一种尝试，即尝试用精确但相对陌生的概念说出，当（如我们通常所说）一个对象是热的时，什么在事实上符合该对象。知识的这个信息论分析应以同样的术语来被判断。唯一相关的问题是，这个理论等式的右边是否为真，当且仅当（能够被解释过去的例外除外）左边为真时（而且，当然，是否有理由来考虑这个等式不是偶然的）。

8. 我自己非正式的并且非常不科学的来自于非哲学家们的投票显示，共同的看法是，如果在从中进行选择的这个缸中有任何非粉红色的球，那么，一个人就不知道这个球是粉红色的。这是我自己对这个问题在理论上带有偏见的看法。带有不同理

注 释

论偏见的其他哲学家们对这些情况有不同判断。

9.《被辩明的真信念是知识吗？》("Is Justified True Belief Knowledge?")《分析》，第23卷（1963），第121—123页。

10. 这个"原则"是对盖蒂尔在对其反例的构造中所陈述和使用的一个原则的修订。他自己的观点是："对任何命题P，如果S被辩明相信P，而且P蕴含（entails）Q，而且S从P演绎出Q并接受Q作为该演绎的一个结果，那么S被辩明相信Q。"我已经批评过这个原则的一般有效性［《认识的接线员》("Epistemic Operators")，《哲学杂志》，第67卷，第24期（1970年12月24日）］，但是，与其一般有效性联系在一起的这些问题并不影响文中讨论的这种情况。

11. 在考虑与此类似的诸事例时，我认为，威廉·罗兹布（William Rozeboom）正确地断定，"当一个人被辩明的真信念p为一个被辩明的假信念q所伴随时，这或许证明，很难决定对p的这个信念是否以这样的方式与对q的这个信念相关联，以至于后者之假会使前者没有资格作为知识"。见他的《为什么我比你知道的更多》("Why I Know So Much than You Do")，《美国哲学季刊》，第4卷，第4期（1967）；再版于《知道》，迈克尔·罗思（Michael D.Roth）和利昂·加利斯（Leon Galis）（编），纽约，1970年，第135页。

12. 至于"抽奖悖论"的一个较早的讨论及其对归纳逻辑的影响，见凯博格（H.H.Kyburg），《概率、合理性和分离规则》，("Probability,Rationality and the Rule of Detachment")，《1964年逻辑学、方法论和科学哲学国际大会会议录》(*Proceedings*

of the 1964 International Congress for Logic, Methodology, and Philosophy of Science），巴尔-希勒尔（编），（North Holland，1965）。亦见赫伯特·海德尔伯格（Herbert Heidelberger）的《知识、确定性和概率》，《探求》（Inquiry），第6卷（1963）。至于就它涉及认识论问题对这个悖论的最近一个讨论，见阿姆斯特朗，《信念、真理和知识》，剑桥大学出版社，1973年，第185及以下诸页。

13. 虽然没人知道自己会输，但是人们有时会说他们知道自己会输。这不过是对听之任之的一种表达，即抑制自己过度期待的一种尝试。如果人们真的知道自己要输，他们还购买一张彩票，这就令人费解了。如果你知道没有P，为什么还为P赌上一块钱？

14. 诺曼·马尔科姆（Norman Malcolm）在《知识和信念》[《知识和确定性》（Englewood Cliffs, N.J., 1963）]中，近似于认可这个奇怪的观点，他断言：" 作为哲学家，我们可能惊诧于观察到，P为真这一知识应不同于P为真这一信念，这能够如此仅是因为，在一种情况下P为真，在另一种情况下P为假。但这是事实。"（第60页）虽然我说马尔科姆"接近于"认可这个奇怪的观点，但是很明显至少在这篇文章中，他实际上并不接受这个观点。他说，P这个知识能够不同于P这个信念，仅仅在于"P"之真。他没有说，在诸如彩票事例所描述的那样的情况中，它总是这样或者就是这样。

15. 布雷恩·斯科姆（Brain Skyrms）考虑到合取原则并断言，除非一个人需要（概率）1的证据，否则这个原则无效。他暗示，这为怀疑论者提供了支持，或者表明了知识不满足这个原则。见他的《对"X知道P"的解释》("The Explication of 'X knows that P'"),载《哲学杂志》,第64卷,第12期(1967年6月12日);再版于《知道》,罗思和加利斯(编),第109—110页。既然我需要为1的一个概率(零模糊),那么我断定,这个原则确实有效。在下一章,我试图表明为什么这不支持怀疑主义。

16. 或者,他是注释6中描述的这种家伙——这种人虽然知道s是F,但是关于某物是不是F,则不能信赖他。

17. 例如,杰伊·罗森堡(Jay Rosenberg)教授曾向我建议,知识可以与信息(以比特量度)相关,正如财富与资本资产(以分的数目量度)相关。正如我们能够一分一分耗尽我们的财富,而不能说出就在何时何地我们不再富有,同样我们能够一比特一比特耗尽我们的知识,而不能说出就在何处(在信息链中)知识不再。

这个建议可能很诱人,但却败在下述事实上:与财富的概念不同,知识的概念(就我们把它理解为关于事实而非关于事件的一个知识而言),不是一个相对的概念。一个人能够比另一个人更富有,即便他们都是富有的;但是一个人不可能比另一个人(比如)更多或者更好地知道天正在下雨。下一章会更多地说到这个问题。

第5章

1. 威廉·罗兹布的反应是有代表性的。他怀疑:我们的事实的世界是否包含一些足够完美的合法则的规则,容许不可能错误的任一信念。用信息论的话说就是,罗兹布怀疑这些条件概率（界定模糊）是否可能为零。罗兹布从这个事实中得出了怀疑主义的结论；见他的《为什么我比你知道的更多》，载于《知道》，迈克尔·罗思和利昂·加利斯（编）（New York，1970），第149页。

2. 威廉·爱泼斯坦如下述这般描述心理学中这个盛行的观点："关于远端刺激和近端刺激之间的这个关系具有普遍的共识。通常的观点是……远端—近端关系是模糊的，难以把握的……近端刺激的确不可能详细指明（specify）远端刺激的这些属性，这一主张确实是几乎所有20世纪的理论家（不考虑他们的不同）所都抱持的一个假定。"《视知觉中的稳定性和恒常性》（*Stability and Constancy in Visual Perception*），威廉·爱泼斯坦（编）（New York，1977），第3页。

埃贡·布伦斯维克（Egon Brunswik）通过宣称生态学的和功能的有效性总是低于一，表达了这个观点。生态的有效性指近端刺激和远端刺激（例如，远端对象和视网膜投射）之间相关性的这个水平。功能的有效性指远端变量和知觉反应之间相关性的这个水平。见利奥·波斯曼（Leo Postman）和爱德华·托尔曼（Edward D. Tolman），《布伦斯维克的概率论的功能主义》（"Brunswik's Probilistic Functionalism"），载于《心理学：一个科学的研究》（*Psychology:A study of a Science*），第1卷，西格蒙德·科克（编）（New York，1959），第502—562页。用信息论的术语说，布伦斯维克的观点能够被描述成是说，包含在一个视觉信号中的信息量，总是小于这个信源处某个事件之发生所产生的信息的量。因此，近端刺激（或者知觉反应）绝不包含

注　释

这个远端事件已经发生这一信息。那么，根据这个观点，如果知识需要信息的接收（即零模糊），那么就不可能知道关于远端刺激的任何东西。要么怀疑主义是对的，要么当前对知识的说明是错的。

沟通主义者们（transactionalists）通过讨论"等效构造"，即信源处的一组物理排列来给出同样的观点，信号对这组物理排列是恒定的（并因此，模糊的）。参见伊特尔森（Ittleson），《视空间知觉》(*Visual Space Perception*)（New York，1960），第4章。当然，詹姆斯·吉布森的著作是这个传统思想的一个明显的例外。例如，《被作为知觉系统的官能》（Boston，1966）。

3. 彼得·昂格尔，《怀疑主义的一个辩护》，《哲学评论》，第80卷，第2期（1971年4月），和最近的《忽视》(*Ignorance*)（Oxford，1975）。

4. 昂格尔把知识的绝对性追溯到确定性这个观念上。那么，在这一点上，我们是有分歧的。

5. 正如约翰·奥斯汀（John Austin）会说，"平的"是一个缺乏实质性的词：一个平的X可以不是一个平的Y，就像一个真的X可以不是一个真的Y一样。《感觉与可感物》(*Sense and Sensibilia*)（Oxford，1962），第69页。

6. 出于认识的目的，在R处总有离散的、有限的一组电压。一个人获悉（得以知道）在R处的这个电压是7，而非6、8或者略微不同于7的其他某个值。如果一个人宣称知道这个电压是7，这暗示着或者被认为暗示着这个电压不是7.001或者6.999，那么当然，为了使某个人知道，这个仪器必须传递一个相应更大的信息量，因为被消除的可选择可能性的总数是更大的。一般而言，用来表达已知的东西的数字之总数，会对应于这个被暗示的精确水平。在某种意义上，它有助于指出已知的东西。因此，与知道这个电压是7相比，它需要更多信息（因此，一个更敏感的仪器）来知道这个电压是7.000。

7. 如果已知一个条件是依靠独立根据获得的，那么，界定着被传输信息的这些条件概率在被计算时，要考虑到讨论中的这个条件的这个已知的值。在我们对一个信号之信息内容的定义中，这些条件仅仅是由k所贡献的那些东西（见第3章）。

8. 在校准期间（用这个仪器量度已知的一个数量的值），这个指针可能携带关于这个弹簧的状态信息。但是在正常的操作中则不会这样。对此稍后详述。

9. 严格地讲，这是不对的。因为电阻取决于温度，而温度可以在该仪器被使用期间变动，所以电阻会细微变动。然而，出于一般的目的，这些轻微的变动可以忽略，因为它们没有产生模糊。这些被诱发的变化会在该仪器运转的那个精确水平之下发生——这个仪器在精确水平上运转。

10. 在一个艾姆斯屋（从这个观察者受到限制的有利位置看显得正常的一个被扭曲的房间）中，一个熟悉的人（妻子、丈夫等）的样貌说明了我们的知觉系统几乎自动地按照这些原则进行运作的方式。并非是熟悉的人显得极大或者极小（就像大小未知的对象或者个人显现得那样），而是这个房间显得扭曲了。从信息论的观点看，这个可以描述为：为了评估周围事物的构造，知觉系统把熟悉的人的大小作为一个固定的

注 释

参照点（信道条件），见《从沟通的观点看人类行为》(*Human Behavior from the Transactional Point of View*)，富兰克林·基尔帕特里克（Franklin P.Kilpatrick）编（Department of the Navy, Washington, D.C., 1952）。

作为我们知觉系统的信道条件的更多的事例，一个人可以提到两眼间的距离（对关于深度的立体视觉信息），两耳间的距离（对关于方向的准确信息），以及正常的室外光从上面照下来这一事实（对从阴影区获得关于凸凹的信息）。

11. 更不必说自我挫败，因为，只有通过以仪器的形式（这个仪器是用来检查仪器的）使用其他的通信信道（其可靠性未被检查），这些预防措施才是可能的。

12. 见欧文·罗克（Irvin Rock），《知觉导论》(*An Introduction to Perception*)（Macmillan, New York, 1975），第5章；亦见，格雷戈里（R.L.Gregory），《眼睛和大脑》(*Eye and Brain*)（McGraw-Hill, New York, 1966），第7章。

13. "这些事例表明了这个令人诧异的结论，即移动眼睛的这个意图或者'命令'被集中地记录在大脑当中，并且被作为眼睛已经移动的信息……因此，这个证据支持如下这个结论：这个决定性的信息不是传入的（本体感受的），而是对肌肉的传出信号或者外流信号的一个拷贝或者记录。"欧文·罗克，在前面列举的书上第187页。

14. 这个例子类似于吉尔伯特·哈曼（Gilbert Harman）为阐明一个不同的（确实，一个相反的）观点所给出的那些例子：即，知识依赖于一个人所不具有的信息（证据）的接近度（或者一般可用性）；《思维》(*Thought*)（Princeton University Press，1973），第9章。我使用了一个不同的事例，因为我怀疑哈曼的特殊例子到底表明了什么。例如，在我看来并不是这样：如果你一个月前看到唐纳德从机场离开（赶往意大利），那么你现在不需要额外的信息就知道他在意大利（一个月后）。然而，对这些案例的直觉似乎大有不同，[见威廉·莱肯（William G. Lycan）的《一个人不具有的证据》（"Evidence One Does Not Possess"），《澳大利亚哲学杂志》，第55卷，第2期（1977年8月），第114—126页] 并且不久我会重新回到这个论点。

15. 《分辨和知觉知识》，《哲学杂志》，第73卷，第20期（1976）。

16. 这个例子取自我的《认识的接线员》，稍有改动，《哲学杂志》，1974年12月24日。

17. 当然，除非环境已经改变，或者一个人在一个更加受限制的环境内运作——在此环境中，具有不同的模糊的一个信号变成了可信的。在《看到和知道》(*Seeing and Knowing*)（Chicago，1969）中，我通过描述一个装配线工人，来说明这个结果，当电阻器出现在装配线上时，这个装配线工人能够辨认电阻器，但是他的认知能力在工厂外面会被严重削弱。在工厂里面，他辨认电阻器的能力要由下述事实来解释：在那个工厂里，在那条装配线上，没有任何他可能将之混淆为一个电阻器的东西会出现（在那个工厂里没有模糊）。然而，因为他不知道一个电阻器和一个电容器之间的区别，而且因为某些电容器看起来非常像电阻器，所以他不可能辨认出一个电阻

注　释

器（甚至他正确地称之为电阻器的那些东西）。那么，如果我们把他之在这个工厂内算作这些信道的条件之一（我们可能通过说"在那个工厂里他能分辨"，来明确地进行的东西），算作我们在计算模糊时按惯例保持不变的东西，那么，就没有任何东西妨碍我们说：（在那个工厂里）他正在获得s是一个电阻器这一信息。在描述一个有机体的认知能力时，我们常常（或明确或含蓄地）给出关于一个有机体的自然栖息地的类似的附带条件。

18．除了我自己和戈德曼之外，还有欧内斯特·索萨（Ernest Sosa）在《你如何知道》（"How Do You Know?"），《美国哲学季刊》，第11卷，第2期（1974），吉尔伯特·哈曼在《思维》，阿姆斯特朗在《信念、真理和知识》，剑桥，1973年，第12章，和其他很多人。知识的很多所谓"可废止性"分析（以不同的术语）关心相同的这种问题——例如，见马歇尔·斯温的《认识的可废止性》（"Epistemic Defeasibility"），载于《美国哲学季刊》，第55卷，第1期（1974），这可作为对这些努力的一种回顾和一篇有用的文献。

19．我要感谢弗雷德·亚当斯，他对本章之前比现在更不充分的一个版本表示了不满。

第6章

1．下述这句话是有代表性的："感觉、知觉、记忆和思维必须作为认知活动的连续统一体来考虑。它们是相互依赖的，并且除了随意性的规定和暂时的权宜之计外，它们不可能被分离。"哈伯（R.N.Haber）:"导论",载于《视知觉的信息处理方法》,哈伯（编）(New York, 1969)。

2. 这个插入成分"关于s"在这里是必要的,因为,正如我们将看到的（第7章）,以数字化形式被编码的关于s的信息,仍然可能被套叠在关于其他事项的信息当中。

3. 见伦纳德,《图像辨认、学习和思维》(Pattern Recognition)(Englewood Cliffs, N.J., 1973),第二章。

4. 不只是从模拟到数字的信息转换使一个系统有资格作为一个知觉—认知系统。当第三个音调被激活时,上面描述的这个速度计蜂鸣器系统既不明白也不知道该车辆以介于25到49公里每小时的速度前进。要有资格成为一个真正的知觉系统,就有必要有一个数字转换单元,在此单元中,这个信息能够被给予一个认知具身化,但是信息的这个认知具身化不只是一个数字化的问题。必须要满足什么额外条件以使一个结构有资格作为一个认知结构（除数字化外）,这将在第三部分讨论。

5. 它也曾被称作前分类声储存器［克劳德（R.G.Crowder）和莫顿（J.Morton）,《前分类声储存（PAS）》("Precategorical Acoustic Storage（PAS）"),《知觉和心理物理学》(Perception and Psychophysics),第5卷（1969）,第365—373页。］罗伯塔·克拉茨基（Roberta Klatzky）,《人类记忆》(Human Memory)(San Franciso, 1975)指出,前分类的这一术语之所以重要,"是因为它暗示着,保留在这些寄存器中的信息不是作为辨认的、范畴化的诸事项被保留在那里的,而是作为原感觉形式……在这里,感觉寄存器是前分类的,这值得强调,因为

注　释

在研究中，与这些寄存器相关的一个中心问题就是：感觉储存的真效应从被辨认信息的可能效应中分离"（第39—40页）。

6. 卡尔·普利布兰（Karl H.Pribram），《大脑的语言》（Englewood Cliffs, N.J., 1971），第136页。

7. 见约翰·安德森（John R.Anderson）和戈登·鲍尔（Gordon H.Bower），《人类联想记忆》（*Human Associative Memory*）（Washington, D.C., 1973），第453页。

8. 在评论SIS（感觉信息储存）时，林赛和诺曼［《人类信息处理》（*Human Information Processing*）（New York, 1972），第329页］指出，保留在感觉系统中的信息量和能够被稍后的分析阶段利用的量之间的这个"差异"是非常重要的。它暗示着对稍后阶段容量的某种限制，即不与这些感觉储存本身共有的一个限制。

9. 鲍尔（T.G.R.Bower），《婴儿的视觉世界》（"The Visual World of Infants"），载于《知觉：机制和模型》（San Francisco, 1972），第357页。耐赛尔也指出，在边缘处显微组织的渐次缺失产生了一个表面探究另一个表面的一个强制性的知觉，而且仅当某物移动时，这种信息才得以存在（它不存在于固定序列中），《吉布森的生态学光学：一个不同刺激描述的结果》（"Gibson's Ecological Optics:Consequences of a Different Stimulus Description"），载于《社会行为理论杂志》（*Journal for the Theory of Social Behavior*），第7卷，第1期（1977年4月），第22页。

在对动力恒定性的一个概括中，冈纳·约翰森（Gunnar

Johansson)断言,即便在极弱的刺激条件下,感觉系统也有能力从变化样式中抽取足够的信息(为了恒定性效应);《视知觉中的空间恒定性和运动》,第382页,载于《视知觉中的稳定性和恒定性》,威廉·爱泼斯坦(编)(New York,1977)。

10. 见吉布森的《被作为知觉系统的这些感觉》(London,1966),和较早的《视觉世界的知觉》(Boston,1950)。关于吉布森的信息观念是否与本书中我们运用的这个信息观念相同,可能会有些问题。在一次哲学和心理学会议上(康奈尔大学,1976年4月2日到4日),乌尔里克·耐赛尔宣称,吉布森的信息概念能够一致于申农的信息概念。戴维·哈姆林(David Hamlyn)否认这一点,而且,如果我对他理解正确的话,吉布森亦是如此。然而,下面的段落显示:

> 让我们开始时就指出,关于某物的信息仅仅意味着对某物的专一性。因此,当我们说信息是由光或者声音、气味或者机械能传送的时候,我们并不意指:这个信源是作为一个复制或者拷贝而被精确传送的。一个铃铛的声音并不是这个铃铛,而且奶酪的气味并不是这个奶酪。与此类似,一个对象的这些外表面的透视投射(通过一个媒介中反射光的回流量)并不是这个对象本身。然而,在所有这些案例中,由于物理法则,这个刺激的一个属性意义明确地相关于这个对象的一个属性。这就是我用环境信息的传递所意指的东西。(第187页,《被作为知觉系统的这些感觉》)

注　释

在我看来，这充分辩护了耐赛尔的看法。此外，它近乎一致于本书第3章所阐发的信息概念。见乌尔里克·耐赛尔，《吉布森的生态学光学：一个不同刺激描述的结果》和哈姆林，《吉布森知觉理论中的信息概念》，载于《社会行为理论杂志》，第7卷，第1期（1977年4月）。

11. 这些潜在的感觉机制甚至可能牵涉到了某些研究者（继赫姆霍尔兹之后）愿意将之描述为计算的或者推论的过程的东西。虽然我看不出使用这个术语来描述感觉过程有任何错误，但是我认为，被它（误）导向将认知结构归因于这样一些过程，却是错误的。我们可以用信息的语言——（至少在这个程度上）牵涉到一个结构之具有一个命题内容的语言——描述感觉现象，但是，一个结构之具有一个命题内容不应混淆于该结构具有这种内容，即我们将之与知识、信念和判断联系在一起的这种内容。第7章我会再回到这个论点。

12. 沃伦，《缺失语音的知觉复原》（"Perceptual Restoration of Missing Speech Sounds"），《科学》（1970），第167页。

13. 这并不是说外围可见物看起来是无色的。这可以被看作是知觉复原的一个案例。然而，要点在于，这个复原并不携带关于这些被看见的对象的颜色的信息，因为它并无必要依赖这些对象的颜色。与此类似，视网膜上有一个点（盲点），在这里视觉神经使得眼睛没有能力收集来自刺激的信息。然而，如果一个齐次域（homogeneous field）（例如，一张白纸）被（用一只眼睛）注视，那么我们不会看到一个黑点。然而，一个人不应认为，这个感觉"插补"携带着关于这个刺激的信息。因

知识与信息流

为很明显，如果在此域中这一刻碰巧有一个黑点，那么（在严格受阻的视觉条件下）我们不会看到它。这个信息会损失。

14. 例如，见乌尔里克·耐赛尔，《认知心理学》（New York, 1967），第94—104页。亦见赫布（D.O.Hebb），《知觉中的积累和学习》（"Summation and Learning in Perception"）："一个形象的原始统一性在这里被定义成是指从这个背景中统一和分离，这个背景似乎是感觉刺激模式和感觉刺激对之起作用的这个神经系统的遗传特性的直接产物。那么，这些形象对其背景的这个统一性和显著性是不依赖于经验或者'原始'的。"在彼得·弗里德（编），《知觉读物》（Reading in Perception）（Lexington, Mass., 1974），第140—141页。

15. 乔治·米勒，《神奇的数字七，加或者减二：对我们信息处理能力的某些限制》（"The Magical Number Seven, Plus or Minus Two: Some Limits on Our Capacity for Processing Information"），《心理学评论》，第63卷（1956年3月）。数字七是我们对单维刺激进行准确独立判断的能力的一个指数。我们准确地识别几百个面孔中任何一个、几千个语词中任何一个等的一般能力，不应被看作是违反此"规则"。因为，面孔、语词和对象是多维刺激。

16. 皮尔斯，《符号、信号和噪音》（New York, 1961），第248—249页。

17. 斯珀林，《短暂视觉表征中的可用信息》（"The Information Available in Brief Visual Presentations"），《心理学专论》（Psychological Monographs），第74卷，第11期（1960）。亦

注 释

见埃弗巴克（Averbach）和科里尔（Coriell），《视觉中的短期记忆》（"Short-Term Memory in Vision"），《贝尔系统技术杂志》，第40卷，第196期，和《视觉中的短期信息储存》（"Short-Term Storage of Information in Vision"），《信息理论：第四次伦敦座谈会记录》（*Information Theory: Proceedings of the Fourth London Symposium*），彻丽（编）（London，1961）。

18. 乌尔里克·耐赛尔，《认知心理学》，第二章。

19. "看起来似乎视网膜投射中的所有信息在这个影像存储中都是可用的，因为接收者能够抽取需要的任何部分。"拉尔夫·诺曼·哈伯（Ralph Norman Haber）和莫里斯·赫汉森（Maurice Hershenson），《视知觉心理学》（New York，1973），第169页。

20. 欧文·罗克把这些实验解释成是暗示着"在知觉这一术语的某种意义上，这个阵列中的所有事项都被觉察到。每个事项的某个感觉表征存留几分之一秒。这个短期知觉以视觉系统中神经元放电的持续为基础，而这个神经元放电是由这些字母的视网膜图像（甚至在字幕显示被关闭后）触发的。然而，除非这些事项得到进一步处理，否则这些感觉表征会迅速消散"。《知觉导论》（New York，1975），第359页。至于所有事项都在其中被觉察到的"知觉"这一术语的含义，见下面知觉的对象一章。

21. 《知觉学习和发展的原理》（*Principles of Perceptual Learning and Development*）（New York，1969），第284页。

22. 但是，接下来如何解释这些不同的反应呢？"如果经验要产生影响，首先必须要有这个样式的一个知觉，这个样式本身不是由经验决定的，而且相关记忆追溯的那个知觉能够在类似基础上被激活"，欧文·罗克，在前面列举的书上，第361页。

23. 威廉·爱泼斯坦，《知觉学习种种》（*Varieties of Perceptual Learning*）（New York，1976）。

24. 例如，见乔治·斯坦菲尔德（George J.Steinfeld），《持久性和可用性的诸概念及其与模糊图像刺激重组的关系》（"Concepts of Set and Availability and Their Relation to the Reorganization of Ambiguous Pictorial Stimuli"），《心理学评论》，第74卷，第6期（1976），第505—522页。亦见欧文·罗克，"但是，当观看潜在的熟悉图像时，一个人从一个起初的'无意义的'组织进入到一个后来的'有意义的'组织，会有一个真正的知觉改变。当这个图像被辨认时，它看起来是不一样的"。在前面列举的书上，第348页。

25. 埃莉诺·吉布森，在前面列举的书上第292页。

26. 在其精彩的导言中，欧文·罗克（在前面列举的书上）自始至终都小心地区分知觉问题和认知问题。作为一个例子："学习一个区别比仅仅知觉需要更多的东西；诸认知因素也会被牵涉到。一个动物可以在知觉上区别一个三角形和一个圆形，但是从一开始就需要训练来学习：对一个刺激作出反应会继之以奖励，而对另一个刺激作出反应则不会这样。一个人类主体在认识到三角形总是被奖励而圆形不被奖励之前，可能需要几次试验。但是没有人会根据这个事实争论说：在开头的几次试验中，这个主体并没有真实地觉察到这些形式（我的强调）。"第369页。

注　释

27. 我把"辨认"这个词放在着重引号（scare quotes）内，因为这并不是一个真正的认知成就。信念不会由这个简单的机械系统产生——完全没有知识的意向结构。至于关于什么构成了一个信念状态的这些可区别的特性，详见第三部分。

28. "知觉"这个词是为其中具有某种认知摄入（cognitive uptake）（识别、辨认等）的这些感觉处理（transactions）所保留的。在此我是在下述含义上提到这个术语的：我们能够看到、听到和闻到诸对象或者事件（觉察到或者意识到它们）而无须以任何方式将之范畴化。后面会更充分地讨论这个观点（注释第29及本章的随后部分）。

29. 在《看到和听到》（Chicago,1969）中我争论说，看到s（一条狗、一棵树、一个人）在本质上是非认识的：信念对这个看来说并不是必不可少的。虽然我们（成人）通常获得关于我们看到的这些事件的各种信念，但是看到一条狗、一棵树、一个人本身却是独立于这些信念的一种关系——一个人能够看到s但不相信s是F（对F的任意值）。我当前表达这个观点的方式虽然不同，但观点却一样。唯一的修改在于这样一个要求，即为了有资格作为一个知觉状态（看到s），一个结构必须被结合到有能力利用包含在这个感觉表征中的这个信息的一个认知机制上。在这方面，我当前的观点多少接近于弗兰克·西布利（Frank Sibley）在其《分析看到》（"Analyzing Seeing"）中的观点，载于《知觉》（London，Methuen，1971），西布利编。我感谢戴维·林在这个观点上大有帮助的讨论和澄清。

30. 我想到的这些环境是这样的，在此环境中，一个人疯也似地在寻找他丢失的孩子，他在人群中看到了赫尔曼但却未能注意到赫尔曼或者给予任何特别的关注。

31. 至于对该理论的一个仔细的说明，见格赖斯，《知觉的因果理论》，《亚里士多德学会会刊》(*Aristotelian Society Proceedings*)，增补，第35卷（1961）。

32. 普赖斯，《知觉》（London，1932），第70页。

33. 如果我有会产生不可区别的声音的两个铃铛，那么我对这个知觉对象的说明似乎可能暗示着，一个人不可能听到实际上正在响的那个铃铛，因为这个听觉信号并不携带关于哪个铃铛正在响的信息。这是对我观点的误解。如果汤姆和比尔是孪生的（视觉上不可区别的），那么这并不（根据我的说明）妨碍一个人看到汤姆。为了看到汤姆，一个人不必获得这是汤姆这一信息。确切地说，一个人正在获得的这个信息必须是关于汤姆的信息（他穿着一件红色衬衣，正搔着头等）。也就是说，正被给予第一性表征的这些属性必定是汤姆的属性。与此类似，在铃铛的这个案例中，要听到铃铛A，不必获得足以将A和B区别开来的信息。所必需的只是正在被接收的这个信息是关于A的信息（例如，它正在响，它有一定的音调）。

34. 伍德沃思，《实验心理学》（London，Methuen，1938），第595页。

35. 见埃德温·兰德（Edwin H.Land）对这个观点的精彩阐释，在《色觉的视网膜皮层理论》（"The Retinex Theory of Color Vision"），载于《科学美国》，第237卷，第6期（1977年12月），第108—128页。

注 释

36. 例如,"在引力导向目标的恒定性中,视觉输入必须与身体倾斜的信息一起被加工,因为没有了后者,视觉输入就完全不足以传递关于引力导向的信息",见谢尔登·埃比霍塔(Sheldon Eben holta)《对象导向中的这些恒定性:一种算法处理方法》("The Constancies in Object Orientation:An Algorithm Processing Approach"),载于《视知觉中的恒定性和稳定性》,威廉·爱泼斯坦(编)(London,1977),第82页。

37. 见威廉·爱泼斯坦的《视知觉中考虑的过程》("The Process of 'Taking-into-Account' in Visual Perception"),载于《知觉》,第2卷(1973),第267—285页。

38. 詹姆斯·吉布森,《视觉世界的知觉》(Boston,1950),第三章。欧文·罗克继雅瑞恩·麦克(Arien Mack)之后把知觉经验的这两个方面作为恒定模式(constancy mode)和临近模式(proximal mode)。他指出,就大小来说,我们觉察到恒定模式也觉察到临近模式,而在还原条件下,知觉的临近模式移入舞台中心——"不再有一个显著的客观感知取代它。"(第364页)见罗克的《为无意识推论辩护》,载于《视知觉中的稳定性和恒定性》,威廉·爱泼斯坦(编)(London,1977),第339、342页。

39. 虽然知觉经验可以这样演化,但是有越来越多的证据表明,它并不是这样的。鲍尔的婴儿实验揭示,产生最多反应的,不是视网膜的类似,而是(远处的)对象的类似。"看来,记录视网膜图像中这个信息的这个能力可能是高度专门化的才能,而且可能是必须被学习的能力,而不是最原始的这种知觉能力。"见鲍尔的《婴儿的视觉世界》,《科学美国人》(1966年12月),再版于《知觉：机制和模型》(San Francisco, 1972), 第357页。

40. 见福多和比弗,《语段的心理实在性》("The Psychological Reality of Linguistic Segments"),《言语行为和言语学习杂志》(Journal of Verbal Learning and Verbal Behavior), 第4卷(1965), 第414—420页, 以及加勒特(M.Garrett), 比弗和福多,《言语知觉中主动的语法使用》("The Active Use of Grammar in Speech Perception"),《知觉和心理物理学》, 第1卷(1966), 第30—32页。福多这样表达这个观点："一个人可能会把他没有听到的共振峰关系置入句子的言说当中, 即便这个人没有听到这些语言关系, 而且这个共振峰结构(尤其)在因果上决定一个人听到哪些语言关系",《思维的语言》(New York, 1975), 第50页。

第7章

1. 如果读者对分析性这个观点存有颟顸式的异议, 那么意向性的第二阶和第三阶之间的这个区别可以被看作仅仅是度的问题, 而非类型的问题。我不想为分析—综合的这个区别辩护, 我也不认为有任何我在本文中必须说的东西依赖于这个区别, 但是我确实发现了一个有用的术语即"分析的"来提出使哲学家感兴趣的一系列案例, 并且我在此用"分析的"来指示这些案例。

2. 更技术地说, S以数字形式携带t是F这一信息, 当且仅当(1) S携带t是F这一信息, 而且(2) 没有另一条信息t是K, 这一条信息使得t是F这一信息被套叠在t之作为K当中, 但反之

注 释

则不然。

3. 一个信念的大多数意向特征，但可能不是全部。这将取决于一个人认为什么包含在意向性的这个观点当中。例如，应当注意，信念可以是假的（有假的内容），但是一个结构以数字形式携带的信息不可能是假的（因为它是信息）。因此，下面提供的语义内容的这个定义，即把一个结构的语义内容等同于该结构以数字形式携带的这个信息的定义，给予了我们呈现出三阶意向性的一个命题内容（我会争论），但该内容却仍然没有资格作为一个信念的内容。如果一个结构的内容的可能虚假被认为是用意向性所意指的东西的一部分，那么语义结构就不会呈现信念的全部意向特征。

4. 或者这个内容：t是红色。明显存在大量的可能性（例如，t是一个红色的平行四边形，t是某种图形），这些可能性的任何一个或者这些可能性的任何组合都可以在一个给定的机会下被实现。然而，要牢记的一点是，这些（不同的）语义内容中的每一个都必须被具身化在一个不同的物理结构当中，因为，一个结构的语义内容是它以数字化形式携带的这个信息，而且不同的这些条信息不可能被一个或者相同的系统中的相同结构所数字化。

5. 从模拟形式到数字形式的信息转换总是涉及到某些信息的损失，但是，并非信息的每次损失都代表着一个数字化的过程。例如，一台无线电接收机损失了包含在到达电磁波中的一部分重要的信息（损失多少将取决于这台接收机的"保真度"），但是这个损失对于包含在这个到达信号中的这个信息是无分别的和无选择的。

6. 诸如上述这些简单的信息处理仪器（伏特计、恒温器、电视接收机），不仅无法完全地数字化关于信源的（在此我用"信源"意指我们或者这些仪器的使用者通常使用这些仪器以获得关于其信息的这些事态）信息，而且这些仪器还无法完全地数字化任何信息。这些仪器的这些携带信息的结构无法具有一个语义内容，这是因为通常这些结构没有最外层的信息壳。这些结构携带关于先前事态的信息，但是这个结构携带的每一条信息都是像中国盒的方式一样被套叠在一个更大的信息壳中。诸信息壳的这个排列是某种与一系列小于1的实数类似的东西。对小于1的每个数来说，总会有一个大于该数但却仍小于1的数。对于不同于这个结构本身的任何事态来说，只要该结构携带关于某个居间事态的准确信息，该结构就将携带关于该事态的信息。当然，这仅仅是下述事实的一个反映：这一信息是通过因果的方法被传输的，而且无法停下来（除了结果之外）并指明最近的或者最邻近的因果前项。真正的认知系统具有这些因果过程中的相同连续，借助这些因果过程一个语义结构得以产生，但是（正如我们在第6章，尤其在图6.2中所看到的）如此产生的这个结构不携带关于它们直接因果前项的信息。它们表征这个信源而不表征这些更邻近的事件，借助这些事件，关于这个信源的信息得以传递。

第8章

1. 粗略地说，一个认知结构就是其（语义）内容对输出施

注　释

加某一影响的一个语义结构。下面我会再回到这个观点。

2. 在此之后，一个结构类型的内容将由一个开放句（例如，"x是F"）表达，而且这个结构类型的个例的内容将由一个封闭句表达，在这个封闭句中一个常量（暗示着信源并指明这个知觉对象）会代替这个变量x。这反映了如下事实：虽然诸结构类型和诸结构个例都有意义，但只有这些个例具有真值。这便是F这个概念和某物是F这一（从物的）信念的不同之处。

3. 这并不是（概念）学习的一般说明。现在正被描述的是以某一直接证明的方式获得一个简单的概念。在第9章，有更多关于简单概念vs.复杂概念和天赋概念vs.获得概念的东西。

4. 或许在该过程的这个阶段，认为这个孩子具有知更鸟这一概念还为时尚早。我们可能更愿意说她有关于一只知更鸟的一个视觉概念。表达这个孩子的概念成就的这个方式是承认下述这一信息论事实上的一种方式：迄今为止（鉴于这些受限制的学习条件），尚无具有"x是一只知更鸟"这一语义内容的结构演化出来。当s是一只知更鸟这个信息以视觉形式被传递时，（至多）有选择地敏感于该信息的某个结构已经逐步显现出来。因此，由此产生的这个结构携带着关于下述这些方法的某个信息：通过这些方法，（s是一只知更鸟）这个信息被传递了，并因此不构成s是一只知更鸟这一信息的一个完全数字化。

5. 阿姆斯特朗，《信念、真理和知识》（Cambridge University Press，Cambridge，1973），第一部分（特别是第一章）。

6. 这个比较应仅仅被看作是一个类比。恒温器，甚至正常发挥功用的恒温器也没有信念。它们没有信念的原因不在于它们缺乏具有信息内容的诸内在状态，也不在于这些内在状态无法影响输出，而在于（正如第7章指出的），这些内在状态没有适合的语义内容。

7. 在一个语义结构（作为一个系统对一条特殊信息的有选择的反应）已经发展出来之后，该语义结构当然可以作为对缺乏这条相关信息（这个信息对应于这个结构的语义内容）的一个信号的反应而被例示。这样，虽然这个结构意指s是F，但是，这个特殊个例是具有这个语义内容的一个结构类型的一个个例，在此意义上，这个个例本身并不携带这个信息。它只是推定的信息，或者正如我有时候称呼的那样，这个结构个例的意义。自此往后，当我说到一个结构（个例）的语义内容时，我意指这个内容：即该结构（个例）从它作为其个例的这个结构类型中获得的这个内容，即该结构（个例）的意义。

8. 与此类似的一个观点是由杰里·福多在《思维的语言》（New York，1975）中提出的。然而，我并不清楚福多是否想要用认知术语来描述这些初步的（特性检测）过程（描述为信念、判断或诸如此类）。他将整个知觉认知过程描述为推论性的（就假说的形成和测试而言），而且这肯定表明，他把这些特性检测所提供的"数据"看作是以一种形式（像信念或者判断）出现的，而通过这个形式能够作出诸推论。然而，这个术语可以被看作仅是对本质上非认知的过程的一个形态学的虚饰（ratiomorphic overlay）。

9. "梗概的"是因为我们仍在考虑最简单、最原始的这类信念：即关于"这是F"这个形式的一个"从物的"信念，"这

注 释

是F"这个形式牵涉到一个简单的在知觉上被获得的概念F。在随后章节,我会回到这些观点并表明,这个分析不像它现在可能看起来一样不受限制。

10. 这种方法出现在威尔弗里德·塞拉斯(Wilfrid Sellars)的《经验主义与心灵哲学》("Empiricism and the Philosophy of Mind"),《明尼苏达科学哲学研究》,费耶尔和斯克里夫(编)(Monneapolis,1956),第253—329页。

11. 我用丹尼特作为我对这个结果论描述的模型,见他的《内容和意识》(London,1969),第四章。

12. 格赖斯,《意义》,《哲学评论》,第66卷(1957),第377—388页。亦见她的《说者的意义和意向》("Utterer's Meaning and Intentions"),《哲学评论》,第78卷(1969),第144—177页,及《说者的意义、句子意义和语词意义》("Utterer's Meaning,Sentence-Meaning,and Word Meaning"),《语言基础》(Foundations of Language),第4卷(1968),第225—242页。

13. 在上面列举的书上,第77页。

14. 见这些实验的讨论及其结论,在迈克尔·阿比布(Michael A.Arbib)的《隐喻性的大脑》(*The Metaphorical Brain*)(Wiley-Interscience,New York,1972),第153—155页。亦见韦斯(P.Weiss),《协调发展中的核心因素对辅助因素》("Central versus Peripheral Factors in the Development of Coordination"),载于普利布兰的《知觉和行动》(*Perception and Action*)(Penguin Books,Middlesex,England,1969),第

491—514页。阅读韦斯自己对这些实验的解释是很有意思的："协调指的是诸部分的有序关系。这个秩序并不一定是具有直接生物效用的。如果从有机体这些生物需要的观点来看，在正常的身体中，协调通常说得通：上述这一事实自然而然地表明，生物效用是决定协调的一个主要因素。正如我们下面将要展示的，这是一个错觉，因为即便在协调的这些基本模式的结果与个体的志趣完全相反的情况下，该模式也会逐步显示出来并持续下去。"（第491—492页。）

15. 关于这一点，注意到这些动物没有能力学会补偿肢体反置，这是很重要的。某些火蜥蜴超过一年以上都没有任何行为上的改变（阿比布，上面列出的书，第154页）。这个不适合的行为持续下去这一事实，并没有明显的倾向让我们说：这些动物没有关于它们接收到的这个刺激的诸信念，或者它们一定不相信它们看起来是食物的这个食物。恰恰相反。只要这个不适合行为以某种稳定一贯的方式持续下去，那它就表明了某个信念。这个动物具有什么信念，是由产生这个不适合行为的这个内在结构的语义内容所决定的，而且，正如我们所争论的，这是由这个结构（类型）的信息传承所决定的（既然这样，或许是天赋的——见第9章关于天赋概念的一个讨论）。

16. 斯佩里，《眼和脑》，《科学美国人》，1956年5月；再版于《知觉：机制和模型》（W.H.Freeman and Company, San Francisco），第362—366页。

17. 在下一章，我将继续天赋概念的问题，天赋概念即一种类型的语义结构，这种语义结构先于相关的这种经验或者

注　释

学习，并有选择地敏感于某种类型的信息。一个天赋概念仅仅是一个系统所具有的对该系统不曾出现或者获得的输入信息的一类的编码；天赋概念是以数字化输入信息的这个方式产生的（好像预置的）。

18. 我认为这个质疑把握了丹尼特对信念内容的说明之精髓（例如，见《内容和意识》，第19页）。也就是说，丹尼特倾向于认为我们的猫是将这个肝脏辨认为食物。这只猫并不具有可表达为"s是肝脏"的一个信念，因为没有适于肝脏作为肝脏的反应。确切地说，这只猫具有可表达为"s是食物"的一个信念（在这里这个s指的是实际上是肝脏的东西），因为（根据丹尼特）存在有适合食物的行为。

19. 当然，我们不必试着用认知术语解释这个动物的行为，同样我们也不必用诸如"决策""相信""繁殖"和"辨认"这样的术语来描述一台计算机的操作。但是，同样地，我们也没有被迫用这些术语描述我们自己的运作。神经学上的解释，某一天也会这样做。然而，要点在于，并不因为存在有可选择的因果解释，这些认知解释的效用就要降低。我能够用纯因果的术语来描述一个伏特计的运作，这一事实并不意味着信息论描述就是错误的或者不适用的。

20. 下一章会有更多的原始概念。原始概念是一类认知结构，此类认知结构没有认知结构作为其部分。

21. 虽然我已经批评了心理内容的结果论说明，但是，关于从心理到物理的这个还原，功能主义者们所说的多数东西都支持当前的这个信息论分析。例如，普特南对逻辑状态和结构状态之间的区别与我自己对信息状态（一个语义的或者认知的结构）和信息（语义的或者认知的内容）能够在其中被认识到的这个物理状态之间的区别是一样的。两个完全不同的物理结构可以具有相同的语义内容。见普特南的《心灵与机器》，载于《心灵、语言和实在：哲学论文》，第2卷，（Cambridge University Press，Cambridge，England，1975），第362—385页。

第9章

1. 在概念上同一的。两个结构可以是在概念上同一的（即具有相同语义内容的诸认知结构），而当这两个结构出现在不同的系统中时，它们就可以是物理上不同的结构。使这些物理上不同的结构成为相同概念的是这个事实：这两个结构具有相同的语义内容。当然，它们可能导致不同种类的行为，但是行为的这个不同（正如我们在第8章指出的）是无关紧要的。

2. 我认为，对蒯因的一些例子可以给出同样的评语［见《语词与对象》（Boston，1960），第2章］，例如，以下两者间的不同：相信s是一只兔子和相信t（s的某个部分）是兔子不可分割的一部分或者u（s的某个时间的横断面）是兔子的阶段。这些条信息是不可分的。将第一条信息作为其语义内容的任何一个结构，都会将剩下的几条信息作为其语义内容。尽管如此，由于它们的构成上的不同，它们是不同的概念（或者，当被例示时，就是不同的信念）。我能够相信s是一只兔子而不具有部分（或者阶段）这个概念，但是我不可能具有后面这些信念，而不具有这些概念。这些概念上的不同是可以察觉的。然而，

注 释

这些例子引出了额外的问题，因为它们涉及了指称的转换。

3. 我并不打算表明：我们关于必然真理的知识能够被等同于我们对必然真理的信念。我也不打算否定它。这个等式当然是我们把经验知识等同于以信息为根据的信念的一个自然拓展，但是以这个"自然的"方式拓展这个说明，却存在有不可克服的困难。坦率地说，对于我们的这些具有一个为零的信息量度的真理的知识（即这些必然真理），我并不知道说些什么。在某些条件下（例如，简单逻辑和数学真理），似乎仅仅信念就是足够的（对于知识）。在另一些情况下则不是这样。然而，抛开形式真理，还有自然规律。信念在这里肯定是不够的。可是如果规律被看作是某种必然真理（在这里，正被讨论的这个必然性被认为是合法则的），那么规律就具有一个为零的信息量度。规律不产生任何信息，因为规律没有可能的（在"可能的"信息相关的意义上）可选择项。

我现在没有特别强调要讨论这些问题。我认为，把逻辑真理和数学真理（即所谓的分析真理）排除在当前的知识说明之外，并不算是严重的疏忽，因为就我所能够分辨的而言，每一个知识分析似乎都被迫做出类似的排除。因此，我遵从一般的做法，限定经验知识的分析范围。这个限定已经暗含在我对下述情况（见第4章）的限定之中：即已知的东西具有一个正的信息量度的情况。而且，我对知觉知识（特别是，某个在知觉上被给予的对象的知识，即该对象是F）的限定排出了下述考虑：即自然规律如何（或者是否）能够被知道。

4. 例如，见克里普克的《命名与必然性》，载于唐纳德·戴维森和吉尔伯特·哈曼（Gilbert Harman）（编），《自然语言的语义学》（*Semantics of Natural Language*）（D.Reidel, Dordrecht-Holland, 1972），第253—355页；希拉里·普特南的《"意义"的意义》，载于《心灵、语言和实在》，《哲学论文》，第2卷（Cambridge University Press, Cambridge, 1975），第215—271页［初版于冈德森（K.Gunderson）（编），《语言、心灵和知识》，明尼苏达科学哲学研究第7卷（University of Minnesota Press,Minneapolis,1975）］。亦见丹尼斯·斯坦普的《论名词的意义》（"On the Meaning of Nouns"），载于《限定语言学的范围》（*Limiting the Domain of Linguistics*），科恩（D.Cohen）（编），（Milwaukee, 1972），第54—71页。

5. 现代装束下（即信息论的）的旧经验主义观点。"然而，虽然我们的思维似乎具有无限的自由，但是经过更仔细的检查我们会发现，思维实际上被限制在一个非常狭小的范围内，而且心灵的这个创造能力只不过是这样一种才能，即组合、更换、增加或者减少我们感觉和经验所提供的材料。当我们想到金山时，我们只是在联合之前我们已经熟悉的两个一致的观念，即'金'和'山'。"大卫·休谟，《人类理解研究》，第2节。

6. 例如，温斯顿用于辨认桌子、拱门、基座和拱廊的计算机程序利用了更原始的概念（例如砖块、楔子、支撑和结合），用这些概念它构建了刺激对象的结构描述。见玛格丽特·博登（Margaret Boden）对这个程序的讨论，载于《人工智能和自然人》（*Artifical Intelligence and Natural Man*）（Basic Books,New York,1977），第252及以下诸页。离开了一些原始概念（即便诸

注　释

如直线、角度和结合这样一些基本的概念）这个程序就不能构建起任何更复杂的认知结构。

7. 这些白色的对象（看起来是红色的）要有选择地被红色光照射，以使周围的对象不会以同样的方式受到照射，这是很重要的。不注意这个预防措施就可能会触发观察者知觉系统中的恒定机制，以至于白色对象（虽然反射红色光）看起来不是红色的。

8. 我让普特南的例子适合我自己的目的。在《"意义"的意义》上述引文中能够找到他的"孪生地球"例子。普特南用这个例子指出，意义不在头脑之中：我们诸内在状态的本质属性并不确定这些内在状态可以被用来表征的无论任何概念的外延（因此，意义）。我从不同的视角得出了相同的结论。因为两个在物理上不同的结构能够具有相同的语义内容，所以这些结构本身的本质（物理）属性中就没有这些结构的意义（这些系统具有什么概念）。意义不在头脑当中，而"在"和法则依存的这个系统"当中"，这个系统界定了头脑中这些结构的信息反应特性。

9. 当然，说地球人可以利用这个信息是假定了：该液体之作为XYZ，对地球人而言是不（相关的）可能的（就像它对孪生地球上的汤姆而言是不可能的一样）。

10. 普特南指出（第241页），如果实体XYZ存在于地球之上，那么它就是水。之所以它是水原因就在于，当我们说某物是水时，我们（地球人）所意指的东西是不同的。这不过是说（就我采用普特南例子的方式来说），如果XYZ在我们的湖泊和河流当中（连同H_2O），那么我们就会发展出与汤姆的概念相类似的一个概念，即将H_2O和XYZ都纳入其外延的一个概念。如果XYZ在地球上是普遍的，就像它在孪生地球上一样，那么它就是水——不是我们现在称之为水的东西（因为这大概只包括H_2O），而是我们那时就已经称之为水的东西。

11. 当然，这个主体可能需要作为一个复杂概念的红色这个概念。例如，他可能发展出这个概念：即在条件C下看起来是红色，在这里C代表这样一些条件，在这些条件下看起来是红色的东西就是红色的。

12. 从技术上讲，这些概念应该被限制于被获得（被习得）的概念。在下一节，关于天赋概念我还有很多东西要讲。

13. 我从杰里·福多的《思维的语言》（Thomas Y. Crowell Company, New York, 1975）中借用了"思维的语言"这个隐喻。

14. 语言的获得使更丰富的概念系统的发展成为可能，这至少在部分上是因为，语言使用者们日益依赖语言本身的信息传递。也就是说，对于概念形成过程十分重要的很多数字化工作，都完全包含在个体从其同伴那里吸收的这个公共语言当中。那么例如，当这个信息以语言形式（因为该信息借以到达的这个语言已经是以数字方式在编码这个信息）到达时，获得s是一棵树这个信息而不获得关于s的任何更详细的信息（例如，s是一棵枫树，一棵高高的树，一棵有叶子的树），这是比较容易的。但是，当这个信息以知觉形式（即看到一棵树）到达时，这就不那么容易了。因为，当一个个体作为具有共同语言的社会共

注　释

同体的一个部分长大时，对他而言，他在发展一个概念网络时的大多数工作都已经被完成了。这个公共语言就是我们祖先概念上的成就的一个储藏室，而且每个个体在学习这门语言时都会利用这个储蓄。

15.《视觉悬崖》见埃莉诺·吉布森和沃克的《科学美国人》，1960年4月；再版于《知觉：机制和模型》（H.Freeman and Company,San Francisco），第314—348页。

16. 同上书，第341页。

17. 同上。

18. 同上书，第343页。

19. 埃克哈德·赫斯，《小鸡的空间知觉》（"Space Perception in the Chick"），载于《知觉：机制和模型》（H.Freeman and Company,San Francisco），第367—371页。

20. 鲍尔："婴儿的视觉世界"，《知觉：机制和模型》，第357页。

21. 前面引用的书，第341页。

索 引

（所列页码为英文原书页码，即本书边码）

A

Abstraction 抽象 151—152, 182
Adams, Fred 弗雷德·亚当斯 254
Ames' Room 艾姆斯屋 252
Analog 模拟 136—139,（被界定）137。见Coding
Analytic 分析的 71, 173—174, 215, 259—260, 265
Anderson, John 约翰·安德森 255
Arbib, Michael 迈克尔·阿比布 262, 263
Armstrong, D.M. 阿姆斯特朗 197, 249, 250, 254, 261
Attneave, Fred 弗雷德·阿特尼夫 237, 238
Austin, John 约翰·奥斯汀 252
Averbach, E. 埃弗巴克 257

B

Bar-Hillel, Yehoshua 约书亚·巴尔-希勒尔 11, 237, 238, 241, 242
Beauchamp, Tom 汤姆·比彻姆 240
Behavior 行为 202—209, 233, 263

Belief 信念：知识所必备的~ 85, 229；作为携带信息的~ 90—91, 244—245；认知系统的~ 171—172；~的意向性 173—174, 217；假~ 190, 203—209, 260；作为地图的~ 197；决定反应的~ 197, 201—202；动物们的~ 209—211；从言的~和从物的~ 212。亦见 Content; Intentionality; Concepts
Bever, T.G. 比弗 259
Bit（amount of information）比特（信息量）5
Black, Max 马克斯·布莱克 241
Boden, Margaret 玛格丽特·博登 265
Bohm, David 戴维·玻姆 239
Boltzman 玻尔兹曼 237
Bower, Gordon 戈登·鲍尔 255
Bower, T.G.R. 鲍尔 255, 259, 267
Brunswik, Egon 埃贡·布伦斯维克 251
Burge, Tyler 泰勒·伯奇 246

C

Calibration 校准 117, 119, 252

Carnap, Rudolph 鲁道夫·卡尔纳普 241

Categorization 范畴化 139—141, 182

Cause 原因：区别于信息的~ 26—30, 35, 38—39, 157；解释的~ 32—33, 240；知识的~理论 33, 39—40；支撑的~ 88—90；作为~的信息87, 198—201, 248—249；知觉的~理论156；~链157—159

Chance 偶然 28—29, 36—37, 74, 75, 191, 246

Channel 信道：~的物理实现 38；幽灵~ 38；~容量51, 148, 242；~条件115—116, 118, 122, 253；辅助~ 120—123, 124

Cherry, E.C. 彻丽 41, 237, 241

Chisholm, Roderick 罗德里克·齐硕姆 248

Classification 分类 139—141, 182

Code 编码：用于转换信息的~ 8, 49—50, 244；decoding a signal 解码信号 57, 144, 219；analog vs. digital 模拟对数字135—139, 220, 260；perceptual（sensory）知觉的（感觉的）~ 147, 162—163；~上的改变166—167, 208—209。亦见Analog;Digital;Experience, information in;Sensory

Cognitive 认知：~态度 135, 154, 211；~过程（不同于感觉）141—143, 148, 150, 167—168, 257；~系统 175—182, ~结构142, 193, 198, 200, 211, 217, 261；~表征147, 222, 信息的抽取 147

Cohen, D. 科恩 265

Color 颜色：色觉, 35, 259；~相依 35；~学习194, 223—225, 228

Communication 通信：~理论 3, 40, 237；~系统58, 74；~链59, 103；信息的~限制63；作为传授知识的~ 102—105。参见Information

Computational process 计算过程 200, 256

Concepts 概念：绝对~ 107—111；认知过程中的~ 142, 182；~的学习 144, 193—196；~的缺乏 153；简单~对复杂~ 194, 215—222, 230；原始~ 212, 215—222, 227, 229, 230, 265；作为一个类型的内在结构的~ 214；~之间构成的不同217—218；~的信息原点222—231；天赋~ 231—235, 263；视觉~ 261。亦见Cognitive, structures;Belief

Conjunction princlple 合取原则 101, 250

Consequentialism 结果论 202, 211, 262, 264

Constancy phenomena 恒定现象 162—165, 259, 265

Content 内容：信息~ 41, 47—48, 55, 60, 62,（定义）65, 70—72, 78—81, 178—179；从物的~和从言的~ 66—68, 86, 212, 246；命题~ 154, 176, 183；~的意向性 172—174；语义~ 173, 177—

索　引

179, 215；作为原因的~ 198；内在状态的~ 202—209。亦见Belief;Information;Semantic

Contrastive focus　对比聚焦 246

Coriell, A.S.　科里尔 257

Correlation　相关 59, 73—75, 77, 246—247

Crosson, F.J.　克罗森 56, 242

Crowder, R.G.　克劳德 254

D

Davidson, Donald　唐纳德·戴维森 265

Dennett, Daniel　丹尼尔·丹尼特 79, 206, 247, 262, 263

De re and de dicto　从物的和从言的。见Content

Detectors　探测器 35, 197, 199—200, 240, 262

Determinism　决定论 29, 31—32, 36

Digital　数字的：信息的数字编码 136—139, 260；~转换139—141, 254, 260；完全数字化184—185, 260。亦见Analog;Coding

Doubt　怀疑 128

E

Ebenholta, Sheldon　谢尔登·埃比霍塔 259

Entropy　熵 8—11, 52, 238

Epstein, William　251, 威廉·爱泼斯坦 257, 259

Equivocation　模糊：个别事件（信号）的~ 24, 52；平均~ 25, 239；一个信号中的~ 100—102；一个通信链中的~ 104—105, 245；度量装置中的~ 111—113；~的确定 130—132；受限条件下的模糊（例如，自然栖息地）253—254

Essential Properties　本质属性 12, 65, 217, 221, 222

Evidence　证据 91, 108

Experience　经验：感觉~ 91, 113, 143；~的模糊本质 113, 245；~中的信息121, 146, 147, 150—153, 159, 163, 165—168, 185—186, 240；非认知的~ 201。参见Sensory

Extension　外延 75, 227, 229, 265

F

Feigl, Herbert　赫伯特·费耶尔 239, 262

Feyerabend, Paul　保罗·费耶阿本德 239

Fodor, J.A.　福多 259, 262, 266

Freed, Bruce　布鲁斯·弗里德 246

Fried, Peter A.　彼得·弗里德 256

Functionalism　功能主义 264

Fundamental Theorem of Communication Theory　通信理论的基本定理

G

Gails, Leon　利昂·加利斯 250, 251

Garner, Wendell　温德尔·加纳 239, 241

Garret, M.　加勒特 259

Gettier, Edmund　埃德蒙·盖蒂尔 96, 97, 249

Gibson, Eleanor　埃莉诺·吉布

森 151, 232, 234, 257, 267
Gibson, James 詹姆斯·吉布森 145, 165, 166, 252, 255, 259
Goldman, Alvin39, 阿尔文·戈德曼 129, 241, 249, 254
Gombrich, E.H. 冈布里希 253
Grice, Paul 保罗·格赖斯 205, 242, 257, 262

H

Haber, R.N. 哈伯 254, 257
Hake, Harold 哈罗德·黑克 243
Hamlyn, Dacid 戴维·哈姆林 255, 256
Hartley, R.V.L. 哈特利 237
Hebb, D.O. 赫布 256
Heidelberger, Herbert 赫伯特·海德尔伯格 250
Held, Richard 理查德·赫尔德 240
Hershenson, Maurice 莫里斯·赫汉森 257
Hess, Eckhard 埃克哈德·赫斯 267
Hiller, Lejaren 希勒·列哈伦 241, 242
Hintikka, 欣迪卡J.241
Hume, David 大卫·休谟 56, 240, 265

I

Identification 识别 144, 150, 152
Inference 推论 91, 200, 256, 262
Information 信息：区别于意义的~ vii, 22, 41—44, 72—73, 174—175, 247—248；被产生的~量（平均）7, 10（参见Entropy）；由特定信号产生的~量 10, 52（参见Surprisal）；被传输的~量（平均）19；由特定信号传输的~量49, 52；被产生的~量不同于被传输的~量15—16, 242—243；区别于因果关系的~ 26—30, 35, 38—39, 157；~内容41, 47—48, 55, 60, 62, 173（见Content）；~的语义方面 41, 64, 247—248；~的通常概念44—45；错误~ 45；~的语义理论63—82, 241；~的运用（~的数学理论）50, 52, 53, 242—243, 246—247；~流58, 149, 191；作为原因的~ 87, 98—99, 198—201, 248—249；~的绝对特性108；~的社会方面和实用方面 132—134；~的损失（数字转换）141, 183；~的抽取144, 147, 148, 150, 152, 153, 181, 249。亦见Content;Communication, theory;Meaning;Semantic
Intensional 内涵的 75—76
Intentionality 意向性：被解释的~ 75；信息的~ 73—76, 172—173；~的源头 76, 202—209, 246—247；~的层级172—174；言语行为的~ 202—205；信念的~ 173—174, 217。亦见Content;Semantic
Interpretation 解释 57, 181
Inverted Spectrum 颠倒光谱 244
Isaacson, Leonard 伦纳德·艾萨克森 241, 242
Ittleson, W.H. 伊特尔森 252

J

Jammer, Max 马克斯·雅默 240
Johansson, Gunnar 冈纳·约翰

索　引

森 255

Justification 辩明 85, 96—97, 108, 248

K

Kilpatrick, Franklin 富兰克林·基尔帕特里克 253

Klatzky, Roberta 罗伯塔·克拉茨基 254

Klüver 克鲁瓦 151

Knowledge 知识：信息内容定义中的~ 65, 78—81, 86—87, 243；（知觉）~的分析 86；事实的~ 107；事件的~ 107；~的绝对特性108—111；~的社会方面和实用方面 132—134；~的意向性173；必然真的~ 218—219, 264—265

Koch, Sigmund 西格蒙德·科克 240, 251

Kripke, Saul 索尔·克里普克 221, 222, 265

Kyberg, H.H. 凯博格 250

L

Land, Edwin 埃德温·兰德 259

Language 语言 143, 167, 202, 209, 230, 266

Law 规律：自然~ 77, 81, 173, 246—247, 265。参见Nomic

Learning 学习 144, 151—152, 167, 193—195, 219, 223—225, 231

Lehrer, Keith 基思·莱勒 249

Lettvin, J.Y. 莱特文 240

Lindsay, Peter 彼得·林赛 255

Lottery Paradox 彩票悖论 99, 105

Lycan, William 威廉·莱肯 253

M

Mack, Arien 雅瑞恩·麦克 259

Mackay, Donald 唐纳德·麦凯 247

Mackie, J.L. 麦凯 240

Malcolm, Norman 诺曼·马尔科姆 250

Massey, J.L. 马西 242

Maturana, H. 马图拉纳 240

Maturation 成熟 233

Maxwell, Grover 格罗夫·麦克斯韦尔 239

McCulloch, W.S. 麦卡洛克 240

Meaning 意义：与信对比的~ vii, 22, 41—44, 72—73, 174—175；符号的~ 192；认知结构的~ 193—195, 262, 265—266；源自于信息的~ 194, 222—231, 227—228；输出（行为）的~ 202—209；自然 205, 242；205, 242；非自然（约定的）~ 205, 224, 242

Memory 记忆 149, 198

Message 消息 40, 55, 60, 68

Miller, George 乔治·米勒 149, 238, 256

Morton, J. 莫顿 254

Muntz, W.R.A. 芒茨 35

N

Natural Selection 自然选择 234

Neisser, Ulric 乌尔里克·耐赛尔 149, 255, 256, 257

Nesting (of information) （信息的）套叠 71, 179, 220

News 新闻 45

Noise 噪音：单个信号的~ 23；平均~ 24, 239；相对于信源的~ 238

Nomic（relations） 合法则的（关系）71, 75—78, 173, 215, 246—247

Norman, Donald 唐纳德·诺曼 255

Nyquist, Harry 哈里·尼奎斯特 237

P

Percept 感知 142, 151, 259

Perceptual 知觉的：~知识 86；~对象86, 155—168；运动的意识 120—121, 163；~系统144—145；~编码147—148；~学习151；~还原166, 259；~表征181；深度知觉232—235。亦见Code; Experience; Sensory

Pictures 图片 137—138, 142—143, 149, 150, 176

Pierce, J.R. 皮尔斯 149, 243, 244, 257

Pirenne, M.H. 皮尔尼 240

Pitts, W.H. 皮茨 240

Possibility 可能性 8, 53, 61—62, 81

Possibilities, Relevant 相关可能性 81, 115, 125, 128—134

Postman, Leo 利奥·波斯曼 251

Pribram, Karl 卡尔·普利布兰 255, 262

Price, H.H. 普赖斯 156, 258

Probabilities 概率：~的客观本质 55, 81, 243；关于~的消息68—70；合法则规律的依赖性77, 245, 246

Proper Qualities（Magnitudes, Properies, Objects）专门的质（量值, 属性, 对象）161

Propositional Content 命题内容 154—155, 176, 183, 212, 255

Putnam, Hilary 希拉里·普特南 221, 225, 227, 264, 265, 266

Q

Quantum Theory 量子理论 31, 36, 240

Quastler, Henry 亨利·郭斯勒 241, 243

Quine, W. 蒯因 259, 264

R

Ramsey, F.P. 拉姆齐 197

Recognition 辨认 138—139, 141, 144, 150, 152, 200—201, 211, 232, 244, 257

Redundancy 冗余 8, 116, 117—118, 127

Relevant Alternatives 相关可选择项。参见Possibilities, Relevant

Representation 表征：诸属性的~ 136；事实的~ 136—137；感觉~ 145, 181；认知~ 147；内在~ 147, 148, 181；因果前项的~ 158—160, 164；第一性的~和第二性的~ 160, 166—167；数字~ 177, 219；错误~ 190—192, 196—197。参见Analog; Code; Digital; Experience, information in

Restoration（perceptual）（知觉的）

索　引

复原 147, 256
Retinal Image 视网膜图像 120—122, 163, 257
Richards, Whitman 惠特曼·理查兹 240
Ring, David 大卫·林 258
Rock, Irvin 欧文·罗克 253, 257, 259
Rosenberg, Jay 杰伊·罗森堡 251
Roth, Michael 迈克尔·罗思 250, 251
Rozeboom, William 威廉·罗兹布 250, 251
Rumelhart, David 戴维·鲁梅尔哈特 241

S

Sayre, Kenneth 肯尼思·塞尔 47, 241, 242, 244
Scriven, M. 斯克里夫 262
Sellars, Wilfrid 威尔弗里德·塞拉斯 262
Semantic 语义的：信息的~方面 41, 47, 64, 81, 247—248；~内容173—175, 177, 185, 202—205, 231, 260；~结构179, 180—181
Sensory 感觉的：~系统（作为信息信道的）26, 123, 145, 148；~状态（作为信息携带者的）91, 113, 142, 145—146, 150, 162, 165, 240, 256, 257；~过程（不同于认知过程的）141—143, 201；感觉 142；~存储 142, 254；~表征143, 145, 151, 153。参见Experience
Shannon, Claude 克劳德·申农 41, 51, 237, 238, 241, 242, 243, 255
Sibley, Frank 弗兰克·西布利 258
Signal 信号 40, 44, 209, 251
Skepticism 怀疑主义 56, 109—111, 113—115, 125—127, 128, 229, 250, 251
Skyrms, Brian 布雷恩·斯科姆 250
Snyder, Aaron 阿伦·斯奈德 240
Sorites Paradox 连锁推理悖论 105
Sosa, Ernest 欧内斯特·索萨 254
Sperling, G. 斯珀林 257
Sperry, R.W. 斯佩里 208, 263
Stampe, Dennis 丹尼斯·斯坦普 265
Steinfeld, George 乔治·斯坦菲尔德 257
Stimulus 刺激：近端~和远端~ 120, 163, 251, 259；~类化 139—140, 182；短暂显示149—150
Suppes, Patrick 帕特里克·萨普斯 241
Surprisal 盈余 10, 52, 238
Swain, Marshall 马歇尔·斯温 248, 249, 254
Szilard, L. 西拉德 237

T

Template 模板 138—139
Tolman, Edward 爱德华·托尔曼 251
Truth 真理 41, 45—46, 73, 81, 195
Twin Earth 孪生地球（例子）225—227, 265—266

U

Uhr, Leonard 伦纳德·尤 254
Uncertainty 不确定性 4, 9
Unger, Peter 彼得·昂格尔 109, 110, 252

V

Value 数值 41
Vision 视觉 146, 149, 165,（视觉悬崖）232,（概念）261

W

Walk, Richard 理查德·沃克 232, 234, 267
Warren, R.M. 沃伦 256
Weaver, Warren 沃伦·韦弗 41, 237, 238, 241
Weiss, P. 韦斯 262
Winston, P.H. 温斯顿 265
Wiener, Norbert 诺伯特·维纳 42, 237, 242
Woodworth, R.S. 伍德沃思 164, 259

X

Xerox Principle 复制原则 57—58

译后记

本书由我和我的老师高新民先生合作译出。我主要负责初稿的翻译，高新民先生负责校对并在初稿翻译中解决了大量疑难问题。早在2006年，高新民先生就向我推荐此书，并建议我在研究的基础上进行翻译。随后我不断研读，获益甚多，并于2012年年底完成初稿翻译，2014年最终定稿。

本书是一部经典的心灵哲学著作，是自然主义哲学家以信息为基础解释心灵的一次重要尝试，其目的是要用物质的面粉烤出心灵的面包。心灵是这个物质世界中最神秘的堡垒，热衷于解释世界的哲学家们前仆后继地无数次向这个神秘堡垒发起勇敢的冲锋，信息正是他们当前紧握在手的锐利武器。解释心灵，兹事体大。中国古人曾这样描述心灵："若言其有，不见形质；若言其无，妙用无穷。"心灵的妙用关系到人之为人的根本。离了心灵的妙用，我们只是自然界中最脆弱的芦苇，只是无意义的物质世界中的渺小一部分。就此而论，心灵必不可少，因它是无意义的赋义者，是物理世界中无处安放的宝藏。太初有信息，而后有心灵，其间经历了什么？世界本无意义，心灵为世界赋义，其运作机制究竟如何？探究这些问题的答案正是真正的勇敢者的事业，也是最有意思的事情。

本书出版周期较长，其间得到了陈小文先生及陈德中、于娜、颜廷真等诸位编辑的耐心帮助，在此对他们表示衷心的感谢！

书中涉及不少心理学、生理学、信息科学甚至数学方面的知识，这为翻译增加了难度。由于水平和知识背景所限，译文如有错误或不当之处，恳请方家不吝指正。

王世鹏
2020年1月10日

图书在版编目（CIP）数据

知识与信息流/（美）弗雷德·I. 德雷斯克著；王世鹏，高新民译. —北京：商务印书馆，2021（2022.8重印）
（心灵与认知文库·原典系列）
ISBN 978-7-100-18912-5

Ⅰ.①知… Ⅱ.①弗…②王…③高… Ⅲ.①心灵学—研究 Ⅳ.①B846

中国版本图书馆CIP数据核字（2020）第157866号

权利保留，侵权必究。

心灵与认知文库·原典系列
知识与信息流
〔美〕弗雷德·I. 德雷斯克 著
王世鹏 高新民 译

商 务 印 书 馆 出 版
（北京王府井大街36号 邮政编码100710）
商 务 印 书 馆 发 行
北京中科印刷有限公司印刷
ISBN 978-7-100-18912-5

2021年3月第1版　　　开本880×1230 1/32
2022年8月北京第3次印刷　印张12 插页1

定价：68.00元